KB267234

궤도 너머

궤도 너머

궤도 너머

불확실한 세계를 돌파하는 과학의 태도

카밀라 팡 지음
조은영 옮김

푸른숲

말로 다 할 수 없이 사랑했던
나의 중국인 할아버지와 할머니께
이 책을 바칩니다.

일러두기

1. 국내 번역본이 없을 경우, 제목을 직역하고 원문을 병기하였다. 국내 번역된 제목이 있을 경우, 해당 제목으로 옮겼다.
2. 단행본은《 》으로, 그 외 매체는〈 〉으로 표기하였다.
3. 옮긴이 주는 본문 괄호 내 '—옮긴이'로 표기하였다.
4. 원문 내 이탤릭은 본문 내에서 볼드로 옮겼다.
5. 본문에 실린 그림은 모두 저자가 그린 일러스트다.
6. 아인슈타인, 뉴턴, 보어 등 표준국어대사전에서 검색되는 인명은 모두 이름 없이 표기하였다.

서른이 되는 게 두렵지 않았다. 서른 번째 생일날 아버지가 밝은 얼굴로 "이제 더는 애써 훈련하지 않아도 된단다"라고 말씀하실 때까지는. 그렇다. 어느새 나는 학교를 졸업하고 자전거 보조 바퀴를 뗀, 온전히 기능하는 어른이 되었다. 우리 가족도 정상의 틀에서 벗어난 이들을 거북해하는 세상에서 자폐 스펙트럼 장애ASD가 있는 딸의 좌충우돌 성장기를 그럭저럭 잘 겪어냈다. 나는 용케 대학을 졸업했고, 박사 학위도 받았다. 게다가 책도 썼다. 심지어 독립까지 했다. 누가 뭐래도 이제 나는 성인이다.

그렇다고 잠 못 들 만큼 걱정스럽지는 않았다. 다만 아버지의 말이 남은 생일 케이크를 모두 먹어 치우고 나서도 며칠 동안 머리에서 맴돌았을 뿐. 어엿한 어른이 된 딸이 기특해서 하신 말씀이라는 것을 잘 안다. 하지만 혹여 이제부터 내 인생에서 새로운 발견은 없다는 의미일까 봐 두려웠다. 지금껏 나는 늘 지식을 흡입하고 눈앞의 모든 패턴과 체계를 밝히면서 살았다. 그리고 그게 곧 삶의 의미라고 생각했다. 그런데 이젠 모두 끝이라고? 나이가 들면 체내의 신진대사 능력이 저하되는 것처럼 배움에 대한 욕구도 점점 줄어들게 될까? 내 정신의 운동 능력이 5킬로미터 달리기 기록처럼 곤두박질치는 걸까?

이렇게 꼬리에 꼬리를 무는 생각에 가벼운 공황이 시작되면 나는 늘 그렇듯 내 영원한 안식처인 과학으로 달려간다. 《자신의 존재에 대해 사과하지 말 것》에서도 밝혔듯이 과학은 내 인생을 형성하는 가장 중요한 시기에 나를 구원했다. 자폐성 뇌로는 도무지 납득할 수 없는 세상에서 나는 과학을 활용하는 나만의 방법을 터득했다. 사람들의 모호한 행동으로 머리가 복잡해지고 좌절감에 얼굴이 달아오를 때마다, 마치 시원한 베개를 찾아 얼굴을 파묻듯 과학 이론과 법칙이 주는 확실성 속에서 달콤한 위안을 찾았다.

물론 지금도 크게 달라지지 않았다. 그러나 내가 과학을 향한 어린 시절의 사랑을 평생의 업業으로 승화시켰듯 나와 과학의 관계도 진화했다. 견고한 증거와 불변의 법칙으로 스스로 위로했던 그곳에서 나는 차츰 만사가 자를 대고 자른 듯이 명확할 수는 없다는 사실을 인정하게 되었다. 세상에는 과학의 규칙으로 설명 불가능한 변칙, 예외, 이례가 수두룩했다. 모든 이론은 진화해 언젠가는 수정되고 교체된다. 새롭게 나타난 발상이 내가 익히 안다고 여겼던 사실에 의문을 제기하고 탐구의 새로운 길을 열어 준다(앞으로 이 책에서 보겠지만 가끔은 새로운 세계와 새로운 우주까지도 보여 준다).

단백질 구조 연구로 박사 과정을 마치고 (엘라 피츠제럴드의 노래를 틀어 놓고) 기계 학습에 파고들기 시작하면서 나는 새로운 사실을 깨달았다. 과학이란 먹을수록 중심을 드러내는 끈적한 막대사탕이 아니었다. 입안에서 녹으며 치아 사이로 끼어들어 가는 솜사탕 같은 것이었다. 둘 다 달콤하지만, 솜사탕은 입안에 지저분하게 들러붙어 하루 종일 이쑤시개로 잇몸을 쑤셔야 한다.

이제 내게 과학은 내 몸을 에워싸는 보호용 갑옷에서 지식과 기술, 훈육과 사고방식이 조합된 최고의 도구 상자로 자리매김했다. 일단 이 도구 상자를 갖추고 나면 지도 위 고정된 지점이 아니라 미지의 세상으로 나아갈 수 있다. 이러한 발상의 전환과 함께 과학에 대한 사랑은 더욱 커져 갔다. 과학에 내재한 불확실성을 받아들이면서 나는 더 많은 발견을 탐하게 되었고 그럴수록 더 넓게 그물을 던졌다. 세포를 배양하고 미량의 투명한 액체 안에서 단백질을 생산했다. 단일 유전자를 조작해 할 수 있는 일을 찾기 위해 몇 주씩 암세포를 붙잡고 늘어졌다. 암의 진화와 바이러스의 확산에서 패턴을 찾으려 컴퓨터 모델도 만들었다. 과학이 내 삶에 가져다주는 기쁨이었다. 과학은 거대한 캔버스를 답사하는 동시에 미시 세계를 파고들게 해 결국에는 그 둘을 연결시킨다. 개별 단백질의 행동을 알면 세포 전반의 움직임을 잘 이해하게 되고, 마침내 치료의 표적을 좀 더 정밀하게 잡을 수 있다. 본디 이 세상은 모든 것이 서로 연결되어 있으므로 아주 작고 미묘한 실마리만 가지고도 커다란 문제를 해결할 수 있다.

그 과정에서 나는 과학이 세상을 이해하는 최상의 수단 그 이상이라는 확신을 얻었다. 과학은 우리 자신을 배우는 가장 훌륭한 방법이기도 하다. 과학자의 최종 목적은 해답을 찾는 것이다. 그리고 그 답을 통해 우주와 우주 안에 존재하는 모든 요소를 이해하려고 한다. 우리의 삶도 그 과정과 크게 다르지 않다. 사람들은 인생 대부분을 어떤 방식으로든 답을 찾으면서 살아간다. 함께 살아갈 사람(대개는 한 명의 특별한 사람)을 찾아 헤매고 통장과 자아를 채워 줄 직업을 구하러 다닌다. 또 관심과 열정, 경험과 좋은 습관 그리고 몸에 나쁜 나초를 갈구한다. 모두가 남부럽지 않은 인생을 살기를 바라지만 누구나 그 행운을 쉽게 누릴 수 있는 것은 아니다. 자기가 원하는 삶에 딱 들어맞는 조건을 찾으려면 수많은 시행착오는 물론이고 많은 눈물과 비난을 감수해야 한다. 물론 미치도록 답답하고 짜증이 나는 일이기도 하다.

문제는 거기에 있다. (정중하고 솔직하게 말하는 바) 나 자신을 비롯한 대부분이 저 중에 어느 하나 제대로 해내지 못하면서 산다. 삶은 실수의 연속일 뿐, 실수를 통한 배움은 많지 않다. 잘못은 반복되고 오랜 습관은 깊이 뿌리내린다. 새로운 일이나 역경이 닥칠 때마다 어떻게든 미루고 싶은 마음만 커진다. 그렇다고 자신을 탓할 일만도 아니다. 생산적이고 훌륭한 삶을 살기 위해 GCSE(영국의 중고등 과정 평가—옮긴이)를 치르거나 그 주제로 학위를 받는 사람은 없다. 이러한 지식은 할머니의 닭백숙 요리법처럼 쉽게 전해지지 않는다. 상식을 바탕으로 가족이나 친구, 그리고 잡지/인스타그램/틱톡(자신의 세대에 맞게 고르시오)에서 배운 교훈을 적용해 가며 스스로 알아내야 한다.

우리는 삶에서 가장 중요한 문제를 결정할 때 어떻게든 스스로 해 보려는 무모한 경향을 보인다. 즉 어떤 사람이 되고 싶은지, 무엇을 하고 싶은지, 삶을 어떻게 꾸려 나갈지에 관해서 말이다. 사람들은 차가 고장 나면 정비소에 간다. 혈압에 문제가 생기면 병원에 간다. 그런데 평생이 걸릴지도 모를 인생의 답을 찾는 일에서는 무작정 자기의 감만 믿고 도전한다니.

다행히 우리에게 던져진 삶의 중요한 문제들에 막무가내로 접근하지 않아도 된다. 사실 아주 쉽게 활용할 수 있는 전문적인 조언이 있다. 바로 과학자들의 집단 지식이다. 신발을 짝짝이로 신고 집을 나서는 일이 비일비재한 이들에게 인생의 조언을 구하자니 영 미심쩍다고? 그래도 일단 내 말을 들어 보라. 과학자들이 모든 답을 알고 있으니 그들이 먼저 마친 숙제를 무조건 베끼라는 뜻이 아니다. 저들도 이런저런 문제의 해답을 찾는 과정은 다른 사람들과 같다. 다양한 선택지를 따지며 결정하고 그때그때 문제를 해결해 가며 분투한다. 다만 과학자는 질문을 던지고 진실을 수색하는 전문가다. 그렇기에 실험을 계획하고, 데이터를 해석하며, 결과를 정직하게 평가하는 방법을 누구보다 잘 안다. 그들은 문제점을 찾아내고 자기에게 없는 지식을 빌려 오며 필연적인 실패를 극복해 왔다. 실수를 바로잡고 편향된 태도를 피하는 데 익숙하다. 무엇보다 뚜렷한 경향과 예외적인 상황을 구분할 때(예를 들어, 소개팅 상대를 정말 좋아하는 것인지 아니면 두 번째 데이트가 잠깐 즐거웠던 것뿐인지 구분하는 일처럼) 믿을 만한 조력자가 되어 줄 수 있다.

물론 과학자라고 해서 최선의 삶을 사는 법을 다 알지는 못한다. 그러나 올바른 질문을 던지고 실험을 계획하고 그 실험이 찾아낸 증거를 이해하기에 이들보다 나은 사람은 없다. 나는 과학자의 자세와 과학의 과정을 이해하는 일이 삶의 중대한 질문에 답을 찾는 데 어떻게 도움이 되는지 보여 주고자 이 책을 썼다. 그 과정에서 십여 명의 과학자들에게서 고견을 구했다. 그들이 무엇을 어떻게 연구해 왔고 불확실성을 다루는 과정에서 무엇을 배웠는지, 무엇이 그들의 동기였는지를 묻고 답을 들었다. 이들은 암 생물학, 데이터 과학, 이론 물리학, 공학, 심리학, 나노 과학, 기계 학습, 그리고 과학 철학까지 아주 넓은 범위를 아우를 뿐만 아니라 자기 분야의 으뜸가는 전문가다. 나는 최첨단 연구는 물론이고 그 뿌리가 된 과거의 연구까지, 평소 궁금해하던 바를 물었다. 그 답을 이 책 곳곳에서 예시로 들었다. 또한 그들이 연구에 임하는 자세와 과학자의 삶이 그들에게 내려 준 지혜를 전달하려고 했다. 여기에 더해 원자가 어떻게 쪼개질 수 있는가부터 양자 이론의 발전, 아인슈타인의 특수 상대성 이론, 암흑 물질이라는 우주의 보이지 않는 요소에 대한 수색까지 과학의 역사와 그 안에서 가장 주목할 만한 돌파구들을 소개한다.

이 사례들은 과학자들이 의미 있는 발견을 추구하는 과정에 무엇이 개입되고 또 거기에서 무엇을 배울 수 있는지를 보여 준다.

이 책에서 소개하는 사람들은 아주 활동적인 뇌파의 소유자들이다. 그래서 늦은 밤에도 연구실로 달려가고, 대형 프로젝트를 중도에 엎거나 방향을 튼다. 다른 사람들이 헛짓이라 손가락질하는 연구에 수년 동안 공을 들일 때도 있다. 또 아이들과 레고를 조립하다가 혹은 주머니 속 녹은 초콜릿바를 보고 놀라운 아이디어를 떠올리기도 한다. 이들을 보면서 과학이란 언제 어디서나 가능하다는 사실을 알게 된다. 문제를 해결할 돌파구는 반나절 만에 나타날 수도 있고 평생을 바쳐 겨우 찾을 수도 있다.

그나마도 문제가 해결되었다면 해피 엔드인 경우다. 과학에는 성공만큼 실패도 많다. 아니, 실제로는 실패담 또는 일말의 성공 아니면 후속 연구의 토대가 될 작은 실마리를 찾아낸 것에 불과한 이야기가 대부분이다. 수십 년간 탐구해 온 야심찬 아이디어가 알고 보니 애초에 신기루를 향한 헛된 추적이었던 사례도 부지기수다. 한 분야의 대가로 손꼽히는 이들도 수시로 틀렸거나 증명할 수 없는 개념에 집착한다. 심지어 아인슈타인도 (시간에 대해) 틀린 적이 있다.

흔히 사람들은 과학이 질서와 절차, 이론과 법칙이 지배하는 불변의 단계에 따라 진행된다고 생각한다. 나 역시 이 확실함을 종종 즐기곤 했다. 그러나 과학은 사실 혼돈 그 자체고 그래서 더 흥미롭다. 물론 과학에는 범접하기 어려운 수준의 엄밀함과 지식, 기술이 요구된다(결국 저 요소들을 모두 제대로 배우기 전에는 규칙을 깰 수 없다). 그러나 과학자가 하는 일은 근본적으로 창조 행위다. 세상을 손가락으로 찔러 보고 무엇을 만들고 깨부술 수 있는지 확인하는 작업이다. 또 새로운 무언가를 보면 그것이 어떻게 작동하는지, 그 기능을 그대로 복제할 수 있는지 밝히려고 마음먹는 일이다. 한 시스템의 특성이 다른 시스템에도 적용 가능한지, 전자가 어떻게 이동하는지, 종양은 어떻게 자라는지, 또 우주는 흘러가는 시간 속에서 어떻게 움직이는지를 집요하게 파헤쳐 배우려는 태도다.

이 책을 통해 많은 사람이 과학과 함께하는 삶의 근사함을 알게 되기를 바란다. 과학의 수많은 형태와 과학자들의 놀라운 연구들을 엿보았으면 한다. 과학자는 지능의 비밀을 탐색하고 생명을 위협하는 질병에 맞선다. 그리고 우주(어쩌면 여러 개의 우주)의 신비를 탐구하며 아직 아무도 보지 못한 아원자 입자가 무슨 일을 벌이는지 밝힌다. 그 과정에서 현재 우리의 생활을 영위할 토대를 다져 준 위대한 인물들에게 마땅한 경의를 표한다.

분명하게 설명하고 싶은 사실이 또 한 가지 있다. 바로 과학의 과정이다. 과학자들이 관찰을 가설로, 가설을 실험으로, 실험을 세상에 유용한 결과로 발전시켜 나가는 이 핵심 과정들은 그 자체로 흥미롭기도 하거니와 우리에게 많은 것을 가르쳐 준다. 그것만으로도 이 여정을 이해할 가치는 충분하다. 과학자의 사고방식을 빌려 온다면 모두 더 나은 삶을 살 수 있다. 그렇다고 재택근무용 평상복을 실험복으로 바꿔 입을 필요는 없다. 논쟁에서 이기기 위해 '합리성' 같은 유행어를 들먹이라는 말도 아니다. 그보다는 과학자가 생각하는 방식으로 생각하고, 과학자가 사용하는 방식을 사용하며, 과학자를 움직이게 하는 내적 호기심을 갖추라는 뜻이다. 또한 삶의 난관에 과학의 태도로 접근하기를 권한다. 실패에 쉽게 좌절하지 말 것. 자신을 향한 비난에 귀를 기울이고 마음의 편향을 스스로 인식할 것. 그리고 자기의 아이디어와 지나치게 사랑에 빠지지 말 것.

혹시 학창 시절 금요일 오후에 이어지던 과학 수업의 기억이 트라우마처럼 떠올랐다면 걱정하지 않아도 괜찮다. 이 책에서는 어떤 수식도 사용하지 않는다(사실, 딱 하나 있다. 하지만 정말 쉽다고 약속한다). 분젠 버너를 사 오라고 하거나 주기율표를 외우라고 하지도 않는다. 정식 과학 수업이 아니므로 책을 다 읽고 시험 볼 필요도 없다. 이 책이 과학의 과정을 처음부터 끝까지 훑는 교과서가 아니라 읽고 즐기면서 내 것으로 만드는 행복한 여행의 동반자가 되기를 바란다. 관찰과 가설로 여정을 시작하지만, 연구의 과정이란 대개 선형이 아닌 원형으로 전개된다는 점을 강조하기 위해 마지막에는 처음으로 되돌아올 것이다(인생도 이와 별반 다르지 않다). 물론 이 책을 읽으면서 마음이 어수선해질 수도 있다. 그렇다면 어둠의 세계에 온 것을 환영한다.

여러분은 내가 안내하는 대로 과학자의 연구 방식을 따라 그들이 역경을 헤쳐 나가는 과정, 그들에게 필요한 자질, 또 그들이 자주 보이는 행동들을 살펴볼 것이다. 또한 어떻게 과학자들이 관찰을 통해 상식과 어긋나는 이상 현상이나 통념의 오류를 찾아내는지도 보게 된다. 그리고 과학자의 관찰이 시험 가능한 가설로 정리되는 방식과 연구에 사용할 질문을 선택하는 과정을 탐색한다. 이와 함께 연구 결과가 제시하는 증거를 해석하는 방식을 살펴본다. 또한 하나의 아이디어가 과학으로 어떻게 증명될 수 있는지, 정말로 증명될 수는 있는 것인지의 까다로운 문제도 탐색한다. 과학의 핵심 과정을 탐험하는 이 여정에는 과학적 열반涅槃을 돕는 조력자인 동시에 그 길을 가로막는 방해자들이 등장한다. 첫 번째는 과학은 개개인의 성취라는 오해를 깨부수는 협업과 팀워크의 중요성이다. 두 번째는 실수와 실패의 필연성(그리고 실패 이후의 행보)이다. 세 번째는 양날의 검으로 작용하는 인간의 편향이다. 마지막에 이르러 우리는 과학 탐구의 가장 먼 곳으로, 우주에 대한 우리의 이해가 닿는 한계까지 상상의 비행을 떠난다. 그곳에서 양자 이론과 그 파생 학문의 주창자들은 세상 (거의) 모든 것에 대한 우리의 사고방식을 바꾸는 중이다.

　　이 여정을 거치는 동안 여러분은 과학이 모든 이에게 중요한 교훈을 준다는 사실을 깨닫게 될 것이다. 복잡한 과학 이론을 애써 이해할 필요는 없다. 그보다는 과학을 실천하는 데 집중해야 한다. 과학은 호기심을 자극하고 새로운 시각으로 세상을 바라보게 하며, 유연한 사고를 기르되 규율과 틀을 함께 제시하

는 탐구 방법이다. 이 책은 학교에서 배우는 교과서와 달리 과학
자들이 어떻게 외줄 위에서 중요한 연구를 수행하는지를 다룬
다. 과학자들은 기존 체제 안에서 통념이라는 단단한 갑옷의 틈
을 찾아낸다. 그리고 자신의 발상에 신념을 잃지 않으면서도 타
인의 조언과 비판에 마음을 연다. 그 결과 자신의 생각이 옳다고
증명하기 위해 수집한 증거가 예측과 반대로 말할 때 기꺼이 방
향을 바꾼다.

이 책에서 소개할 이야기의 주인공들은 서로 다른 시대를
살면서 서로 모순된 방식으로 각기 다른 주제를 연구했다. 어떤
이는 전 우주를 아우르는 거대한 발상에 도전해 왔다. 또 누군가
는 미세하고 구체적인 하나의 영역을 완벽히 이해하기 위해 평
생을 바쳤다. 이들이 포괄하는 과학의 범위는 상상 이상으로 넓
지만 그럼에도 공통점이 있다. 그 공통점이 많은 것을 가르쳐 준
다. 우리가 자신을 바라보는 방식, 기회를 발견하는 법, 계산된
위험을 감수하는 태도, 새로운 아이디어에 다가가는 자세, 그리
고 성공과 실패를 책임지는 방법 등. 이것들은 과학을 훌륭하게
수행하는 요소일 뿐 아니라 삶 전반을 확고하고 충만하게 살아
가기 위해 필요한 요소이기도 하다. 나는 삶에 과학을 더했을 때
어떻게 인생이 한층 더 풍부해지는지를 알려 주고 싶다. 과학은
사람들로 하여금 스스로가 똑똑하다고 느끼고 또 그렇게 보이게
만든다. 동시에 인생의 큰 문제와 결정에 자신 있고 명확하게 다
가갈 능력을 준다. 꼭 박사 학위가 있어야 과학자처럼 생각할 수

있는 것은 아니다. 실험용 고글이 없어도 세상을 보고 이해하는 방식을 얼마든지 바꿀 수 있다. 물론 수학을 잘할 필요도 없다. 배우려는 적극성과 진리를 알아내려는 호기심만이 이 여정에 유일하게 필요한 자격이자 장비다. 과학자로 살아가기란 결코 쉽지 않지만 분명 멋진 일이다. 장담한다. 과학자의 태도는 여러분에게 연구 과정뿐 아니라 인생 전반에 걸쳐 많은 바를 가르쳐 줄 것이다.

　　　　　　　　　　　　　　　　　　　　　　　　궤도 너머

차례

"관찰이란 아직 한 번도 고려된 적 없는
가능성을 지켜보는 일이다."

기억이 닿는 한 나는 항상 사물의 작동 방식이 궁금했다. 그래서 손으로, 또 머리로 물건을 분해해서 이리저리 부품을 옮겨도 보고 그것들이 어떻게 하나로 합쳐지는지 알아내려고 했다(지금도 그렇고!). 장난감 자동차에서 바퀴를 떼었다가 붙이거나 텃밭에서 몇 시간씩 벌레들을 지켜보았다. 과학자로 성장한 많은 이들처럼 나 역시 나를 둘러싼 세상을 이해하려는 욕구로 가득했다. 나는 이 세상의 모습을 당연하게 받아들이는 대신 해체하고 다시 조립하며 어지럽힌 것들 안에서 놀았다.

어른들은 이러한 아이들에게 탐구심이 강하거나 호기심이 많다고 말한다. 혹은 질문이 너무 많다며 귀찮아하거나. 그들이 호기심에 고양이에게 했던 짓을 떠올리며 진저리 치기도 한다. 그러나 내 경험상, 운 좋게 박사 학위를 받고 진짜 과학자가 되면 저런 부정적인 말들은 저절로 떨어져 나간다. 배양 중인 세포를 관리하러 주말마다 실험실에 가는 것도 이상한 일이 아니다. 분자 생물학 실험용 플라스틱 웰(손바닥만 한 트레이에 뚫린 96개의 구멍 중 하나)에 담긴 미량의 용액에서 새로운 약물이나 백신의 정수가 될 아름다운 단백질이 만들어지리라 꿈꾸는 일도 정상이다. 물론 논문을 수십 편씩 읽는 것도 허용된다(모든 논문은 실험을 수행하는 '최고'의 방식을 제시한다). 이러한 행동들은 시간을 보내는 남다른 방식이 아니라 어디까지나 그 사람의 일이다. 전문 과학자가 내보이는 호기심은 특별히 주목받을 일도 아니고, 말썽을 일으킬 여지도 없다. 사물 하나를 온종일 지켜보더라도 누구 하나 이상하게

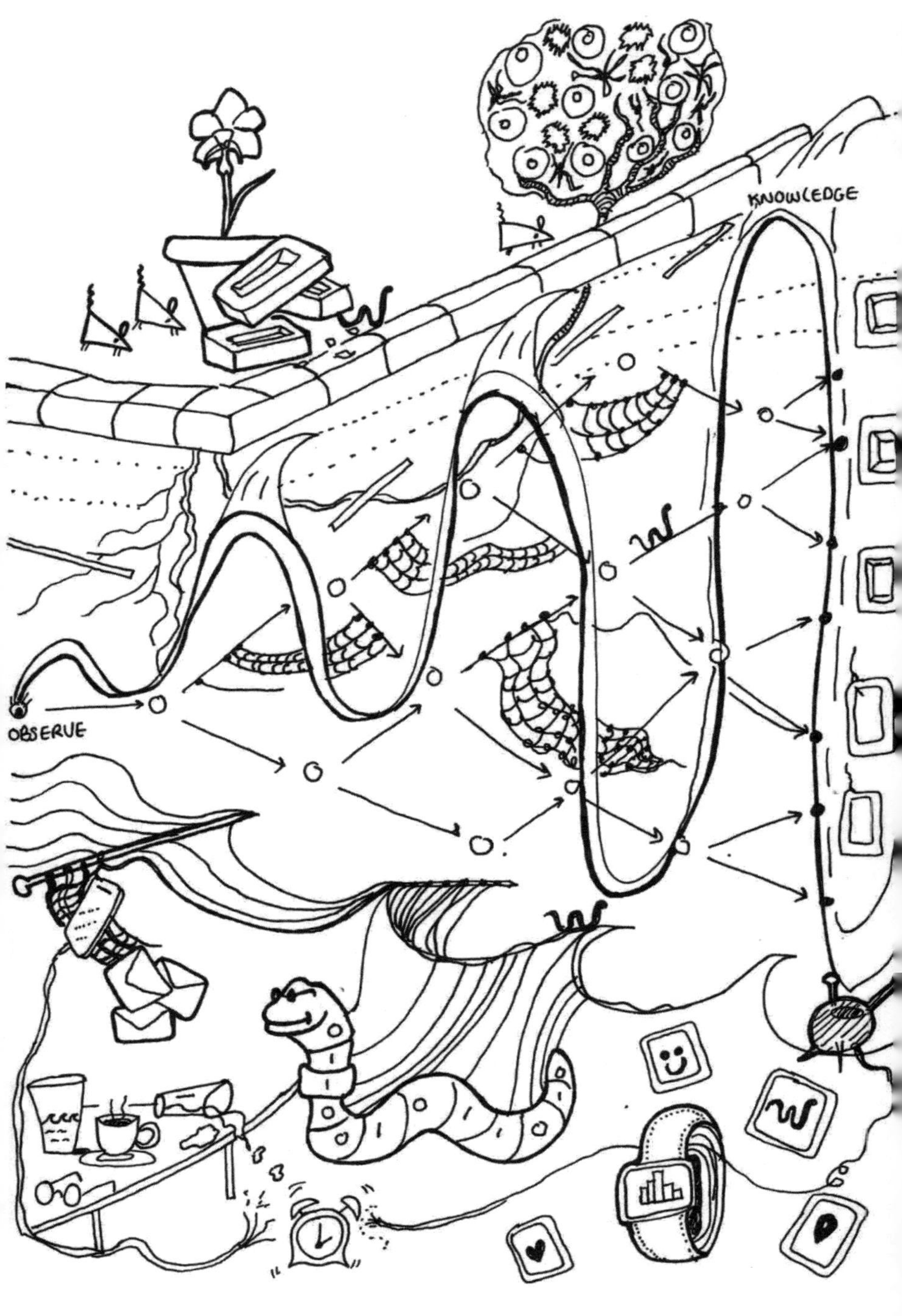
OBSERVE
KNOWLEDGE

생각하지 않는다. 심지어 이 행위를 가리키는 어른스러운 단어까지 따로 있다. 관찰하기.

관찰은 과학을 한다는 의미가 무엇이고 과학이 어떻게 이루어지는지를 이해하는 시작점이다. 우리가 오감을 활용하고 모든 경험에 대해 질문하며 새로운 가능성을 보기 시작하는 방법이기도 하다. 관찰은 모든 과학자에게 출발점이다. 이 세상에서 자신의 자리를 만들어 가든, 화려한 실험실에서 연구비와 커피 쿠폰을 후원받는 연구를 하든 상관없다. 지금껏 과학에서 모든 중요한 발견 대부분이 관찰에서 비롯했다. 관찰이란 성공할 것과 성공하지 못할 것, 사라진 의문의 조각, 또 아직 한 번도 고려된 적 없는 가능성을 지켜보는 일이다. 앞으로 탐색할 아이디어, 시험할 가설, 세워 나갈 이론, 그리고 다듬어야 할 결론에 점화되는 불꽃이다. 관찰은 과학자들이 맨땅에 세운 세계의 시초다.

관찰은 내게도 특별히 의미 있는 주제다. 나 같은 신경다양인은 자기 감각의 주인으로 살아가지만 그 감각에 크게 휘둘리기도 한다. 신경다양인은 남들보다 삶을 생생하고 구체적으로 경험한다. 따라서 다른 이들이라면 무심히 지나치는 부분들까지 눈에 들어온다. 아무리 차이를 감추고 '정상적으로' 생각하려고 해도(참고로, 잘 되진 않는다) 애초에 말이 안 되는 것까지 그냥 넘길 수는 없다. 나와 같은 뇌를 가진다는 것은 입력된 데이터와 세부 사항이 머릿속에서 영원히 회전하는 가운데 매일매일 자기가 본 바를 이해하려 애쓰며 살아야 한다는 뜻이다. 내가 더 좋아하는 표현으로 말하자면, 이것이 내게는 곧 살아 있음이다.

사실, 언뜻 보기에 관찰은 간단하다. 대상을 보고 면밀히 조사해 빈틈을 찾아내 거기에서 통찰을 끌어내면 끝! 그러나 관찰은 단순한 과학의 출발선 이상이다. 우리는 관찰을 통해 학습하고 지식을 발전시켜 전보다 더 예리한 관찰력을 얻는다. 한 파도가 다음 파도에 힘을 보태어 물살의 속도가 점점 빨라지듯 관찰과 지식은 순환한다. 이 관계는 모든 과학의 기초이자 우리가 세계를 이해하도록 이끄는 인간적 조건이다. 리처드 파인만^{Richard Feynman}은 전설적인 물리학자이자 노벨상 수상자다. "창조할 수 없다면 이해하지 못한 것이다"라는 말은 20세기를 대표하는 가장 뛰어난 과학자가 남긴 가장 위대한 명언이다. 이 문장은 그가 숨을 거둔 1988년, 그가 강의하던 캘리포니아 공과 대학 강의실 칠판 위에 쓰여 있었다. 그 밑에는 또 다른 신조가 적혀 있었다. "해결된 모든 문제를 해결할 줄 알아야 한다."

MIT 박사 후 연구원 라민 하사니^{Ramin Hasani}는 인공 지능 분야에서 자신의 선구적인 연구를 소개하면서 파인만의 첫 번째 명언을 인용했다. 그는 관찰, 통찰, 발견 사이를 연결하는 연구의 훌륭한 예시다. 어떻게 과학자들이 복잡한 주제를 관찰하고 다루기 쉬운 형태로 분해해 문제를 밝혀 나가는지 잘 보여 준다. 이는 나의 성배^{聖杯}이기도 하다.

하사니의 연구 주제는 뉴럴 네트워크다. 자세히 말하자면 뇌에서 뉴런(신경세포)이 주어진 데이터 집합을 해석하고 분류하기 위해 사용하는 메시지 점화 기능을 복제해 여러 겹의 노드로 구성한 컴퓨터 프로그램이다. 이 프로그램은 신체 조직이 건강한지 아니면 암인지, 또는 인간이 쓴 메시지인지 아니면 컴퓨터가 쓴 메시지인지 등 차이를 구분하는 일에 주로 사용된다. 개념 자체는 꽤 오래되었다. 이 이론은 1944년에 처음 제안되어 오늘날 우리 주변에서 두루 쓰인다. 이메일의 받은 편지함에 스팸 필터를 설정하는 것도 이 기능 덕분이다. 신청자가 대출이나 마이너스 통장 개설에 적격한지 그 자리에서 확인할 수 있는 것도 마찬가지다. 그리고 유독 운수가 나쁜 날에도 당신의 아이폰 안면 인식 시스템만은 여전히 당신을 사랑하는 이유다.

이 예시들이 보여 주듯 뉴럴 네트워크는 사물의 차이를 구분하고 패턴을 식별해 그룹으로 나누는 일에 굉장히 뛰어나다. 하지만 이 작업은 인공 지능에게 인간의 뇌가 무심하게 처리하는 요소들을 명령할 때부터 복잡해진다. 즉 지능, 직관, 의식 같은 단어로 정의되는 부분들 말이다. 다른 많은 인공 지능 연구자들처럼 하사니도 2014년부터 이 영역을 탐구하기 시작했다. 그는 "뉴런의 섬들 사이에 일어나는 소통의 무작위성이 어떤 역할을 수행하는지 알아내려고" 한다. 즉, 하사니 자신이 (알고리즘으로) 창조하고 싶은 것을 추구하는 동시에 뇌가 작동하는 방식을 규명하겠다는 뜻이다.

이 작업은 그에게 해답보다 질문을 더 많이 남겼다(그럴 수밖에 없는 게 어쨌거나 인간의 뇌 안에는 860억 개의 뉴런이 작동하고 있으니까). "알면

알수록 손에 쥔 데이터가 너무 부족하다는 생각이 들어요. 뇌의 작용은 실로 너무나 복잡해서 '지능이란 무엇인가' 따위의 질문은 감히 들여다볼 엄두조차 나지 않습니다." 그래서 그는 노선을 바꾸어 좀 더 명료하게 관찰할 수 있는 다른 렌즈를 찾았다. 만약 인간의 뇌처럼 복잡한 시스템을 완벽하게 이해하기가 너무 어렵다면, 조금 덜 복잡한 것을 시도해 보는 방향은 어떨까. 뉴런 행동의 실체를 알아내기 위해 그는 가장 단순한 예시를 찾아보기로 했다. "연구의 초점을 바꿔야 했습니다. 동물계에서 구할 수 있는 제일 작은 신경계를 찾아보자 …… 그것은 선충, 즉 기생충의 뇌였습니다. 뉴런이 총 302개밖에 안 되는 초소형 신경계지만 여전히 정보가 넘쳐 나는 바다입니다. 저 작은 뇌에도 모르는 게 얼마나 많던지, 참으로 미칠 노릇이었죠."

벌레의 신경계는 비교적 단순하다. 때문에 신경계가 복잡한 동물이었다면 불가능했을 방식으로 이를 연구하고 이해할 수 있다. 그러나 무엇보다 관찰이 가능했다. 인터뷰에서 하사니는 이렇게 회상했다. "저는 신경 회로, 즉 기능하는 신경계의 근본적인 배선이 어떻게 작동하는지 밝히기 위해 가장 단순한 선충의 신경계에서부터 점점 더 깊이 나아가야 했습니다. 그러려면 뉴런과 시냅스(뉴런이 메시지를 보내는 경로)가 상호 작용을 하는 기본 메커니즘부터 이해해야 했고요." 마침내 이 작업의 결과를 마주한 그는 기쁘고 또 놀랐다. "고작 뉴런 열아홉 개가 2백 개 남짓한 시냅스로 연결된 네트워크로 자동차를 운전할 수 있었어요. 정말 충격이었죠. 다들 흥분하고 난리도 아니었습니다. 저렇게 작은 용량으로 놀라운 움직임을 창조해내다니요.”

하사니의 관찰은 MIT에서 ‘리퀴드’ 뉴럴 네트워크liquid neural network, LNN로 알려진 개발의 토대가 되었다. 기존 방식은 과거 사례가 담긴 방대한 데이터베이스에서 ‘학습한’ 내용을 바탕으로 정보를 분류한다. 이는 본질적으로 사전 프로그램된 방식이다. 그러나 리퀴드 네트워크는 작업 과정 중에 적응하고 수정할 수 있도록 설계된다. 리퀴드 네트워크는 정해진 틀에 맞추는 대신 새로운 입력에 기반해 행동을 바꾸어 가며 학습한다. 하사니가 설명한 대로 동물의 사고 과정에서 일어나는 더 정교한 기능을 복제하는, 진정한 인공 지능을 향한 결정적 단계다. “현실 세계는 모두 시퀀스, 즉 순서에 관한 문제다. 우리가 이미지를 지각하는 일도 결국은 이미지의 순서를 지각하는 것이다.” 리퀴드 네트워크가 더 정교해지면 현실 세계에 적용되는 인공 지능의 활용도가 크게 개선될 수 있다. 자율 주행 자동차나 공장과 병원의 자동화 장치처럼 말이다. 이러한 환경에서는 인간의 실수를 포함해 변화나 예측하지 못한 상황에 반응하는 능력이 위험을 관리하는 데 필수다. 리퀴드 네트워크의 적응력은 인공 지능이라는 거대한 목표, 특히 인간 두뇌의 유연성, 창조성, 직관을 완전하게 복제하는 범용 인공 지능에 다가가는 중요한 발판이다.

리퀴드 네트워크는 인공 지능 분야를 견인할 잠재력 외에도 반反직관이라는 놀라운 특징이 있다. 이 분야에서는 데이터와 높은 수준으로 빠르게 상호 작용하는 고급 알고리즘일수록 그만큼 더 복잡하고 강력하다고 가정한다. 인공 지능이 인간의 뇌를 복제하려면 당연히 동급의 대역폭을 장착해야 하지 않겠는가.

그러나 MIT 연구진은 이러한 복잡한 기능이 아주 저용량의 뉴럴 네트워크로도 가능함을 보여 주었다. 고작 기생충이 몸을 꿈틀거릴 때 사용하는 수준에도 미치지 못한다. 가장 단순하고 가장 덜 정교한 신경계를 관찰해 그것을 완벽하게 이해하는 방식으로 이들은 인공 지능으로 가장 정교한 시스템을 복제하게 하는 특징을 찾아냈다. 연구 영역을 핵심 행동과 특성이 쉽게 드러나는 작은 캔버스로 좁힘으로써 단순함에서 출발해 복잡함을 성취한 것이다. 그리고 그 과정에서 "모든 발견은 관찰에서 시작한다"는 과학의 영원한 진리를 적극 활용했다. 이들은 경향을 감지하고 변칙을 알아보았다. 또 한 맥락에서 다른 맥락으로 옮길 수 있는 요소들을 식별하였다. 결국 세상에서 가장 발전한 과학도 인간의 가장 단순하고 가장 기본적인 능력에서 시작한다. 눈을 뜨고 고개를 돌려 자신의 주변에서 일어난 일들을 관찰한 다음, 자기가 본 장면에 대해 질문하기.

과학이 관찰로 시작한다는 생각은 아주 간단하고 직관적이다. 과학적 발견을 끌어내려면 실험이 필요하고, 실험을 계획하려면 가설이 필요하다. 그런데 그 가설을 세우려면 반드시 관찰이 선행되어야 한다. 관찰은 주의를 끌거나 색다르거나 잘못되었거나 이상하거나 또는 미처 예상하지 못했기 때문에 추가 조사가 필요한 무엇을 인지하는 행위다.

관찰에는 역설적인 속성도 있다. 관찰이 차지하는 중요성에 비해 (적어도 개념상) 관찰 자체는 아이들도 할 수 있을 만큼 단순하다(실제로 아이들은 늘 무언가를 관찰한다). 과학에서 중요한 많은 발견이 우연한 관찰에서 시작되었다. 그럼에도 모든 과학자가 관찰을 이론화와 실험 또는 동료의 검토만큼 중요하게 생각하지는 않는다. 과학사 교수 로레인 대스턴^{Lorraine Daston}의 말처럼, 관찰은 "모든 경험 과학에 필수인 과제로 어디에나 존재하지만", "너무 기초라 눈에 잘 띄지 않고 또 특별한 역사적, 철학적 주목을 받지 못한"다.

관찰을 진지하게 여기지 않는 태도는 큰 피해로 이어질 수 있다. 관찰은 과학에서만 필수로 거쳐야 하는 단계가 아니다. 관찰은 인간이 창의적이고 능숙하게 일하기 위해 갖춘 독보적인 능력 중 하나다. 기계 지능이 방대한 정보로부터 패턴과 이상체를 추출하는 중요한 일을 도맡으면서 과학에서도 점차 많은 역할을 차지하고 있지만 그 기능은 여전히 매우 제한된다. 그러니까 다음에 휴대폰이 또 당신을 대신해 무언가를 하겠다고 나선다면, 반항심을 발휘해 주저 말고 의심부터 하길.

내가 좋아하는 조언 중 하나는 통계학자 데이비드 스피겔홀터^{David Spiegelhalter}의 조언이다. "아는 것에만 집중하고 나머지에 대해서는 입을 다물라." (이제는 X가 된) 트위터에 올리기 좋은 유용한 지혜의 말씀이다. 그러나 이는 알고리즘이 지나치게 선을 넘는 경우에 대한 못마땅한 감상이기도 하다. 알고리즘은 설계에 의해 짜여진 논리에만 집중한 나머지, 프로그램된 변수 그 이상을 볼 수 없다. 리퀴드 알고리즘 같은 비약적 발전에도 불구하고 인공 지능은 아직 인간 뇌가 보여 주는, 직관이라는 아름다움에 가까워지지 못했다. 인간의 뇌는 맥락적 유동성, 즉 무의식에서 시간 정보를 관리해 나중을 위해서 치워 놓는다. 혹은 모델은 정상이라고 취급하지만 본능은 정상이 아니라고 제안하는 무언가를 본다.

이에 반해 인공 지능은 여전히 '결합 문제binding problem'에서 벗어나지 못한다. 물론 방대한 양의 데이터를 처리 및 저장하고 그 안에 있는 패턴을 감지하는 일에는 탁월하다. 그러나 주어진 정보를 직관으로 엮는 일에는 젬병이다. 이는 "기존 개념 안에서 맥락을 새롭게 이해해서 기존 지식을 무한대에 가깝게 사용하는" 인간의 능력과는 비교도 되지 않는다. 인간의 사고는 인지적 유연성이 강한 대신에 날것의 데이터 처리 능력이 부족하다. 그래서 주로 개념화에 의존하는 방식으로 상황을 이해한다. 그 반대인 인공 지능은 "기저의 개념 대신 표면상 드러난 통계치를 학습하기 때문에 체계적인 일반화가 어렵다".

과학적 맥락에서 소개할 인간의 몇 가지 핵심적인 관찰 능력이 있다. 바로 아직 정량화하지 못하는 것을 보는 능력, 더 잘 이해한다면 앞으로 유용할 것들을 알아채는 능력, 문제의 그림자 혹은 추가 조사가 필요한 비일관성을 감지하는 능력이다. 관찰은 우리가 이미 아는 것과 알고 싶은 것 사이의 간극을 재기 위해 안개 속을 바라보는 행위다. 다음에 올 것을 위한 틀을 설정하고 후속 단계의 방향을 제시하되 제한하지는 않는다. 마치 화가가 든 팔레트 위 물감의 색깔처럼.

관찰은 모든 과학 연구의 본질이다. 그뿐 아니라 새로운 분야의 최전선에서 문제 해결을 위해 분투하는 과학자가 사용할 수 있는 **유일한** 도구다. 코로나19 팬데믹 기간에 전 세계가 이 점을 알게 되었다. 관찰은 특히 질병을 조사하고 특정 인구에서 그 질병이 어떻게 발생, 확산하는지를 연구하는 전염병학에 잘 들어맞는다. 과학자들이 코로나바이러스의 확산을 추적하기 위해 사용한 기본 도구는 이론상 160년 전 마취과 의사였던 존 스노John Snow가 개척한 방법과 크게 다르지 않았다. 그는 1854년에 런던에서 발생한 콜레라 전염 경로를 조사했다. 스노는 발병 및 사망 사례를 직접 정리해 결국 소호 거리의 오염된 양수기 하나를 역병의 근원지로 짚어냈다. 그는 관찰을 통해 자체 상수도가 있는 양조장 직원들을 포함해 감염 지역에서도 병이 옮지 않는 사람들이 있다는 사실을 알아냈다. 이를 통해 전염의 결정적인 요소는 사람들이 공유하는 공기가 아니라 물이라는 사실을 확인했다. 이는 콜레라가 공기 매개 감염병이라는 당시 만연했던 믿음과 상반되었다. 하지만 스노는 기존 이론에 휘둘리지 않았다. 그는 실제로 보이는 것을 관찰함으로써 사회 통념에 의문을 제기했고 마침내 결정적인 돌파구를 찾을 수 있었다. 팬데믹 기간도 마찬가지였다. 사람들은 데이터 대시 보드를 추적하고 R(재생산) 수치가 바이러스 확산 측면에서 무엇을 나타내는지 배워 가며 모두 아마추어 전염병학자가 되었다. 도구와 기술은 스노가 살던 시대 이후로 비약적으로 발전했다. 그러나 예상에 기반해 가정하는 대신 실제로 일어난 일을 관찰한다는 과학의 기본 원리는 여전히 유효하다.

관찰은 원리상으로는 비교적 간단해도 실제로는 그다지 간단한 과정이 아니다. 과학에서 관찰의 힘은 이 점을 깨달을 때 좀 더 명백해진다. 관찰의 첫 번째 어려움은 관찰 대상이 지닌 한계다. 우리는 대개 전체 시스템의 작은 일부나 하위 집단을 관찰하게 된다. 그것은 때에 따라 전체 경향을 대표할 수도 있지만 변칙적인 예외일 수도 있다. 두 번째 어려움은 관찰자가 선입견이나 아무 기대 없이, 자신을 완전히 분리해서 관찰 행위를 할 수는 없다는 사실이다. 거울에 비친 자신을 볼 때조차 단순히 거울에 반사된 이미지만으로 모든 것이 결정되지는 않는다. 그날 자신이 어떤 기분이고 그 주에 누구와 무슨 이야기를 했으며 최근에 달리기를 했는지 아닌지, 자기가 좋아하는 옷을 입었는지 싫어하는 옷을 입었는지 등에 따라 거울 속 모습은 달라 보인다.

마찬가지로 과학이라는 경기장에서 연구자들은 대상을 그냥 **바라보는** 게 아니라 무언가를 **찾으면서** 본다. 그들은 대체로 질문 또는 염두에 둔 가설에서부터 (또는 그냥 본능적으로) 시작한다. 스노는 콜레라 유행을 여러 차례 겪으며 이 치명적인 질병의 원인을 수색해 왔다. 하사니는 동물의 신경 중추와 신경 전달 경로가 정확히 어떻게 작동하는지, 그리고 그것들이 복제 가능한 패턴에 순응하는지를 밝히고 있었다. 모든 관찰 행위가 이처럼 명확하게 방향이 정해지지는 않는다. 그러나 어떤 식으로든 선별 작업에 들어간다. 처음부터 머릿속에 들어 있던 아이디어와 가정을 통해서든 아니면 애초에 완전히 무시했던 가능성을 통해서든 말이다.

눈앞의 증거에 직관적으로 순위를 매기는 일은 모든 과학의 수행에서 중요한 부분이다. 그로 인해 객관적 진리와 편향되지 않은 연구가 세상에 존재한다는 주장이 훼손되더라도 말이다. 잉게 골드스타인^{Inge Goldstein}과 마틴 골드스타인^{Martin Goldstein}은 "이 세상에 존재 가능한 사실은 그 수가 무한하므로, 무엇은 중요하고 무엇은 중요하지 않을 듯하다는 개인의 느낌에서 시작할 수밖에 없다. 이것이 진실이다"라고 했다. 같은 맥락에서 찰스 다윈 역시 이렇게 말했다. "관찰이 쓸모 있으려면 관찰자가 반드시 어떤 견해를 지지하거나 반대해야 한다. 이처럼 중대한 사실을 아무도 모른다니, 이 얼마나 이상한가!"

과학자들이 관찰에 투영하는 선입견은 연구를 효과적으로 돕는 만큼이나 연구에 방해가 되기도 한다(중립적인 로봇이 아니라 인간 개발자의 선입견이 들어가는 알고리즘에도 같은 진리가 적용된다). 예상과 선입견은 의미 있는 가설과 발견으로 가는 빠른 경로다. 하지만 그 증거가 뒷받침하지 못하는 이론에 관찰된 증거를 억지로 끼워 맞추느라 핵심을 놓치는 지름길이 될 수도 있다.

1854년, 스노 박사가 오염된 양수 시설을 폐쇄해 콜레라 유행을 종식한 시기에 영국 정부의 보건 위원회도 조사를 시작했다. 그러나 스노의 발견과는 다른 결론에 이르렀다. 위원회가 해당 증거를 찾았기 때문이 아니라 애초에 수인성 전염의 가능성을 제대로 조사하지 않았기 때문이다. "그들은 환자가 어떤 양수 시설을 사용했는지 묻지 않았다. 또한 상수 시설이 외부에서 오염되었을 가능성도 조사하지 않았다."

이 사례는 과학에서 정립된 합의가 얼마나 견고한지를 보여 주는 역할(콜레라가 물이 아니라 공기로 전염된다는 관점은 12년 뒤에 또 다른 대유행이 일어날 때까지도 내내 정설이었다) 말고도 과학에서 관찰이 어떻게 옳거나 그르게도 흘러가는지를 예시한다. 과학자에게는 적절한 것을 관찰하도록 안내하는 가설과 예상이 필요하다. 그렇지 않으면 현대 컴퓨터의 힘으로도 분류하기 힘든 엄청난 양의 잠재적 데이터 속에서 길을 잃을 수밖에 없다. 그들은 관찰에 형태와 의미를 부여하기 위해 받은 훈련과 경험을 활용해야 한다. 그러나 방향성이 너무 강하거나 기존 발상에 너무 붙들려 있으면 새로운 가능성과 대안을 처음부터 무시해 버리는 위험을 자초하게 된다.

지나치게 개방적인 자세 때문에 갈피를 잃어버리지 않을 것. 반대로 마음을 완전히 닫은 채 선입견에 휘둘리지도 않을 것. 그 둘 사이에서 적절한 균형을 유지하기란 모든 과학 수행에서 끊임없이 주어지는 도전 과제다. 이는 내가 내 자폐성 두뇌로 런던에서 길을 찾아 나가면서 매일 겪는 딜레마이기도 하다. 런던이란 도시는 수백만 가지의 감각 자극이 모퉁이마다 도사린 곳이다. 그래서 매일 나는 어떻게 길을 건너고 어디에서 모닝커피를 마실지와 같은 아주 작은 결정에도 크게 신경을 써야 한다. 이 정도의 답은 과거의 경험으로 이미 알고 있어야 하지만, 산만한 정신과 무한한 선택지 속에서 가끔 나는 길을 잃고 카페인도 없이 몇 분씩 길가에 우두커니 서 있게 된다. 실험실로 출근하는 길에 자신의 감각을 살피느라 늦었다는 변명이 유니버시티 칼리지 런던의 부총장에게 먹히겠는가? 이런 부르주아 같은 핑계가 또 있을까?

관찰 대상을 결정하는 문제는 관찰자 자신이 보고 있는 바를 과연 믿어도 될지 알 수 없을 때 더욱 복잡해진다. 2011년, 이탈리아 연구자들이 놀라운 발견을 보고했다. 대형 강입자 충돌기로 유명한 유럽 입자 물리 연구소^{CERN}에서 입자 가속기로 쏜 중성미자가 730킬로미터 떨어진 곳에 60나노초라는 말도 안 되는 기록으로 도착했다. 빛보다 빠른 속도였다. 잘못 읽지 않았다. 빛의 속도를 능가한 게 맞다. 천지가 개벽할 일이었다. 아인슈타인은 빛의 속도가 우주의 어떠한 물체에 대해서도 일정하며 그보다 빠를 수는 없다고 단언했다. 특수 상대성 이론을 보기 좋게 어긴 이 실험은 현대 물리학의 간판을 바꿀 수도 있었다. 게

다가 우연으로 치부할 일회성 결과도 아니었다. 이 실험은 별개의 논문으로 출간된 두 연구진의 독립된 실험에서 1만 5천 번 이상 시행된 결과였다. 어떤 과학자는 이 발견을 곧바로 무시했지만, 또 어떤 과학자는 충분히 가능한 일이라고 주장했다. 만약이 입자들이 어떤 식으로든 기존의 물리적 우주인 4차원 시공간(공간 3차원과 시간 1차원) 바깥에서 이동했다면 아인슈타인이 증명한 광속을 어기지 않고도 빛보다 빨리 도착하는 일이 가능하다는 뜻이다.

그러나 시행 횟수를 네 배로 늘려 진행한 후속 연구 결과, 따분한 현실로 돌아오고 말았다. 중성미자는 매번 빛의 속도 범위를 벗어나지 않고 움직였다. 물리학에 기적이 일어난 것도, 새로운 수수께끼가 던져진 것도 아니었다. 첫 번째 연구는 단지 케이블 결함과 측정 시계의 오류로 인한 잘못된 결과였다. 한 세기 이상 굳건하게 지속된 이론을 전복하겠노라 위협했던 실험 결과는 결국 고등학교 화학 실험실부터 세계에서 가장 발전된 최첨단 시설까지 모든 곳의 과학자들이 잘 알던 사실만 재차 확인했을 뿐이다. 과학자의 측정 방식은 과학자가 발견한 결과만큼이나 중요하다는 진실 말이다. 과학적 발견은 그 발견을 뒷받침하는 수단과 그것을 정의할 때 사용한 지표만큼만 가치 있다.

관찰은 과학 연구의 가장 오래되고 근본적인 부분이다. 그러나 늘 똑같은 결과를 보여 주지는 않는다. 관찰은 영원히 중요하겠지만 관찰에 사용되는 도구는 계속 변화하고 개선된다.

인간 게놈 시퀀싱(DNA 염기 서열을 밝히는 일—옮긴이)은 2000년 처음 개발되었을 당시 3억 달러라는 어마어마한 비용이 들었다. 지금은 거의 어느 실험실에서든 단돈 천 달러면 가능하다. 과학 연구의 모든 분야에서 비슷한 상황이 벌어진다. 한때는 감히 엄두도 낼 수 없이 비쌌던 도구와 기술이 이제는 저렴하게 보급되어 널리 사용된다. 이는 과학의 발전에 크게 이바지해 왔지만 독자적인 문제를 일으키거나 새로운 질문을 제기하기도 한다. 많은 데이터를 고속으로 처리할 수 있고, 또 더 많은 실험을 할 수 있게 된다고 해서 꼭 그렇게 해야 할까? 데이터가 많다고 항상 좋을까? 데이터의 증가로 결과가 명료해지기는커녕 더 혼란스러워지지는 않을까? 패턴을 감지하고 잡음과 신호를 구분하며 이제는 클릭 한 번으로 접근할 수 있는 정보를 어떻게 다룰지 결정하는 데 인간의 직관이 여전히 고유한 역할을 할 수 있을까? 정보를 "결합"하는 방법은 한 가지 이상일까?

기술의 발달이 삶을 점점 더 지배하면서 이제 우리는 실험실 바깥에서도 데이터 과잉을 겪는다. 하루 동안 걷는 걸음 수, 지난밤의 수면 시간, 지난주 워들Wordle(영어 단어 맞히기 게임—옮긴이)에서 오답을 고른 횟수, 집에서 초과 근무한 시간 등으로 삶이 정의되기가 너무나 쉬워졌다. 모든 순간이 스마트폰으로 꼼꼼하게 기록된다. 심지어 어떤 날에는 사용 시간을 초과했다며 꾸중까지 듣는다. 이렇게 숫자로 측정되는 일상에는 장단점이 공존한다. 일상의 좌표를 찍고 그래프를 그리는 일에 집착하면서 사람들은 무엇이 진정으로 중요한지 잊어버리기 시작했다. 바로 내가 핏빗^{Fitbit} 효과라고 부르는 것이다. 건강 관리 프로그램인 이 앱이 제공하는 정량화는 검증되었다는 허상을 제공한다. 앱으로 측정하지 않았다면 정말 저만큼의 거리를 걷고 달렸다고 말할 수 있을까? 데이터로 자신의 삶을 추적하는 데 지나치게 몰두한 나머지 실제 삶과 눈앞을 보지 못하게 된다면? 어떤 문제가 발생할지 쉽게 짐작 가능하다. 알고리즘처럼 유동적인 것과는 정반대의 상황이다.

우리가 일상을 관찰하고 자신의 행동에 대한 데이터를 수집해 성취할 수 있는 것에는 명백히 한계가 존재한다. 예를 들어 자기가 하루에 몇 번이나 웃는지 세기 시작하는 순간 더는 행복을 느끼지 못하리라. 사람들은 자신의 삶이 대단한 과학 프로젝트나 되는 양 매 순간을 추적하도록 자극받는다. 그러나 특히 집착적인 성향을 가진 사람들에게는 득보다 실이 더 많다. 이는 모임에서 사람을 만날 때나 맛집에서 맛있는 음식을 먹는 순간에도 SNS에 올릴 사진을 찍느라 바빠서 그 순간을 즐기지 못하는 일과 같다. 설령 저 모든 기억과 데이터를 수집하면서 즐거움을 방해받지 않는다고 치자. 그럼에도 저 사진들로 밝힐 수 있는 바는 별로 없다. 아인슈타인이 기하학 강의에서 말한 것처럼, "수학 법칙은 현실을 설명하기엔 확실하지 않고, 확실한 수학 법칙은 현실과 관련이 없다"(참고로 내가 가장 좋아하는 과학 명언이다). 이 말은 정량화의 한계와 비용을 잘 드러낸다. 특히 나란 사람은 무언가가 마무리되고 명료하게 정리되는 기분을 느끼기 위해 살아간다. 그렇기에 정밀함이 진실과 완벽하게 일치하지는 않는다고 스스로 끊임없이 상기시켜야 한다. 나는 지금 왜 내 삶을 관찰하고 또 측정하는지 스스로에게 항상 질문하라. 마라톤을 하면서 마일리지를 쌓아 나가듯 실체가 있는 목적으로 가는 길을 돕기 때문인가? 아니면 없어도 되는 목발이나 습관 같은 것인가?

과학에서도 마찬가지다. 어느 시점이 되면 모든 연구가 "보는 것"에서 "하는 것"으로 옮겨 가야 한다. 문제를 해결하려 자신이 배운 지식을 총동원해 그 방안을 다만 일부라도 설계해야 한다. 하사니는 선충의 신경계를 연구할 때 더 들여다보아도 프로젝트에 도움이 되지 않겠다 싶은 순간 선을 그었다. "처음에는 신경 회로를 보았습니다. 다음에는 이 회로의 구성 요소를 알아내기 위해 뉴런과 시냅스 수준으로 내려갔어요. 여기에서 더 깊이 들어가 원자 단계까지 파헤칠 수도 있었습니다. 그러나 이 모델을 적용해 자신의 역량을 확인하려면, 그 이하로는 절대 내려가지 않겠다고 하는 기준을 스스로 정해야 했습니다."

그가 제안했듯이, 어떨 때는 관찰을 멈추고 본격적인 연구에 들어가야 한다. 하지만 상당히 인내해야 하는 상황도 있다. 바로 관찰을 하려면 필요한 과학 기술이 발전하기까지 오랜 시간을 기다려야 하는 경우다. 내가 생물 정보학자로 참여하고 있는 암 연구를 예로 들겠다. 이 분야에서 엄청난 기술의 발전으로 게놈 시퀀싱에서 단백질 3D 구조 모델링까지 연구 범위가 혁신적으로 넓어졌다. 이제는 데이터를 더 많이 생산하는 데 그치지 않고 새로운 접근 방식을 축적해 참신한 맥락과 관점을 제공하는 일이 가능해졌다. 과거 연구자들은 동물 모델과 근사치 그리고 생체검사로 얻은, 대표성이 결여된 종양 표본에만 의존했다. 그러나 점차 현실에 가깝고 역동적인 방식으로 다양한 암을 재구성하고 연구하게 되었다. 흐릿하고 단편적인 이미지가 모든 각도에서 연구 가능한 훨씬 더 완전하고 실제에 가까운 데이터로 바뀐 것이다. "사람들이 실험용 쥐를 모델로 암을 연구했던 세월이 아주 길어요." 종양 미세 환경[tumour microenvironment](몸에서 종양을 둘러싼 세포와 구조의 복합체)을 연구하는 캔빌드[CanBuild] 프로젝트의 수석 연구자 프랜시스 보크월[Frances Balkwill]이 이렇게 말했다. "우리 연구소의 신조는 다음과 같습니다. 쥐가 걸리는 암에 걸린 인간이 있다면 우리가 고칠 수 있다."

이 프로젝트도 다른 많은 연구처럼 당황스럽고도 흥미로운 임상 문제를 관찰하면서 시작되었다. 보크월이 말하길, "이 연구의 목적은 중증 난소암 환자의 생존율을 높이는 것입니다. 이 환자들은 대다수가 화학 요법에 아주 잘 반응해 처음에는 차도가 있는 듯 보이다가도 어느 틈에 다시 재발했어요. 과학적으로 흥미로운 문제였습니다. 잘 알려진 대로 화학 요법은 종양의 미세 환경과 일부 면역 반응을 자극하지만 효과가 지속되지는 않습니다." 이러한 임상 관찰은 현재와 같은 방식으로 종양을 연구해서는 높은 이해 수준에 도달하기 어렵다는 사실을 강조한다. 암은 너무 빈번하게 재발하고 장기적으로도 치료에 저항하는 것으로 보아 우리는 아직 암을 제대로 모른다. 하지만 세포 조직 공학의 발달로 그간 암세포가 실제로 활동하는 환경 바깥에 격리시킨 정적인 상태로만 암세포를 연구하던 과거의 방식에서 벗어나게 되었다. "그때까지 아주 오랫동안 일상적으로 해오면서도 마음 한구석에서는 찜찜했던 부분이었습니다. 우리는 암세포를 내내 플라스틱 위에서 기르고 있었어요. 인체는 플라스틱이 아닌데 말입니다." 보크월 교수가 2013년에 프로젝트에 착수하면서 한 말이다. 그가 정의했듯이 캔빌드의 목표는 대단히 야심 차다. "인간의 종양으로 자라고 진화하는 종양을 인체 내에서 재구성하는 것"이다. 이로써 이 프로젝트는 암 연구자들에게 문제를 관찰하고 연구할 새로운 방법을 제공할 것이다.

보크월은 런던의 바트 암 연구소에서 연구를 이끌며 과거의 한계를 극복하기 위해 많은 시도를 했다. 캔빌드는 격리된 상태에서의 난소암 세포 연구만이 아니라 종양 미세 환경으로 알려진 문제에도 집중해 왔다. 종양 미세 환경이란 인체의 혈관계, 신경계, 면역계의 구성 세포를 포함해 종양을 둘러싸고 있으면서 암세포 생장 과정에서 변질되는 부분들을 말한다. 본질적으로 종양이 생활하고 생장하며 영양분을 공급받는 환경이다. 건강하게 제 기능을 하는 이 인체 구성 요소는, 종양의 상당 부분(종양 무게의 절반에서부터 췌장암의 경우 최대 80퍼센트까지)을 차지함에도 암 연구 대상이 되지 못했다. 암세포는 자신의 수를 불리기 위해 인체의 기반 구조를 장악한다. 따라서 악성 세포 자체의 속성만큼이나 그 강탈 과정을 이해하는 일 역시 중요하다. 특정 암에 보이는 개인의 경향성은 상당 부분 유전과 관련 있지만 신체 자체도 위험의 수준을 결정하는 데 중요한 역할을 한다. 보크월이 말했듯 "유전적 문제가 불을 피우는 성냥이라면 종양의 미세 환경은 화염에 끼얹는 기름이다".

　　지난 10년 간 보크월의 프로젝트는 종양 미세 환경의 재현이라는 단기 목표를 성취했다. 또한 암세포와 종양 미세 환경 사이에서 일어나는 상호 작용의 패턴을 분류해 향후 치료법의 기반을 다지겠다는 장기 목표 역시 성취했다. 기술의 개선으로 캔빌드는 환자의 생체 검사에서 얻은 종양 표본을 해체한 뒤 하나씩 재구성해냈다. 처음에는 종양이 주로 발달하는 대망^{omentum}(난소의 지방 세포)을 복제해 인공 세포를 키운다. 거기에 암세포를 추가해 이 모방된 미세 환경에서 종양이 어떻게 자라고 상호 작용을 하는지 관찰했다. 그러니까 암 연구의 심시티^{SimCity}쯤으로 생각하면 된다. 해체와 재구성이라는 힘겹지만 중요한 과정을 거쳐 페트리 접시 위에서 창조된 미니 종양을 통해 중대한 발견들이 줄을 이었다. 그중 한 가지가 혈소판이 조직 주변의 중피 세포라는 보호층을 파괴함으로써 암세포 확산에 큰 역할을 한다는 사실이었다. 또한 면역계의 일부인 전환성장인자 베타$^{TGF-\beta}$를 분리할 수 있었는데, 이 사이토카인(면역세포에 의해 생산되는 단백질)은 암세포의 핵심 조력자 가운데 하나다.

　　지나치게 세부적인 발견이라고 생각할지도 모르겠다. 그러나 무슨 방법을 써도 다시 살아나는 암의 치료법을 찾아 분투하는 현대 의학 연구자들에게는 대단히 중요한 통찰을 제공했다. 어떤 종류든 암은 세포 구조, 분자, 화학 신호 물질이 이루는 복합물이다. 이 요소들은 모두 원래 건강했던 인체 주요 기관에서 암세포가 자라게 하는 원인이다. 탑이 무너질 때까지 블록을 하나씩 제거하는 젠가 게임처럼, 암 연구의 목표는 암의 구성 요소 중에 제거되었을 때 전체 구조물을 무너뜨리게 될 벽돌을 찾는 데 있다. 또는 애초에 그런 종양이 자리 잡거나 전이되는 것을 예방하도록 치료에 가장 효과적인 표적을 찾아내려 한다. 그렇다면 암 진화의 여러 유형을 뒷받침하는 생물학적 행동을 더 잘 이해해 무엇을 얻을 수 있을까? 궁극적으로는 개별 암세포의 성장 패턴과 체내에 존재하는 위험한 조력자에 맞춰 설계된 대응책을 효율적으로 개발하게 되리라 전망한다.

　　이로써 다시 관찰의 중요성으로 돌아왔다. 하지만 이제 우리는 무엇을 관찰하는지가 아니라 어떻게 관찰하는지가 중요하다는 점을 알았다. 암이 진짜로 무서운 이유는 그것이 역동하는 존재이기 때문이다. 암세포는 우리를 살아 있게 하는 체내 시스템을 끌어들여서 자기의 목적에 맞게 변질시키고 파괴적인 속도로 생장한다. 캔빌드 같은 프로젝트의 가치는 종양의 행동을 암세포가 사용하는 역동적인 방식으로 관찰하는 데 있다. 지금까지 구현된 사례 중 종양 대리 모델을 가장 우수하게 재현하는 전례 없는 업적이다. 덕분에 연구자들은 앞으로 정지된 이미지가 아니라 질감과 차원이 있는 영상에 현대 컴퓨팅의 데이터 과학 성능을 적용해 종양의 미묘한 행동과 특성을 추론할 수 있게 되었다. 역동하는 시스템을 관찰하기에는 역동적 접근법이 알맞다. 우리는 어떻게 이 치명적인 가해자와 싸우도록 인체를 부추기냐는 오래된 문제의 답에 더 가까이 다가가는 중이다.

이런 발전은 동시에 암처럼 광범위하게 연구된 주제에서조차 우리가 여전히 얼마나 모르는지를 일깨운다. 사용하는 도구가 정교해질수록 관찰 대상은 더 선명해진다. 이를 통해 새로운 연구와 논쟁의 길이 열린다. 이 책을 집필하면서 만났던 한 과학자의 말처럼, 연구는 불이 꺼진 방에서 문을 찾기 위해 벽을 더듬는 과정 같다. 마침내 문을 찾아내 열고 나가면 더 크고 더 어두운 방이 나타난다. 과학자라는 직업이 주는 좌절과 매력은 애써 하나의 답을 찾아낼 때마다 두세 개의 질문이 새롭게 주어진다는 점이다. 더 명확하고 정확하게 관찰할수록 매번 새롭고 다양한 각도로 연구하길 요구받는다.

알든 모르든, 도시에 살든 시골에 살든 우리는 자신을 둘러싼 세계를 관찰하고 받아들이면서 평생을 보낸다. 방대한 데이터베이스로 훈련된 뉴럴 네트워크처럼 우리의 뇌도 우리가 보고 듣고 맡고 만지고 맛보는 모든 감각을 처리하기 위해 종합적

    궤도 너머

인 경험을 사용한다. 우리 뇌는 발이 뜨거운 목욕물에 닿는 순간 빨리 나오라고 발가락에 신호를 보낸다. 집에서 이상한 냄새가 나니 살펴보라거나 또는 잠재적으로 위험한 상황이니 빠져나오라고 전두엽에 신속하게 메시지를 보낸다. 이처럼 무의식중에 사실상 자동으로 일어나는 관찰과 결정은 동료가 이발하고 왔는지, 부엌의 난이 꽃을 피우기 시작했는지(내 경우는 물을 너무 많이 줘서 죽어 버리지만)처럼 의식적으로 인지하는 관찰과 동시에 일어난다. 의식적으로 결정했다고 생각한 사항이 무의식의 영역에서 먼저 판단되기도 한다. 2006년 프린스턴 대학교 연구팀이 실험한 결과, 10분의 1초 만에 상대의 표정을 판단해야 했던 사람과 상대의 얼굴을 무한정으로 볼 수 있었던 사람은 대체로 비슷한 결론을 내렸다. 특히 상대가 신뢰할 만한 인물인가를 판단할 때는 그 결과가 더 비슷했다. 나는 어떠한 순간에 내 직감을 알고 싶을 때면 종종 이와 같은 카드 질문법을 사용하곤 한다. 스스로에게 이렇게 묻는 것이다. "지금 주변 환경이 나에게 무엇을 말하고 나는 그에 대해 어떤 기분이지? 10초 안에 답해."

모든 사람이 과학자가 될 수는 없다. 그러나 주변의 세계를 관찰하고 탐색할 때 좀 더 과학적으로 접근할 수는 있다. 그러려면 먼저 스스로를 비판하는 관찰자가 되어 자신이 무엇에 주의를 기울이는 편이고 왜 그런지를 깨달아야 한다. 나쁜 데이터나 왜곡된 변수를 사용한 실험처럼, 정치적으로 결이 맞는 기사만 신뢰하거나 직장에서 자기가 좋아하는 사람의 피드백만 받아들인다면 세상을 보는 관점이 제한될 수밖에 없다. 우리는 완벽하게 새로운 관점으로 대상을 관찰할 수 없다. 또 선입견, 기대, 희망, 좌절에서 벗어날 수도 없다. 이를 인정해야 한다. 관찰과 결정 사이의 틈은 너무 좁아서 사실상 존재하지 않는다. 결국 우리는 관찰하고 생각할 기회를 얻기도 전에 결정해 왔다.

과학은 이러한 선입견들을 없애지 말고 조정하라고 말한다. 우리는 변함없이 각자의 고유한 경험이 빚어낸 사람이자 인격체로 존재한다. 무조건 폐쇄적인 사고를 해야 한다거나 이미 마음에 정해 둔 바 외의 다른 설명을 고려하지 말아야 한다는 뜻이 아니다. 때로는 불가능하다고 무시했던 일이 일어난다. 또는 확신했던 일이 일어나지 않는다. 좋든 싫든, 자기가 가장 싫어하는 사람이 가장 정확하게 핵심을 짚기도 한다.

훌륭한 연구자는 고정성과 유연성 사이에서 기꺼이 외줄타기할 준비가 되어 있어야 한다. 마음을 완전히 열어 둔 채 관찰이 이끄는 대로 무작정 따라가서는 안 된다. 그렇다고 자신이 틀렸다고 증명될 가능성을 배제해서도 안 된다. 다음 장에서 보겠지만 다른 목적으로 시작했거나 같은 문제의 서로 다른 측면을 살핀 연구로부터 대단히 가치 있는 실험이 나오기도 한다. 처음에는 흥미로워 보이더라도 (빠르게 식어 버리는 사랑처럼) 막다른 길이었다고 판명 날 수도 있다. 그러나 또 그 실패의 부산물이 미래의 연구와 다른 놀라운 발견의 노다지로 이어질 때도 분명 있다. 나에게 맞지 않는 사람들을 알게 될수록 진정으로 좋은 사람들을 찾기도 쉬워진다. 확실하게 방향을 잡고 가되, 필요할 때는 과감하게 경로를 바꾸어야 한다. 그런 자신감 있고 열린 자세야말로 우리를 흥미진진한 곳으로 안내할 가능성이 가장 크다. 우리는 리퀴드 알고리즘처럼 유동적일 필요가 있다. 결국 모든 것에 열려 있을 때 수반되는 광범위한 가능성에 압도되지 않는 동시에, 어떤 결정에 얼마만큼의 주의를 기울일지 유념해야만 비로소 관찰의 힘을 제대로 만끽할 수 있다.

과학자들은 정해진 답 없이 방향을 지시하는 관찰의 힘을 증명한다. 또한 자신이 관찰하는 대상 앞에서 스스로 솔직해져야 하며 되도록 적절한 맥락 안에서 대상을 보아야 한다고 상기시킨다. 캔빌드 프로그램이 예시했듯이 암세포를 분리된 상태로 보는 일과 전체 종양 미세 환경 안에 존재하는 일부로 보는 일은 엄청나게 다르다. 물론 세포 구조를 따로 떨어져 있는 정적인 독립체로도 관찰해야 한다. 그리고 동시에 암세포가 실제로 살아가는 역동적인 환경에서 그것들이 어떻게 상호 작용하고 행동하는지도 관찰해야 한다.

솔직히 말해 우리 대부분은 삶에서 맥락의 원리를 적용하지 않고 살아간다. 어느 날 친구나 동료가 평소와 다르게 퉁명스럽게 굴었다. 이때 당신은 상대가 왜 그렇게 행동했는지 깊이 생각해 보는가(인정하겠다. 여기가 내 능력을 과소평가하는 가면 증후군이 편리해지는 지점이다. 나는 맥락과 내가 잘못할 수 있는 부분을 늘 생각하기 때문이다)? 아니면 빈정이 상해 수동 공격을 담은 메일을 보내는가? 상대가 그의 미세 환경에서 어떠한 압박을 겪은 것은 아닌지 생각해 보는가? 반대로 일진이 사나웠거나 무언가 힘에 겨울 때, 우리는 생산성이 부족한 자신을 탓하는가 아니면 상황이 좋지 않은 이유를 생각해 보는가? 과학은 우리에게 직시하기가 항상 최고의 관찰법은 아니라고 알려 준다. 특히 관찰하느라 그 주변에서 일어나는 일을 보는 시야가 좁아진다면. 괜찮다는 친구의 말을 곧이곧대로 믿는 대신 무슨 일이 있는지 다그쳐 물어야 할 때도 있다. 과학자는 맨 처음 보거나 들은 바를 그대로 받아들이지 않는다. 믿을 수 있고 믿어야 하는지, 그리고 그것이 진짜로 하는 말이 무엇인지를 자문한다. 자신의 관점과 상대의 관점을 모두 염두에 두고 그것이 서로의 말과 이해에 어떠한 영향을 주는지 살핀다. 사람들이 자신의 기분을 표현할 때는 입에서 나오는 말보다 맥락(바디랭귀지)이 더 많은 말을 하는 법이다.

그렇다면 관찰이란 단순히 '보기'에 그치지 않는다. 우리가 관찰하는 이유는 거기에서 무언가를 배우기 위함이지 그저 감상하기 위해서가 아니다. 목적을 수행하려면 방향 그리고 끝이 있어야 한다. 그것으로 우리는 충분한 지식을 습득하고 실마리를 모아 가설을 짜기 시작하거나 아이디어를 구상하고 알고리즘을 코딩할 수 있다. 관찰이 유용하려면 그 목적을 염두에 두어야 한다. 관찰이란 "어떠한 관점의 편에 서거나 그 반대가 되어야 한다"라는 다윈의 주장처럼 말이다. 물론 과학자는 관찰과 배움, 그들이 발견한 것에 대해 계속해서 의문을 품는다. 그렇다고 해서 첫 관찰의 씨앗을 수확해 더 크게 키울 시점을 미루지도 않는다. 씨앗이 결국에는 의미 있는 발견이 되도록 다음 단계로 넘어가야 하니까.

"가설은 걸어가는 도중 무너질지도
모른다는 사실을 잘 알면서 짓는 다리다."

평소 내가 떠올리는 질문은 보통 "만약 그렇다면?"으로 시작한다. 그중에서 어떤 것은 내가 통제할 수 있고(만약 내가 다른 길로 출근했다면? 오늘 샐러드 대신 샌드위치를 먹었다면?), 어떤 것은 통제할 수 없다(다음에 지나가는 차 여섯 대 중 파란색 차가 한 대도 없다면?). 어떤 일이 일어났다면? 또는 일어나지 않았다면? 그랬다면 상황이 많이 달라졌을까? 가끔은 어떤 게 중요한지 아닌지 확인하기 위해 평소와 다르게 행동한다. 달걀프라이의 부드러운 흰자가 오그라들며 가장자리가 바삭해지듯 인식과 현실이 최대로 대비되는 지점까지 자신을 밀어붙이는 것이다.

나는 늘 머릿속으로 이런 게임을 한다. 기억하는 한 오래도록 이 게임을 해 왔다. 재미로도 하고, 습관적으로도 하고, 또 내 삶의 가장 진부한 부분에서조차 어떤 패턴과 의미를 찾을 수 있지 않을까 희망하기 때문에도 한다. 그리고 무엇보다 과학적이기 때문에 이 게임을 한다. 점처럼 아주 작게 보이는 부분들을 연결하고 무너질지도 모를 다리를 세우며 엉뚱한 아이디어인 줄 알면서도 시도하려는 욕망이다. 이는 모든 과학 연구에서 관찰 다음에 오는 단계로, 관찰한 결과들을 납득할 수 있게 설명하는 과정이다. 그리고 그것이 작동하는 원리인지를 따지며 그것이 원인이라면 어떤 결과가 나오게 될지를 묻는 과정이기도 하다. 과학자들은 이 모든 의문과 "만약 그렇다면?"을 '가설'이라는 근사한 용어로 부른다.

과학자들에게 연구에서 가설이 차지하는 역할을 물었을

1010
'could'
SHOULD

때 매우 놀라운 대답을 들었다. 심리학과 이론물리학이라는 서로 거리가 먼 분야의 두 연구자가 동일한 은유를 사용했기 때문이다. 그들은 '스토리의 힘'이라는, 과학과는 동떨어진 듯한 답변을 했다. 정신 질환 전문가인 카타리나 슈마크[Katharina Schmack]는 "우리는 관찰을 하고 거기에서 연관성을 찾습니다. 그러려면 기계론적 틀에 집어넣어야 하는데, 그게 기본적으로는 스토리예요"라고 대답했다. "제가 그걸 스토리라고 부르는 이유는, 결국에는 이야기를 서술하기 때문이에요. 그리고 이 스토리는 시험 가능한 가설로 이어지죠." 물리학자 키아라 마를레토[Chiara Marletto]도 똑같은 말을 했다. "저는 어릴 때 범죄 소설을 좋아했어요. 과학도 꼭 범죄 소설 같단 말이죠. 단서들을 모아서 하나로 합쳐야 하는데, 대부분 완벽하게 해결하지는 못해요. 걸림돌이 있다는 것은 단서를 제대로 꿰어내지 못했다는 뜻이에요. 그럼 그것들을 도로 책상 위에 풀어놓고 좀 더 창의적인 방법으로 다시 생각합니다."

나는 가설이란 손에서 놓을 수 없는 스릴러물의 전제라는 이 발상이 좋다. 소위 진짜 과학이라 알려진 바와는 반대로 감정과 주관이 논리와 이성을 대신하기 때문이다. 그러나 논리와 이성만이 진짜 과학은 아니다. 적어도 과학의 전부는 아니다. 과학은 대개 정밀함, 질서, 확실성으로 상징되지만 실제 과학 연구는 저것들과 완전히 반대인 경우가 대부분이다. 실험실은 오류 없는 이론, 실수 없는 실행, 완벽하게 질서 잡힌 세계가 아니다. 그곳은 혼란이 지배하는 장소다. 커피 얼룩이 묻은 논문 더미, 난잡한 화이트보드, 말도 안 되는 수치들이 혼돈의 도가니를 이루는 곳이다. 하지만 문제의 답은 많은 고민과 시행착오, 다양한 각도에서 가능성을 따져 본 후에야 저 늪에서 서서히 떠오른다. 물론 저 답은 즉시 수십 개의 새로운 질문을 끌어들여 우리를 정신없는 보드로 되돌아가게 한다. 과학자는 자신이 발전시키고 입증하려는 문제에 의도적으로 반대 의견을 계속 제기해야 한다.

슈마크가 말했듯이 과학자가 연구 결과를 공개적으로 발표하고 소통하는 방식 때문에 그 발견을 이루어내기까지의 과정은 심하게 단순화된다. "과학 논문 속 스토리는 언제나 대단히 선형적이죠. 이런 가설을 세웠고, 그 가설을 이렇게 테스트했고, 그래서 이것을 발견했고, 그로부터 이런 결론을 내렸다. 끝. 하지만 현실 속 과학은 대부분 그렇지 않아요. 하나를 관찰하고 한 가지 가설을 떠올린 다음, 다시 돌아가서 수정해요. 이 과정은 최종으로 정리되어 발표할 때보다 훨씬 복잡합니다."

혼돈스러운 과정을 인지하는 것은 가설이 과학에서 가장 중요하고 흥미로운 요소이며 아직 증명되지 못한 이론이자 설명이라는 사실을 이해하는 데 대단히 중요하다. 결국 모든 연구는 가설에 달렸기 때문이다. 가설은 여러 측면에서 후속 조사의 토대가 된다. 연구자는 가설 위에 구조를 세운다. 혹은 그것에 반대해 아이디어를 다듬는다. 그러나 가설은 불확실하고 유동적인데다 바뀌기도 쉽다. 새로운 증거가 나올 때마다 우리는 가설을 다시 찾아야 한다. 가설은 추측에 불과하다. 신뢰하는 북극성이라기보다 바람에 따라 다른 방향을 가리키는 풍향계와 더 비슷하다. 가설은 어수선하고 짜증 나고 그러면서도 정신을 사로잡는, 과학이라는 과정의 매력을 가장 잘 반영한다. 가설은 연구자를 출발선으로 돌려보내 가정을 검토하고 새로운 접근법을 고민하게 한다. 이 순환 과정은 모든 연구에 내재한 불안정성을 부각한다. 가설이 해체되어 다시 세워지는 이유는 여러 가지다. 잘못된 것을, 잘못된 장소에서, 잘못된 방식으로 보았기 때문이다.

가설은 모든 과학자에게 필요하면서 과학자를 겸허하게도 만든다. 가설은 과학자와 함께 춤추는 불확실성을 상징한다. 이 세상이 명확한 증명과 이론으로만 구성되지 않고 아주 많은 '만약에'와 '어쩌면'으로 이루어졌다는 사실도 일깨운다. 가설은 걸어가는 도중 무너질지도 모른다는 사실을 잘 알면서 짓는 다리다. 이 과정 자체에 실패할 가능성이 내재해 있다. 뿐만 아니라 더 많이 실험하고 자신을 드러낼수록 그 가능성은 당연히 더 커진다. 이러한 측면에서 가설은 입사 지원서의 또 다른 이름이기도 하다. 현실이 되려고 시도하는 아이디어, 눈에는 보이지만 손이 닿을지는 알지 못하는 선반이다.

구직할 때처럼 우리는 어디에도 가지 못하게 될 위험을 무릅써야 한다. 1960년대에 철학자 칼 포퍼Karl Popper가 주장했듯이 시험대에 올려 거짓인지 참인지 증명 불가능한 가설은 과학답지 않다. 그러므로 모든 과학자는 가설에 생명을 불어넣으려고 노력하는 동시에 자신의 아이디어가 사망할 가능성도 고려해야 한다. 가능성은 의욕을 꺾고 유행에 뒤처진 느낌 혹은 몰입하기 어렵다는 느낌을 줄 수 있다. 특히 그로 인해 '궤도에서 벗어난' 곳으로 가게 될 때는 말이다. 그러나 가설을 뜯어고치는 일은 이론을 세우는 과정의 중요한 일부다. 그것도 한두 번이 아니라 **늘상** 계속해야 한다. 박사 과정 지도 교수님과 처음 만난 자리에서 교수님이 강조한 말씀이 있다. 과학 연구에서 가장 중요한 두 가지는, '계획을 세워라 그리고 다음 날 그것을 과감하게 휴지통에 버릴 수 있어야 한다'는 것이다. 나처럼 정해진 일상에 대한 집착에서 벗어날 필요가 있는 완벽주의 대학원생에게는 이보다 더 절실한 조언이 없었다.

　　　가설의 본질인 필멸성이 불안정하고 두려울 수 있다(그만큼 흥미진진하다고도 말할 수 있지만). 그렇다고 해서 과학자가 가설에 온전히 의존하지 못한다거나 확실한 교훈을 얻지 못한다는 뜻은 아니다. 사실 가설은 과학의 과정과 그 미덕을 이해하는 최고의 도구다. 과학자들은 가설을 이용해 혼돈에서 (**아주** 운이 좋은 날에, 아주 작은 부분으로부터) 질문에 대한 답을 찾아 성공에 이르기 위한 퍼즐을 풀어 간다. 가설은 과학자들이 어떻게 아이디어를 얻고 또 시간이 지나는 동안 그 아이디어를 어떻게 바꾸는지 예시한다. 신중하게 계획된 이론과 우연에 의한 발견의 대조적인 역할도 알려 준다. 그리고 이 두 가지가 어떻게 중요한 논리의 도약을 이끌고 경로의 변경을 보장하는지도 보여 준다.

가설은 이렇게 과학의 핵심에 도달한다. 자신이 내세운 이론이 틀렸다고 증명하는 일은 그 이론이 맞다고 검증하는 일만큼이나 중요하다. 우리는 항상 새로운 방식으로 사고하며 과제를 시작할 여지를 두어야 한다. 어떠한 모순이 발생해서 기존에 확립된 사실들과 어긋나더라도 말이다. 과학자에게는 자신이 옳다고 인정받기를 원하는 욕구와 그 반대를 바라는 마조히즘이 공존한다(그런 내적 갈등은 모든 과학자의 필수 요소다). 좋은 가설이라고 생각했던 것이 사실은 틀렸다고 해 보자. 하지만 그 결과가 결국에는 처음 아이디어보다 훨씬 더 포괄적이고 흥미로운 결론으로 이어지기도 한다. 또한 구직에(또는 연구비 신청에) 실패했을 때 절치부심해 더 많이 준비하고 생각을 갈고 닦으며 기술을 연마하는 계기가 될 수도 있다. 내가 옷장 거울에 "변덕을 부려도 괜찮아. 그게 과학자들이 매일 하는 일이니까", "생각이 달라졌다고 해서 네가 허술한 것도, 비논리적인 것도, 비과학적인 것도 아니야. 그저 필요에 따라 유연하게 맞추어 나가는 거야"라고 써 붙였던 이유이기도 하다(참고로, 그렇다고 내가 거울을 보면서 혼잣말을 했다는 뜻은 아니다).

여기에서 가설은 과학에서 가장 의미 있고 또 실생활에 적용하기 쉬운 교훈을 반영한다. 과학자는 자신의 생각에 자신감을 가지면서도 증거가 다른 곳을 향할 때는 그 예측을 기꺼이 버릴 수 있어야 한다. 좋은 아이디어 혹은 추측과 데이트를 얼마나 하든 꼭 결혼까지 해야 하는 것은 아니다. 우리가 살면서 거의 모든 사안에 대해 의견을 형성할 때 염두에 두면 좋을 교훈이다. 틀렸을 때 의연히 돌아서는 겸허함도 흥미로운 아이디어를 착안하는 능력만큼이나 소중하다. 증거가 다른 말을 하면 아무리 확고했던 의견이라도 수정해야 한다. 다른 사람에게 더 나은 관점과 근거가 있다면 마음을 열고 경청해야 한다. 평생 생각을 바꾸지 않고 고정된 관점으로 살아가는 사람은 결국 얻을 것이 없다(잠깐 자존심을 세우는 것 빼고는). 반면, 자신의 의견과 관점을 하나의 가설로 대하는 사람들. 우리는 그들을 존경해야 한다. 자신의 가설이 증거를 통해 시험되고 입증되어야 하며 그 결과 지속 불가능하다는 결론이 날 수도 있다고 여기기 때문이다. 모든 실험실에서 역설과 블랙 코미디가 중요 요소인 이유다. 연구란 과거에 저지른 잘못, 시간을 낭비했다는 증거, 아직도 이해하지 못했다는 암시 등으로 자신을 매질하는 시도다. 모든 것을 걸었어도 연구자는 자신의 직감을 언제든 버릴 준비가 되어야 한다. 과학은 이토록 찬란하게도 불확실한 세계다.

　암의 가장 불운한 특성 가운데 하나가 재발하는 경향이다. 그리고 재발한 경우 임상적으로 처치하기 더 힘들어진다. 안타깝게도 많은 이가 대개 처음 발병했을 때보다 암이 재발한 경우가 위험하다는 현실을 익히 알고 있을 것이다. 암세포는 약물에 대한 내성을 민첩하게 키워, 전에는 효과를 보였던 치료를 무력하게 만든다. 암은 한 명의 우둔한 적이 아니라 적응력이 대단히 뛰어난 다수다. 위협에 맞서 진화하는 그들의 고유한 능력 때문에 암을 제압하기란 너무나 힘들다.

프랜시스 크릭 연구소의 찰스 스완튼^{Charles Swanton} 박사 연구팀은 지난 15년 동안 폐암의 진화적 성격과 약물 저항을 연구해 왔다. 그의 연구를 통해 인체 내 암세포의 행동을 이해하는 방식과 궁극적으로 종양 자체의 적응력에 맞서는 치료법이 발전하고 있다. 진화를 주제로 다루다 보니 그의 연구는 과학 연구가 가진 진화적 성격도 잘 보여 준다. 어떻게 과학이 통념의 균열에서 탄생해 근거를 가진 가설의 보호 아래 성장하는지, 어떻게 우연한 발견과 뜻하지 않은 일탈로부터 힘을 얻는지 말이다.

이 연구는 명백한 불협화음에서 시작했다. 암의 진행을 두고 기존 의학의 주장과 일선 임상의들의 관찰이 어긋났던 것이다. 그는 이렇게 말했다. "의대에 다닐 때는 암은 상대적으로 선형적인 방식으로 진화하며 한 종양의 모든 암세포가 거의 동일하다고 배웠습니다. 그렇다면 상대적으로 내성이 생기기 어려울 것 같지만, 실제로는 암은 내성을 키워요. 그건 기정사실이죠."

처음에는 이 사실이 증명되지 않았다. 그러나 약물 치료에 대한 종양의 내성 발달을 일관되게 보여 주는 임상 증거가 제시되었다. 이를 기반으로 스완튼을 비롯해 대안이 될 만한 가설을 내놓는 사람들이 생겨났다. 그들에 따르면 종양은 오래된 세포가 동일한 새 세포로 대체되는 선형적 패턴을 따르지 않는다. 대신 하나의 조상 세포가 여러 갈래로 갈라져 각각 다른 경로로 진화해 자기만의 특성을 지닌 파생물이 된다. 이런 가지치기식 진화는 동일한 치료에 내성을 보이는 과정을 설명한다. 처음에 치료에 잘 반응하던 암이 나중에는 '종양 내 이질성intratumour heterogeneity'이라는 다양화를 통해 내성을 가지게 된다. 모든 훌륭한 과학적 추측이 그러하듯, 이 연구 역시 설득력 있는 이론에서 시작했다. 고정된 두 지점 사이를 잇는 잠재적 점선이 수많은 테스트를 통해 완전한 실선이 된 경우다. "2000년대 초기에 저는 환자들에게 약물 내성을 설명하면서 그들의 종양이 다윈의 방식으로 진화하고 있다고 말했지만 증거는 별로 없었습니다." 스완튼이 말했다.

이 통찰은 많은 영역에서 과학자들이 아이디어를 형성하고 가설을 발달시키는 방식이다. 과학자들은 합의된 기존 지식에서 아주 작은 부분을 문제 삼으며 연구를 시작한다. 어떤 식으로든 그들이 관찰한 바와 어긋나거나 그것을 설명해 내지 못하기 때문이다. 이러한 균열은 작든 크든 후속 연구와 조사를 통해 반드시 해결해야 하는 가려움이라도 된 양 우리를 자극한다. 증거를 완전히 만족시키지 않는 이론이라면 끌어내어 조사해야 한다. 운전 중에 갑자기 낯선 소리를 내는 엔진처럼 말이다. 우리는 부품 몇 개만 교체하면 되는지 아니면 통째로 갈아엎어야 하는지 결정해야 한다.

과학자들은 천성적으로 호기심이 강한 족속이라 상대의 주장에서 허점을 찾고 질문하는 일을 좋아한다. 또한 아이디어

하나를 두고 사방에서 조명을 비추어 진정한 모습을 확인하곤 한다 (우리는 파티에서 장난치는 것도 아주아주 좋아하고, 연구비가 부족할 때조차 과자 봉지 하나로도 많은 일을 해결할 수 있다). 이처럼 가만히 있지 못하는 성격이 새로운 아이디어를 시작하는 데 박차를 가한다. 과학자들은 귀에 못이 박히게 들어 왔던 이론에 도전하고, 기존 합의점이 제시하는 논리에 생긴 아주 작은 균열까지도 찾아내 설명하려 한다. 이는 자기 충족을 위한 일이고 급기야 중독 증상까지 일으키는 강박이다. 사물을 가까이에서 볼수록 그 결함이 더 잘 보이는 것처럼 교과서 속 이론이나 원리를 더 깊이 조사할수록 잠재되어 있는 문제를 알아챌 가능성이 더 크기 때문이다.

나와 이야기를 나누었던 많은 과학자가 이와 비슷한 용어로 자신들의 접근법을 설명했다. 제일 먼저 (그들이 설명할 수 없거나 정말 설명해내고 싶은) 문제나 기존 지식에 잠재된 모순 또는 일련의 증거에서 사라진 조각을 찾아낸다. 다음으로 그들을 괴롭혀 온 문제는 실험을 통해 옳고 틀림으로 증명될 수 있는 가설의 형태를 취한다. 그 가설은 처음에는 아주 명료하고 정돈되어 보인다. 그러나 이 장을 시작하며 언급했듯이 곧 혼돈과 커피 얼룩, 멍한 머릿속이 되어 버린다. 종양의 진화처럼 과학 연구 과정 역시 선형이 아니라 가지가 갈라지며 사방으로 뻗어 나가기 때문이다. 이것들은 (극도로 운이 좋지 않은 한) 단계마다 차분하게 이어지는 예측 가능한 순열을 따르지 않는다. 그보다는 조사 중간에 발견한 내용과 그것이 지닌 보이지 않는 영향력에 따라 좌충우돌할 가능성이 더 크다. 규정된 경로에서 일탈할 용기를 낸다면 자신만의 공간이 생긴다. 그리고 거기에 원하는 색깔을 입힐 수도 있다. 인생이 그러하듯 말이다. 연구 프로젝트는 연구비, 상부의 지시, 온갖 행정 절차(생각만 해도 골치가 아프다) 등에 묶여 버리기도 하지만 연구 자체가 예측하지 못한 방식으로 진화하기도 한다. 아주 영광스러운 동시에 기막히게 좌절스러운 일이다.

암의 진화에 대한 스완튼의 연구가 그 좋은 예다. 2011년에 스완튼의 연구팀은 신장 종양을 상세하게 연구하던 중 대략 2만 2천 개의 암 게놈을 시퀀싱해 가지치기식 진화설의 초기 징후를 발견했다. 그들은 이 발견으로 주목할 만한 돌파구를 마련했다. 연구 결과, "동일 암의 여러 부위에서 서로 다른 돌연변이가 많았다". 그중 한 돌연변이는 신장암 치료 약물이 표적으로 삼는 바로 그 위치에서 발견되었다. "그 위치에서 발견된 활성 돌연변이가 다른 위치에서는 발견되지 않았다. 이 발견 덕분에 우리는 시간이 지나면서 진화하는 다양성에 의해서도 발생한다는 가설을 입증하기 시작했다. 암의 약물 내성은 종양의 기저 단계에 이미 존재하는 다양성 때문만이 아니었다."

여기까지는 아주 논리적이다. 이 중요한 발견이 따지고 보면 우연이었다는 사실만 제외하면 말이다. "원래는 대조군 실험이었어요." 스완튼이 당시를 떠올리며 말했다. 그는 최신 게놈 시퀀싱 기법을 이용해 널리 사용되는 약물 치료에 대한 종양의 반응과 예측을 조사해 바이오마커(의학적 표지)를 찾고 있었다. 원래 생체 검사로 떼어낸 조직에서 일관된 바이오마커가 존재하는지 확인할 기준점을 생성하기 위한 실험이었다. 그러나 그 결과는 하나의 문이 닫히자 새로운 문이 열리는 전형적인 사례가 되고 말았다. "어디에 바늘을 꽂든 결과는 같다는 사실을 보여 줘야 했거든요. 그런데 바늘을 꽂을 때마다 매번 다른 결과가 나오는 거예요." 그러나 이 실패한 예측이 결국 가지치기식 진화설을 규명하는 발단이 되었다. 한 종양의 여러 부위에서 일관된 표본을 얻지 못한다는 사실은 종양이 선형으로 진화하지 않는다는 간단한 추론으로 이어진다. 생체 검사의 결과가 다양한 이유는 이 종양이 부위마다 다르게 발달하기 때문이다. 한 실험을 막다른 길에 이르게 한 원인이 새롭고 흥미로운 퍼즐의 첫 조각이 된 것이다. 종양은 왜 그리고 어떻게 부위마다 서로 다르게 진화하는가? 그리고 이러한 생장 방식이 치료에 어떤 영향을 미치는가? "도저히 이들 약물에 대한 견고한 바이오마커를 찾을 수가 없었어요. 그래서 그때부터 10년 동안 종양이 어떻게, 그리고 왜 이렇게 진화하는지를 연구했습니다."

증거를 잘 살폈을 때만 가능한 논리적 도약, 기존 설명에 대한 불만족, 실험이 원래 지향했던 방향과 다른 쪽으로 흘러가면서 나온 결론까지. 이것들은 마침내 시험 가능한 가설이 탄생하기까지 그 과정이 얼마나 역동적인지를 잘 보여 준다. 눈앞의 증거들이 자신의 아이디어가 틀렸음을 증명한다고 해서 서운해하면 안 된다. 증거가 가리키는 방향이 아니라 과학자가 원하는 방향으로 가는 일을 과학이라고 할 수 있을까? 박사 학위 연구를 하면서 내가 내내 마음에 새겼던 신조는, "박사 과정 중에 한 번도 정체성 위기를 겪지 못한다면 이 길을 제대로 걷고 있는 것이 아니다"였다. 같은 맥락에서, 과학에서도 중요한 발견은 의도한 것과 우연적인 것, 예측한 것과 예측하지 못한 것의 조합일 가능성이 크다. 미지의 세계를 탐험하는 일이 원래 그러하다. 과학자는 여행을 떠나면서 싸 들고 간 짐뿐만이 아니라 여정 중에 발견한 것들로도 연구를 한다. 위험할 만큼 무계획한 방식이다. 그러나 바로 그 점이 과학 연구가 가진 매력이다. 우리는 무엇을 발견할지 알지 못하지만 어쨌든 계속해서 나아간다. 애초에 기대했던 결과보다 더 좋은 무언가를 발견할 수도 있지 않은가. 첫 번째 가설이 실패했다고 연구를 접을 필요는 없다. 그 실패가 처음 했던 구상보다 더 새롭고 흥미진진한 방향을 가리키기도 하니 말이다.

가설은 특정 문제를 대상으로 하는 아주 구체적인 것, 또는 머릿속에서 구상한 단일 테스트와 실험이다. 또한 과학의 도구로 훨씬 넓은 범위에서 여러 주제와 학문에 걸쳐 다방면의 지식과 가능성을 포괄하기도 한다. 여기에는 가설을 어떻게 세우느냐 하는 가설(회의에 관한 회의처럼 말이다)을 만드는 일과, 기존의 원리에서 시작해 과학적 문제에 접근하는 새로운 사고방식을 고심하는 일이 포함된다. 이때부터 가설은 **문자 그대로** 메타 이론의 성격을 띤다. 즉, 과학을 어떻게 하느냐에 관한 과학이다.

그러한 가설 중에 최근 몇 년 사이 힘을 얻고 있는 거대한 가설이 있다. 뉴턴과 갈릴레오의 시대 이후로 자리 잡은 물리학의 근본을 바꿀 정도로 말이다. 마를레토는 물리학자이자 양자 컴퓨팅 전문가 데이비드 도이치David Deutsch와 함께 이 새로운 이론을 개발했다. 그는 "우리에게 주어진 가장 심오한 문제는, '물리적 현실에 대한 현재의 설명보다 더 근본적인 설명 양식을 찾는 일이 과연 가능한가?'다. 이론 물리학자에게 현재 가능한 최선은 우주 전체에 적용되는 동역학 법칙을 찾는 것이다. 또 현재 알려진 우주의 초기 상태를 알게 된다면 미래나 과거 어느 시점에 우주가 어떤 상태인지도 알 수 있다"라고 설명한다.

오늘날 세계에 대한 우리의 개념은 어디까지나 기초 물리학을 토대로 한다. 예를 들어 뉴턴의 운동 법칙과 아인슈타인의 상대성 이론은 시공간 안에서 물체의 운동을 추적하고 예측하는 도구다. 마를레토와 도이치가 제시한 이론은 이 접근법의 효능을 따지려는 의도가 아니다. 다만, 그것이 우리가 찾는 물리적 우주에 대한 모든 문제에 해답을 제공하는 능력이 있는지 의문을 제기한다. 마를레토가 말했듯이 "자연에는 궤적의 용어로 포착할 수 없는 현상, 이를테면 생명 물리학이나 정보 물리학 같은 부분이 있다". 인간과 동물의 생명은 너무나 다양하고 풍부해서(이 지점에서 마를레토는 시력을 예로 들며 어떻게 눈의 해부 구조가 "정교한 카메라의 광학적 요소처럼 서로 절묘하게 조정하며 시각을 일으키는지" 설명했다) 어떻게 공이 공중에서 움직이고 행성이 우주에서 움직이는지를 보여 주는 법칙으로는 설명할 수 없다. "물체가 어떻게 규칙을 따르는가?"라는 교리에 뿌리를 두는 것이 아니다. 오히려 물체들의 다양한 상태에 근거해 설명되어야 한다. '차이'가 그 자체로 신호를 제공하는 정보가 되는 셈이다.

마를레토와 도이치는 기초 물리학의 증대를 위해 '생성자 이론constructor theory'을 제안했다. 그들은 이를 "할 수 있고, 할 수 없는 것"의 과학이라고 특징지었다. 이 이론은 주어진 조건에서 물체가 정확히 어떻게 행동하는지를 결정하는 대신 더 광범위한 조건들의 집합을 정의한다. 즉, 물체가 변형 가능한 조건과 불가능한 조건(이 변형을 '과제'라 부른다)이다. 이러한 개념 안에서 '생성자'란 정확한 위치나 결과물(이렇게 하면 여기에서 어떤 일이 일어나는가?)을 의미하지 않는다. 그보다는 가능성의 렌즈를 통해 과제가 수행되는 물체 또는 시스템을 가리킨다(그것이 어떤 일을 할 수 있는가, 없는가?).

최고의 물리학이 그렇듯이 생성자 이론은 간단하면서도 심오하다. 물리학 법칙이 불가능하다고 취급하는 지점에서 가능성을 탐색하는 행위는 새롭거나 극적이지 않다. 그러나 무엇이 일어나고 일어나지 않는가를 추적하는 관점에서 무엇을 할 수 있고 할 수 없는가를 추적하는 관점으로의 전환에는 대단히 극적인 무엇이 **있다**. 생성자 이론은 사실적factual인 것에서 반사실적counterfactual인 것(어떤 행위가 가능한지 불가능한지를 나타내는 표현)으로 이동하며 과학자들에게 채워진 족쇄를 풀었다. 이제 그들은 증명할 수 있거나 없는 것에서부터 그들이 "가능하다고 상상할" 수 있는 것으로 옮겨 가게 되었다. 이것은 "물리 세계의 모든 존재와 그 것에 일어나는 모든 일들, 즉 모든 물리적 실체를 지정할 수 있 다면 그것으로 우리는 설명 가능한 전부를 설명했다는 …… 오 개념"을 극복한다. 마를레토의 주장처럼, 구명보트의 목적과 가 능성을 설명하기 위해 난파선을 증명할 필요는 없다. 우리는 가 시적이고 증명 가능한 현실에서처럼 가능성의 측면에서도 생각 할 수 있어야 한다. "무엇이 일어나야 하는가?"의 법칙만이 아 니라 "무엇이 일어날 수 있는가?"의 원리를 생각하는 것이다. 학 문적 배경이 다른 내가 보기에 이 새로운 설명은 큰 위안을 주는 아름다운 포용이다. 동료들의 기대나 마땅히 **해야 하는** 일에 좌 우되지 않고 나 스스로 적합하다고 판단하는 실험이라면 어떤 형태로든 시도할 수 있는 기회를 마련해 주기 때문이다. 이 이론 대로라면 내가 어떤 방식으로 연구하든, 화구 하나짜리 주방에 서 어떻게 저녁을 만들든, 단지 재미 삼아 실험복을 입고서 훗날 보면 후회할 만한 민망한 셀카를 몇 장이나 찍든 모두 가능하다.

생성자 이론의 저자들은 이 접근법이 물리학 연구에 놀랍 고 새로운 가능성을 제공할 수 있다고 믿었다. 열^{heat}과 일^{work}, 정 보 심지어 생명 자체의 물리학 이론을 모두 합친 대통합이다. 마 를레토가 내게 말했듯이 반사실적 접근은 지금까지 불가능하다 여겨진 물리학에 하나의 차원을 더 추가한다. "전통 물리학은 역 학 법칙이야말로 주어진 현상을 과학으로, 특히 물리학 안에서 설명할 유일한 방법이라는 입장이었다. 따라서 이 설명 양식에 들어맞지 않는다면 그 아이디어에 대한 정확한 물리적 설명을 포기해야 한다. 그 전형적인 예가 생명이다. 우리는 생명 시스템이 생물학 안에서 어떻게 작용하는지를 과학적으로 훌륭하게 이해한다. 또한 물리학자들은 유기체를 이루는 개별 원자들이 운동 법칙에 완벽하게 순응한다고 말한다. 그러나 생명 시스템을 실제로 설명할 법칙을 물리학 내에서는 기대하지 않는다." 이 이론은 생물학에 내재된 예측 불가능성을 불편해하거나 물리 법칙의 부수로 여기지 않는다. 대신 가능성의 스펙트럼을 더 크고 온전하게 아우른다.

생성자 이론 자체는 하나의 가설일 뿐, 아직 그것이 희망하는 새로운 물리 법칙을 만들어내지는 않았다. 그러나 이 이론은 초기 단계에서도 우리에게 가설의 힘을 가르쳐 준다. 단순하기 때문에 우아한 생성자 이론은 우리가 믿는 개념을 물리 법칙의 한계 바깥에서 벗겨 낸다. 그리고 눈앞의 사실을 들여다 보면 하나의 가능성이 달성된다. 그렇게 우리는 설명 가능한 방식을 찾아내게 된다. 우리가 보고 만지고 증명 가능한 존재들에 대해 뜬구름을 잡는 당혹스러운 이야기로 들릴지도 모른다. 그러나 정확히 같은 이유로 해방이기도 하다. 사물은 '마땅히 이래야 한다'라는 양과 개념에서 스스로 벗어나지 못하면 아직 발견되지 못한, 숙고되지 못한 무언가에 대해 추측을 시작할 수 없다. 새로운 가능성에 접근한다는 것은 우리가 가졌던 확실함에서 벗

　　　　　　　　　　　　　　　　　　　　　　　궤도 너머

어난다는 의미다. 단지 새롭게 마련된 이론적 공간에서 실험하기 위해서라도 말이다. 이는 과학 연구에서도 올바른 자세고 삶에도 나쁘지 않은 조언이다. 때로는 지금까지 쌓아 온 지식에 의존하지 않고 무엇을 할 수 있는지를 상상해야 한다. 과거를 답습하지 않고 새로운 미래를 성취할 가능성을 품은 생성자로 자신을 바라보아야 한다. 정해진 일상을 아무리 사랑하더라도, 한 번도 해 보지 않은 일을 시도할 가능성까지 모두 배제한다면 삶은 아주 소심해지고 만다.

이 모든 사고의 자유가 그동안 배워 왔던 과학을 배신하는 일처럼 느껴질 수 있다. 그 과학에는 법칙과 확실성이 존재했다. 그러나 자유로운 사고 역시 과학에서 필수다. 이러한 맥락에서 가설은 이미 알고 있다는 편안함과 한계 밖으로 나아갈 동력을 제공한다. 물론 언제 무너질지 모르고 또 언젠간 버려질 수도 있다. 그럼에도 가설은 아직 사료되지 않은 미지로 향할 배를 마련해 준다.

가설은 물리적으로 가능한 스펙트럼 전체라는 폭넓은 캔버스에서 시작한다. 또는 전혀 다른 목적으로 설계된 실험에서 우연히 등장한다. 그렇다면 도대체 어디에서 가설을 시작해야 할까? 이 많은 '만약에'와 '어쩌면' 속에서, 시험 가능할 만큼 일관된 추측의 집합과 전제를 만들어 낼 수 있기는 한 걸까? 아주 복잡한 문제에서라면 그 답은 여러 단계를 거쳐 서서히 진행된다.

때로는 예상치 못한 방향으로 전환되기도 한다. 아이디어와 관찰, 해석의 사슬을 종합해서 작업 가능한 하나의 가설로 구축하기까지 많은 노력과 시간이 든다. 별로 대단하지 않은 듯한 발견도 새로운 맥락에서 본다면 어떤 중요한 계기가 될지도 모른다. 전혀 다른 퍼즐 세트에서 떨어져 나온 조각이 예기치 않게 마법처럼 들어맞는 것처럼.

슈마크가 제시했듯이 "과학은 혼돈이며 선형적이지 않다는 점을 기억할 필요가 있다. 가장 이상한 발견이 훗날 가장 유용한 결과로 이어진다. …… 단, 발견의 순간에는 그것이 유용할지 아닐지 알지 못한다." 그는 광 유전학의 예를 들어 이 점을 강조했다. 광 유전학은 빛을 사용해 뇌에서 개별 세포를 통제하는 신경 과학의 선구적인 분야다. '두뇌용 조명 스위치'라고 묘사되는 이 분야는 정신 질환과 퇴행성 질환, 신경다양성의 원천 등 뇌에서 기원하는 다양한 상태에 대한 전체적인 이해를 심화시킨다. 또한 거대한 잠재력으로 신경 과학과 정신 의학에서 혁명을 일으키고 있다(나는 신경다양성을 해결해야 할 문제로 병리화하는 관점이 아니라 이해를 개선하는 의도에서라면 이에 대한 연구를 전폭적으로 지지한다). 이 방법은 21세기 초에 이르러서야 발달했다. 그러나 이론적으로는 한 세대 전에 제기된 추측과 동물 신경 세포에서의 발견에서 기원했다. 이는 하나의 가설이 얼마나 느린 속도로 발아하는지를 보여 준다.

2000년대 초, 칼 다이서로스[Karl Deisseroth] 교수가 수행한 광 유전학 연구는 30년 전에 착안된 발상에 뿌리를 둔다. 쉽게 예상

가능한 분야에서 온 것도 아니었다. 다이서로스의 말처럼 이 발상은 전혀 다른 장소와 사소한 증거에서 시작했다. 핵심은 DNA 연구의 선구자 프랜시스 크릭^{Francis Crick}의 가설이었다. 그는 1979년에 "신경 과학 연구가 직면한 가장 큰 과제는 뇌 속의 다른 세포를 건드리지 않고 오직 한 유형의 세포만 통제하는 능력을 갖추는 것이다"라고 제안했다. 하지만 당시 전기로 뇌를 자극하는 기술은 목표를 달성하기에 너무 부족했다. 이에 크릭은 빛은 "정확한 타이밍에 맞춰 펄스를 전달할 수 있기 때문에" 이러한 목적에 적합하다는 아이디어를 떠올렸다. 그러나 이 가설은 더 이상 탐색되지 않은 채 오랫동안 잊히고 말았다.

하지만 놀랍게도 해당 지식은 당시에도 이미 존재했다. 1971년, 캘리포니아 대학교 연구자들은 "포유류의 뇌와는 생물학적으로 가장 거리가 먼" 미생물(박테리아, 조류, 균류 등)에 의해 생산된 단백질을 연구하고 있었다. 그들은 아프리카의 소다호(알칼리성을 띠는 호수—옮긴이)에서 박테리아 등의 미생물을 채취해 그토록 염도가 높은 혹독한 환경에서 어떻게 살아남는지를 알아내려고 했다. 연구진은 박테리아가 생산한 단백질 중 하나가 특정 형태의 빛에 반응해 전하를 효율적으로 조절한다는 사실을 알아냈다. 이 발견은 놀라운 돌파구였으나 그 폭넓은 연관성은 수년 동안 속 시원하게 밝혀지지 않았다. 다이서로스의 말처럼 "크릭이 제시한 도전에 대한 해결책, 즉 뇌 연구를 극적으로 발전시킬 전략은 그가 그것을 입 밖에 내기 전부터 이미 버젓이 논문으로 발표되어 있었다". 삶에서 누군가 건네는 격려나 위로의 말 한마디가 당시에 느낀 바 이상으로 큰 영향을 줄 수 있듯이 과학자들의 연구도 종종 뒤늦게 그 진가가 드러난다.

광 유전학도 마찬가지였다. 그 이후로 더 많은 옵신opsin(빛에 민감한 문제의 단백질)이 식별되고 빛을 전류로 변환하는 효율성도 점점 높아졌다. 독일 연구팀은 녹조류에서 처음으로 옵신을 발견했다. 그리고 그것을 배아의 신장 세포에 도입해 빛 자극을 성공적으로 반응시켰다. 그러나 이러한 가능성을 파악하는 일과 실제 돌파구 사이에는 엄청난 괴리가 있다. 다른 과학자들은 옵신을 이용해 뇌를 통제하려는 시도가 너무 어렵다고 무시하며 문제 삼고 의심했다. 이 과정에는 실패할 만한 지점이 너무 많았다. 세포가 요구하는 단백질을 골라서 생산하지 못할 수도 있다. 옵신이 효율적이고 민첩하게 작용하지 않을지도 모른다. 동물의 뇌 속 복잡한 기계들이 단세포 생물과 같은 방식으로 반응하리라고 장담할 수 없다. 그는 "실패할 확률이 극도로 높았다"라고 회상했다.

그러나 쥐의 뇌를 대상으로 한 초기 실험이 "충격적이게도 성공"하면서 큰 도약을 일구어냈다. 1년 여 만에 다이서로스 연구팀은 광 유전학이라는 분야를 처음으로 개괄하는 논문을 발표했다. 광 유전학은 정신 질환을 이해하는 데 변혁을 일으키고 통증 조절 능력을 대대적으로 향상시켰다. 심지어 의사들에게 시력을 복구할 수 있는 새로운 도구를 손에 쥐여 주기까지 했다.

이 모든 일의 돌파구가 바로 고염도의 물에 서식하는 박테리아에서 나타난 것이다.

광 유전학의 놀라운 등장은 혼돈에서 과학의 찬란한 정수가 탄생함을 보여 준다. 한 세대에서 일어난 발견이 다른 세대에서 돌파구가 될 씨를 뿌렸다. 게다가 이를 이루어낸 추측에 대한 해답은 이미 다른 곳에서 개발되고 있었다. 이 예는 복잡한 문제와 씨름하려면 매우 얽히고설킨 연쇄 반응이 필요하다는 사실을 강조한다. 다른 시대의 다른 장소에서 다른 사람이 시도한 관찰, 발견, 추측에 의해서도 시험해 볼 만한 가설이 만들어지기도 한다. 쓸모없어 보였던 연구, 막다른 길에 다다른 조사가 사실은 믿을 수 없이 유용한 과제였다고 밝혀질지도 모른다.

가설 자체는 그렇게 단명하지 않는다. 가설은 확정되지 않고 결국 실험과 검증으로 인해 무너질 수도 있지만, 가설은 관찰과 달리 견고한 형태가 필요하다. 광 유전학의 사례가 보여 주듯이 다른 사람은 가지 않을 곳으로 가야 할 때가 있다. 동떨어져 보이는 개념을 제안하고 실패가 예상되는 실험에 도전해야 한다. 도를 넘었다며 비판받을 위험을 무릅쓰고서라도. 가설은 꼭 기존 증거에서 비롯되어야 하는 것도 아니고 연구 생산 라인에서 자연스럽게 도출되지도 않는다. 어떤 가설은 누군가(또는 누군가들)가 의도적으로 제작해야 한다. 이질적인 증거들을 끌어모아 관찰할 수 있는 문제와 일치시키는 방법으로 말이다. 그 누군가란 흥미진진해 보이는 무언가를 수색하는 도중에 어리석었다거나 틀렸음이 밝혀질 것을 감수할 준비가 된 과학자들이다.

호감이 있는 사람에게 데이트를 요청하거나 회의에서 다수와 다른 견해를 제시할 때처럼, 과학자들에게도 엉뚱하고 낙관적인 아이디어에 목소리를 실을 용기가 필요하다. 물론 완전히 틀렸을 수도 있지만 그래도 괜찮다. 이것이 생각을 자극해 다른 사람들이 다른 방향으로 사고를 발전시키거나 불안정한 현재 상태에 도전하도록 이끌어 줄 수 있기 때문이다. 한 맥락에서는 틀린 또는 실현 불가능한 아이디어로 **보였던** 증거는 수년 뒤, 더 많은 정보와 더 나은 도구를 가진 연구자가 그것을 집어 들었을 때 흥미로운 이야기의 시작이 될 수 있다.

가설이 우리에게 주는 첫 번째 교훈은 기꺼이 대담해지고 위험을 무릅써야 한다는 점이다. 최고의 아이디어를 손에 들고 있어도 큰 소리로 말하거나 써 내려가지 않으면 가치가 없다. 두 번째 교훈은 용기의 반대편에 겸손이 있다는 사실이다. 겸손은 당신이 틀렸다고 말하는 증거 앞에서 기꺼이 방향을 바꿀 줄 아는 태도다. 과학은 삶에서 우리 주위를 둘러싼 많은 것들 가운데서 일관된 사고를 끌어내기가 얼마나 어려운지 보여 준다. 상대와의 관계가 불안정하다고 느껴질 때 그들을 포기해야 할까? 아니면 단지 힘든 시기를 겪고 있을 뿐이라고 생각해야 할까? 친구에게 솔직하게 조언해야 할까? 그 조언이 상황을 악화시킬 수도 있지 않을까? 우리는 불확실성 그리고 모순된 증거와 매우 자주 마주한다. 과학은 성급하게 결론을 내리기 보다 가진 증거를 모아 가설을 세우라고 가르친다. 그것은 얼마든지 붙잡을 수 있는 동아줄이지 마음을 바꾸지 못하도록 방해하는 족쇄가 아니다. 가설은 길잡이지만 아직 완성되지 않은 지도다. 이제 이 가설과 함께 우리는 공식 출발선 앞에 섰다. **축하한다. 이제 그 가설을 시험할 차례다.**

"어떠한 식으로 문제의 틀을 잡든,
그것을 다르게 바라보는 방식은 늘 있게 마련이다."

3장 집중   복잡한 인생을
단순하게 만드는 기술

ADHD 성향의 뇌를 장착했다는 것은 내 삶에서 가장 어려운 일이 집중하기라는 뜻이다. 질서정연하게 걸러 낸 데이터 안에서 패턴을 찾고 잡음 속에 숨겨진 신호를 찾는 일이 직업이라면 아주 곤란한 특성이다. 이러한 일을 할 때는 당연히 집중해야 하지만 내 정신은 사방으로 뛰어다닌다. 절망스러울 정도로 넓은 개념을 정의하려고 하다가 금세 전혀 상관없는 세부적인 내용 안에서 길을 잃고 만다. 또 거시적인 것에서 미시적인 것으로 훌쩍 넘어가고 종종 그 사이에서 멈추는 법을 잊는다(가끔은 내가 애초에 왜 그걸 시작했는지도 잊어버린다).

다른 생각들을 멈추고 한 곳을 명확하게 보는 일이 내게는 참 힘들지만, 이는 과학자로 생각하고 일하는 데 근본이 되는 요소다. 나는 피자에 토핑하듯 새로운 차원과 아이디어를 쌓아 올리고 거대한 문제 안에서 돌아다닌다. 그리고 그 내부의 복잡한 시스템이 명확해질 때까지 미세한 부분들을 연구하길 좋아한다. 소규모에 세부적이고 제한된 프로젝트는 언제나 내게 위험한 적이다. 세탁 후 줄어든 재킷을 입었을 때처럼 그 안에서는 움직이기가 어렵기 때문이다.

그러나 포괄적인 접근이라고 해서 항상 성공하는 것은 아니다. 그물을 너무 넓게 던지면 자신이 무엇을 끌어당기는지 보이지 않는다. 성급하다는 말을 듣거나 자꾸 딴 길로 샌다는 핀잔을 듣는다. 마감일을 지키라는 조용한 경고를 들을 수도 있다. 곧 외출하겠다고 말하고는 30분 동안 뭘 입을지 고민하는 행동

의 과학자 버전이랄까. 나 같은 사람들에게는 나름 효과적인 접근법이다. 나는 해결하려는 문제를 최대한 크게 부풀려 사방을 구석구석 뒤지고 난 뒤에야 어디에서 시작할지를 결정할 수 있다. 때로는 목적 없어 보이는 행동이 우리를 정확히 필요한 곳으로 안내한다.

나는 이 모든 '내적 덜컹거림'은 생각을 껍데기 바깥으로 내보내려는 노력이라고 여긴다. 또 문제를 다룰 수 있는 크기로 줄이려면 일단 끝까지 가 봐야 한다는 사실을 스스로 각인시키려고 한다. 이 책도 첫 번째 장을 쓰기 위해 마지막 장이 어떻게 끝나야 하는지를 먼저 알아야 했다.

나만 이런 게 아니라 참 다행이다. 과학이라는 지난한 과제(실험 설계, 증거 모으기, 증명 세우기)에 참여하는 모든 이가 이 집중이라는 문제를 해결해야 한다. 즉, 어떠한 접근법을 선택해 어떠한 정보를 우선순위에 올리고 어떻게 시작할지를 결정해야 한다는 말이다. 사실상 가설을 어떻게 파헤칠지의 문제다. 결국 과학 문제나 조사를 흥미로운 수준까지 확장하는 동시에 실제로 자신이 다룰 수 있는 수준으로 축소해야 한다. 그 과정에는 구체적인 선택과 더불어 설명해야 하는 포괄적인 딜레마도 있다. 자신이 설정한 문제를 향해 (최선을 다해 이해한 대로) 곧장 달려갈 것인가, 아니면 문제 주변을 천천히 걸으면서 가능한 모든 각도에서 관찰할 것인가? 명료함을 위해 관점을 빠르게 좁혀 나가는 방법, 그리고 선택을 늦추고 나중에야 유용하다고 밝혀질지도 모를 길을 계속 열어 두는 방법 중에 어느 쪽이 더 나을까?

독일 태생의 프랑스 수학자 알렉산더 그로텐디크[Alexander Grothendieck]는 풀어야 할 문제는 껍데기를 깨야 하는 견과와 같다는 생생한 비유를 들었다. 그는 "단단한 껍데기가 영양 만점의 알맹이를 보호한다"라고 하며 문제 해결에 착수하는 두 가지 방식을 제안했다. 첫째, 망치를 가져와 껍데기가 부서질 때까지 여기저기 두드리기. 둘째, 액체에 담가 두고 스스로 열릴 때까지 내버려두기. "견과의 껍데기는 수 주일, 수개월이 지나면 훨씬 부드러워져서 마치 완벽하게 익은 아보카도처럼 손으로 누르기만 해도 열린다."

그로텐디크가 전하려는 핵심은 직접 두드리는 방식만이 능사가 아니라는 점이다. 뻔한 해결책을 들이대면 일이 진척되는 **기분**은 들지 모르지만(어쨌거나 손에 끌이나 망치를 들고 있으니까), 반드시 해결되리라는 보장은 없다. 반대로 우회하는 방식은 인내심이 필요하고 또 무엇보다 간접적이어서 진척이 없어 보인다. 그러나 결국에는 승자가 될 수도 있다. 끌과 망치를 든 사람은 눈앞의 문제에만 초점을 맞춘다. 그러나 견과를 물에 담가 둔 사람은 시야를 넓혀 문제를 바라본다. 그들은 문제 해결에 도움이 될지 안 될지 모르는 일을 하더라도 더 넓은 관점을 선택하고 더 큰 포상을 추구한다. 이 경우 이론 또는 방법의 발견이라는 목표에 도달할 무렵이면 애초에 이 일을 시작하게 된 계기였던 견과 깨기는 거의 부수적으로 해결이 된 상태다. 더 포괄적인 작업을

궤도 너머

진행하는 과정에서 자연스럽게 정리된다는 말이다. 그로텐디크의 말처럼 이 방법은 갯벌에 밀려들어 오는 밀물 같아서 서서히 진행되다가 어느 틈에 일이 끝나 버린다. "바다는 아무도 눈치 채지 못하게, 아무 일도 일어나지 않는 듯 조용히 다가온다. 물은 너무 멀리 있어서 그 소리가 들리지 않지만 …… 마침내 그것에 저항하던 물질을 완전히 둘러싼다."

그로텐디크의 말에 귀 기울여야 하는 이유는 그 멋진 표현 때문만은 아니다. 그는 비유하는 솜씨도 뛰어났지만 실제로 20세기 가장 영향력 있는 수학자 가운데 한 사람이었다. 민들레 수프만 먹는 금욕적인 식습관이나 한동안 라임을 맞추어 대화하는 등 괴짜 같기는 했어도(어쩌면 그랬기 때문에) 누구보다 획기적인 업적을 남겼다. 겉치레를 위해 자기 검열을 하지는 말라는 좋은 본보기다!

대수 방정식을 원형으로 시각화해 탐구한 그로텐디크의 대수기하학 연구는 혁신으로 널리 인정받았다. 그는 수학과 공개 키 암호화에 사용되는 기초 이론인 '페르마의 마지막 정리' 해결을 포함해 후대의 발전에 초석을 닦았다. 스탠퍼드 교수 라비 바킬Ravi Vakil은 "수학이라는 분야 전체가 그가 설정한 언어로 말한다"라고 한 바 있다. "우리는 그가 세운 거대한 구조 안에 살고 있다."

이 성공은 대부분 그가 망치를 밀어내고 기꺼이 오래 걸리는 방법을 선택했기에 가능했다. 그는 다른 이들이 제공한 도

구에 한정되지 않고 자신만의 도구를 만들었다(그는 앞서서 다른 이들
이 세운 집을 장식하는 것보다 새로운 집을 짓는 것을 더 행복해하는 수학자에 관해 쓴 적
이 있다). 그로텐디크를 신봉하는 자들은 그가 너무 일반적이어서
별다른 의미가 없어 보이는 것과 너무 구체적이어서 다른 맥락
으로 의미가 없어 보이는 것 사이에서 기막힌 명당을 찾아내는
전문가라고 칭송한다. 미국 수학자 존 테이트$^{John Tate}$는 "그로텐디
크는 일반성의 적당한 수준을 알아보는 **본능**"이 있다고 말했다.
"어떤 이들은 상황을 지나치게 일반화해요. 그러면 아무 소용이
없죠. 그러나 그는 가장 일반적인 환경 안에 유용한 이론을 집어
넣는 본능을 지녔습니다."

　　연구를 시작하는 방식에 대한 그로텐디크의 철학은 우리
에게 과학이 진행되는 과정에서 중요한 지점을 알려 준다. 즉, 어
디에 어떻게 초점을 맞추는가의 문제다. 아보카도 비유는 세상
에 한 가지 문제만 있고 그 문제를 해결하는 방법도 하나뿐이라
는 편협한 주장은 위험하다고 말한다. 그러나 그 반대도 위험하
기는 마찬가지다. 일반화가 전혀 유용하지 않은 수준까지 진행
되면 캔버스의 면적이 너무 넓어진다. 그러면 아무리 물감을 쏟
아부어도 캔버스를 채우지 못한다. 과학자들은 널리 적용할 만
큼 일반적이면서도 본연의 의미를 잃지 않을 만큼 구체적인 해
답을 찾아야 한다. 그러나 이 둘 사이에서 어떻게 균형을 이룰
까? 그리고 그 끝이 마침내 시작점과 만나게 된다는 확신을 지
닌 채 최대한 큰 원을 그리는 일에서 무엇을 배울 수 있을까?

과학 연구에서 어디에 초점을 맞추는지는 처음부터 끝까지 모두 데이터와 관련된 문제다. 어떤 데이터에 접근 가능하고 어떤 데이터를 산출할 수 있는가? 또 그 데이터가 얼마나 관련성이 있으며 그것으로 무엇을 할 생각인가? 임상 시험에서 연구자들은 연속된 실험을 통해 자신의 데이터를 생산한다. 그러면서 전에 행해진 적 없는 일을 하고 완전히 새로운 데이터 집합을 형성한다. 과학을 하는 사람들 대부분은 그 반대의 경우에 봉착한다. 데이터는 부족하지 않다. 데이터가 너무 많아서 문제다. 데이터 풀이 너무 깊고 넓어서 연구자가 까딱 주의를 게을리했다가는 바로 그 안에 가라앉아 방향감각을 완전히 잃어 버린다(그러면서도 여전히 데이터가 부족하다고 믿는다).

데이터 양만 아니라 데이터 과학자들이 차원성^{dimensionality}이라고 부르는 요인 또한 혼동을 일으킨다. 예를 들어 인구 전체를 모집합으로 하는 통계 데이터 집합을 연구한다고 해 보자. 연구자는 나이/인종/거주지/교육/건강/수입/가족의 크기/조세 상황 등 단순히 X축과 Y축으로는 표시할 수 없는 수많은 요인, 즉 차원을 만나게 된다. 그 데이터 집합에는 유의미한 정보가 풍성하게 들어 있지만 데이터가 대단히 엉킨 상태다. 이를 다루기 쉬운 형태로 바꾸었을 때만 통찰을 얻을 수 있다. 당장이라도 150개 이상의 요소가 있는 스프레드시트를 열어 컴퓨터를 다운시키고 싶은 유혹이 들겠지만(나는 그래 봤다), 현실적으로 데이터 집합 하나에서 연구자가 원하는 모든 바를 포착할 수는 없다. 어떤 식으로든 데이터를 분류해야 한다. 본능과 주관적 지식을 조합해 가장 중요한 변수를 식별해내서 의미 있는 정보를 끌어내야 한다는 말이다. 다이아몬드 원석을 세공해 찬란한 빛을 끌어내듯 데이터 집합을 자르고 쪼개는 일은 그 안에서 통찰을 끄집어내기 위한 필수 작업이다.

이러한 작업을 전문 용어로 데이터 랭글링^{data wrangling}이라고 하는데, 아주 적절한 용어다('wrangling'은 가축을 몰거나 다루는 일을 뜻함—옮긴이). 연구자는 정보라는 문어와 씨름하는 셈이다. 정보를 분석하려면 먼저 접근 가능한 형태로 만들어야 한다. 데이터 소스를 결합한 뒤 상관없어 보이는 것은 버린다. 그리고 남는 요소를 잘 빗질해 구조화한다. 이 초기 단계에서조차 연구자는 어디에 초점을 두고, 어떤 것을 무시하며, 어떻게 정보를 조직할지 결정한다. 그 과정에서 중요한 데이터를 누락하거나 잘못 포맷해 후속 분석이 왜곡되는 위험을 저지를 수도 있다. 나는 이 과정을 조각가의 작업이라고 상상한다. 조각가는 커다란 재료 덩어리를 깎아 나간다. 그러면서도 함부로 숭덩숭덩 잘라냈을 때 도로 갖다 붙일 수 없다는 점을 알기에 걱정한다.

그러한 위험은 최초 조직을 단순화하기 시작하면서 좀 더 확실히 드러난다. 첫 번째 데이터 랭글링 이후에도 선택해야 할 데이터 요소는 많다. 주어진 자료를 더 명료하게 하기 위한 방법 중 하나로 데이터 과학 기법의 일종인 차원 축소^{dimensionality reduction}가 있다. 말 그대로 데이터가 명확해지고 그것으로 작업을 시작할 수 있을 때까지 차원을 하나씩 제거하는 방법이다. 이 과정은 데이터를 유용한 군집으로 묶어 더 쉽게 시각화할 뿐 아니라 해당 연구의 목적과는 무관한 부분들을 제거하기도 한다. 렐랜드 맥이니스Leland McInnes 박사는 차원 축소 기술인 UMAP을 개발한 사람으로, 다음과 같이 말했다. "복잡한 것을 좀 더 쉽게 일할 수 있도록 단순하고 조합된 것으로 변형하되, 연구자가 관심을 둔 정보는 모두 그대로 유지해야 한다." 단순하게 말하면 잭슨 폴락의 그림처럼 사방에 찍힌 수많은 점에서 시작한 그래프 데이터가 상대적으로 정돈된 군집으로 바뀐다는 뜻이다.

UMAP은 먼저 기계 학습을 통해 고차원 데이터 집합을 샅샅이 훑는다. 그 다음, 낮은 차원의 형태(즉, 잡음이 덜하고 변수가 더 적으며 그 안에 유용한 데이터값이 무리 지어 있는 형태)로 복제하는 방식으로 작동한다. 이 과정의 목적은 데이터라는 수풀을 베어내어 경로가 눈에 잘 보이게 하면서도 중요한 연결 지역(서로 다른 데이터값이 연결되었을 때 그 연결의 중요성을 측정한다)은 보존하는 데 있다.

물론 이런 식의 공격적인 필터링에는 대가가 따른다. 단순화 작업은 꼭 필요하지만 중요한 정보를 잃을 가능성도 늘 염두에 두어야 한다. 흥미로운 장소로 이어진 경로를 폐쇄할지도 모르기 때문이다. 그로텐디크의 끌이 손에 쥐어지는 순간, 나중에 필요하게 될 무언가를 덥썩 잘라 낼 수도 있다. 맥이니스는 이렇게 표현했다. "어떤 식으로 문제의 틀을 잡든 그것을 다르게 바라보는 렌즈 및 방식은 늘 있게 마련입니다. 모든 렌즈는 특정 부분만 명료하게 잡아내고 다른 부분을 흐릿하게 만들죠." 물론 UMAP(SARS-CoV-2를 분리하고 식별하는 작업에 일조했다)는 이러한 딜레마를 고려해 합리화하도록 설계되었다. 구글 연구원들이 요약했듯, "연결도를 결정하기 위해 UMAP는 각 지점에서 반지름을 넓혀 가며 반경이 서로 중첩되는 지점을 연결한다. 이때 반지름을 어떻게 선택하느냐가 중요하다. 반지름이 너무 작으면 서로 격리된 작은 군집이 되고, 반지름이 너무 크면 모든 요소가 하나로 묶이기 때문이다".

그렇다면 차원 축소를 정원 가꾸기처럼 생각할 수도 있겠다. 정원에 심은 나무에 꽃이 만발하게 하려면 적절한 시기에 가지를 쳐내야 한다(손가락을 조심하라). 그렇지만 너무 많이 잘라내면 꽃을 피울 가지가 남아나지 않으니 조심해야 한다. 이는 모든 과학 과정에서 빼놓을 수 없는, 영원한 균형 맞추기다. 연구의 초점을 맞추려면 매개 변수를 좁혀야 한다. 그렇지 않으면 아무것도 보지 못하게 될 테니까. 하지만 매개 변수를 너무 많이 또는 너무 빨리 좁히면 가치 있는 요소를 발견할 가능성이 제한된다. 이러한 딜레마는 최적 멈춤optimal stopping이라는 수학 이론으로 틀이 잡혀 있다. 최적 멈춤이란 의도한 결과를 달성할 기회를 최대화하는 동시에 일이 잘못될 가능성을 최소화하는 순간을 계산하는 방식이다.

이는 자폐 스펙트럼 장애가 있는 사람들에게 특히 커다란 도전이다. 나는 본능적으로 최대한 많은 데이터를 수집해 그

안을 헤매고 다니며 여러 가지 조합으로 뒤섞고 싶어 하기 때문이다. 나는 내가 할 수 있는 만큼 모든 것을 알아내고 싶고 그 과정에서 중요한 변수를 잃어버릴까 봐 걱정한다. 일종의 분석적 FOMO(기회 상실의 우려)라고나 할까.

나 같은 사람은 발견한 바를 요약하거나 단순화하라는 요청을 받으면 뇌가 심각한 수준으로 정지한다. 특히 박사 학위 논문을 쓰면서 이런 전쟁을 치렀다. 전투는 자꾸만 정보를 추가해대는 나를 지켜보던 지도 교수가 그 정보의 잡초밭에서 나를 끌어낼 때까지 이어졌다. 나는 명료함이 부족하다는 내 논문의 단점을 과도한 세부 사항으로 상쇄하려 했다. 내 지도 교수는 심지어 이런 비유까지 생각해냈다. "네 논문은 하도 오래 털을 다듬지 않아서 품종도 알아볼 수 없는 개 같아." 풍성한 털을 고집하는 방법으로는 문제를 해결하지 못했다. 나는 '푸들의 털을 깎아주어야 했다'.

자기 연구에서 균형을 잡으려고 애쓰는 과학자가 나뿐만은 아니다. 모든 과학자가 조직된 방식에 따라 A에서 B로 척척 움직이며 현미경의 다이얼을 자신 있게 돌려 곧바로 정답을 확대할 거라고 생각할지도 모르겠다. 그렇지만 과학자의 현실은 훨씬 엉망진창이다. 그들은 단서를 찾아 이리저리 헤맨다. 자신이 가는 방향을 확신하지 못한 채 계속해서 의심하다가 제자리로 돌아오기를 반복한다. 가설을 세웠다고 해서 이내 어디를 집중해서 파헤칠지 알 수 있는 것도 아니다. 프로젝트의 적절한 출발선에 도달하기까지도 많은 시행착오를 거쳐야 한다. 맥이니스의 말처럼, 연구가 본격적인 궤도에 오르기 이전 초기 단계에는 여전히 방황의 연속이다. "정상에 오르기 위해 산을 타고 가다가 갑자기 넓은 고원에 이르게 됩니다. 그곳은 사방이 온통 평평하기만 해서 어디로 향하든 위로 갈 방법이 보이지 않아요. 하지만 계속해서 노력하는 수밖에 없습니다. 그러다 보면 어느 순간 다음 단계로 이어지면서 다시 위로 올라가거든요. 하지만 시작할 때는 그게 무엇일지 알 수 없어요."

과학자들과 그들의 연구를 주제로 나눈 대화에서 인내심은 단골 소재였다. 여러 명이 논문 발표까지 거친 단계와 과정을 들려주었다. 어떤 아이디어는 가설을 이끌어낸 최초의 관찰 후 수년이 지나 새로운 데이터를 손에 쥔 다음에야 비로소 결실을 보았다. 문제에다 망치질만 하면서 견과의 껍데기가 그 자리에서 당장 열리기만을 바랄 수는 없다. 누구든 자신이 선택한 경로를 무사히 끝까지 고수할 수 있으리라 기대해서는 안 된다. 아직 때가 오지 않았을 수도 있고, 방법과 도구가 충분히 개발되지 않았을 수도 있다. 연구자 자신의 지식이 아직 성숙하지 않았을 수도 있다. 연구 프로젝트를 새로 시작하면서 올바른 초점과 방향을 찾으려고 노력하는 일은 인생에서 선택의 기로에 선 20대와 비슷하다. 그들은 수많은 갈림길 앞에서 압도당하며 자신의 선택에 따라 운명이 달라질 거라고 두려워한다. 다들 한 번쯤은 겪는 20대의 위기다. 그러나 과학에서와 마찬가지로 삶에서도 단번에 간단히 끝나는 것은 없다.

과학은 한결같이 비선형적이다. 언젠가는 종착지에 도착하게 된다고 하더라도 대다수의 가설은 선반 위에서 먼지가 쌓일 만큼 오래 기다려야 한다. 아무리 기다려도 밀물이 들어오지 않을 때도 있다. 새로 탄생한 이론과 논문도 많지만 시간이나 연구비, 데이터 부족으로 도중에 실패한 연구들이 훨씬 더 많다. 음악 산업에서의 히트곡처럼 손에 꼽고, 드물게 등장하며, 예상한 때와 장소에서 만들어지지도 않는다. 그러나 실패에 좌절하지 않아야 한다. 모든 아이디어가 결실을 맺지는 못한다고 해도 포기해서는 안 된다. 가시적인 성취라는 보상이 즉각 주어지지 않아도 묵묵히 매진하는 이들이 과학의 돌파구를 만들어낸다. 당장의 성공이 보장되지 않는 (그러나 여전히 유용할 수 있는) 일을 하고, 알 수 없는 미래의 어느 시점까지는 관련 없는 해결책의 일부와 씨름하는 인내가 마침내 발전을 이루어낸다. 말하자면 쉽게 내버려진 느슨한 천 조각들을 하나로 이어 붙이는 작업이다.

인내심 다음에는 무지ignorance를, 또는 적어도 무지하다는 현실을 받아들일 필요가 있다. 미생물학자 마틴 슈워츠Martin Schwartz가 쓴 유명한 논문 〈과학 연구에서 어리석음의 중요성〉에서 그는 박사 과정을 거치며 과학자들이, 심지어 자기 분야의 최고 전문가들조차 얼마나 무지한지 알았다고 했다. 그는 훗날 노벨상을 탄 한 선배 과학자에게 연구에 관한 문제를 상담하면서 이를 깨달았다. 그보다 "아는 것이 천 배는 더 많은" 이 선배가

슈워츠의 질문에 대한 답을 모른다고 말했을 때, 그는 알지 **못하는** 상태에는 실제로 어떤 긍정적인 측면이 있을지도 모른다는 생각이 들었다. "우리의 무지가 무한하다면 우리가 취할 수 있는 유일한 행동은 최선을 다해 해결하려 시도하는 것이다." 그의 이야기는 간단하지만 설득력 있다. 만약 연구 중에 스스로 바보 같다는 생각이 들지 않는다면, 당신은 제대로 하고 있지 않은 것이다. 애초에 어려운 문제가 아니었거나 다른 사람들이 시도한 그 이상으로 멀리 가려는 도전을 하지 않았기 때문이다.

반면 "완벽한 어리석음", 즉 알려진 정답이나 해답이 존재하지 않는 무지의 영역으로 스스로 밀고 들어가는 일은 과학자로서 자신의 잠재력을 발휘할 최고의 기회다. "생산적인 어리석음이란 무지를 선택한다는 뜻이다. …… 스스로 바보가 되는 일에 편안해질수록 무지의 세계로 헤엄쳐 나갈 때 멋진 발견을 이룰 가능성이 커진다." 이 주장에 따르면, 이름을 걸 만한 과학자는 미지의 공간과 잠재적으로 불가능한 공간을 연구하며 불확실한 상태에서 생활하는 데 편안해져야 한다. 그것은 멋지고 답답하며 (성공했을 때는) 완벽하게 놀라운 일이다. 이는 과학이 이성적인 추구인 동시에 감정적인 추구라는 사실을 상기시킨다. 연구자들은 차갑고 딱딱한 데이터와 분투하는 동시에 자기 기분 상태도 스스로 관리해야 한다(디테일에 대한 탐닉은 아이스크림을 먹는 것과 같아서, 앉은 자리에서 한 통을 다 먹으려는 충동에 저항하며 적당히 즐길 줄 알아야 한다).

인내심과 무지의 중요성은 가설, 실험, 결론이라는 명확한 경계를 거부한다. 오히려 과학 연구는 반복되며 느리게 움직이는, 유기적인 특성을 보여 준다. 연구에 집중하더라도 한동안은 모호한 상황을 견뎌야 함을 인정해야 한다. 손에 아무리 좋은 가설을 들고 있어도 그것을 가장 잘 테스트하려면 계속해서 가설을 세우는 수밖에 없다. 과학 연구는 불확실성에서 명료함으로 매끄럽게 나아가지 않는다. 과학자는 자기가 올바른 문을 두드리고 있는지조차 알지 못한 채, 또 한 주제에 관한 어떤 변주가 그들이 찾고 있던 음악이 될지 모르는 채 계속해서 실험해야 한다. 과학자가 하는 일은 어둠 속에서 찔러보기, 합리적 추측, 일단 **저질러** 보기 등이라는 사실을 대부분의 과학자가 인정한다. 맥이니스가 주장한 대로 이것은 아주 작은 실험일 수 있다. "솔직히 말해서 저는 그저 이것저것 건드려 본 다음 어떻게 되는지 지켜보았어요 …… 해야 할 일에 대한 구체적인 이론을 바탕으로 시도한 게 아니에요. 소프트웨어로 할 수 있는 일들을 모두 끝내고 이것저것 붙여도 보고 비틀어도 보고 좋아질 만하다면 무엇이든 시도했죠. 그러다 보면 조금씩 나아지기도 해요. 그렇지만 결국 다시 이론으로 돌아갑니다. 연구자는 뭔가를 짓고자 할 때 이렇게 공학적으로 언덕을 오르다가 또다시 이론으로 돌아가기를 반복합니다. 이것이 작동하는 **이유**를 설명해 줄 이론이 무엇일지 고민하면서요."

이처럼 실험에서의 시행착오와 자신이 한 발견을 설명하기 위해 이론을 수정하는 과정은 왜 과학이 선형적 전진이 아니라 원형적 과정인지를 잘 보여 준다. 관찰에서 시작해서 사고, 가설, 실험, 결과의 단계가 이음매 없이 이어지기는 불가능하다. 그보다는 토끼처럼 앞뒤로 바쁘게 왔다 갔다 하며 계속해서 업데이트하고 가정을 손본다. 그러면서 이론에서 실험으로, 다시 이론으로 돌아오기를 반복한다. 그때마다 원은 점점 더 또렷해진다. 연구자가 말하려는 이야기나 그것이 바깥에 드러나는 방식이 처음부터 마음에 들 수는 없다. 왜냐하면 연구 과정의 속성상 마지막에 발견된 사실이 논문의 시작을 얼마든지 바꿔 버릴 수 있기 때문이다.

게걸음처럼 이상한 이 춤이 바로 과학이다. 연구할 가치를 발견할 때까지 계속해서 허둥지둥 원을 그리는 동시에 결과와 결과물을 위해 앞으로 나아가는 춤. 연구자는 같은 곳을 맴돌면서 앞으로 나아간다. 그리고 대개 무엇이 위로 올라가는 길인지 또 얼마나 걸릴지도 알 수 없다. 대상을 무작정 확대해서 보기만 하면 안 되고, 축소해서도 봐야 한다. 이 모든 노력이 자신을 어디로 데려가는지 알아내기 위해서다. 그러나 아무리 인내가 중요하고 아이디어가 무르익어 서서히 수면 위로 떠오를 때까지 기다리는 과정이 필요하다고 해도(마치 냉동 완두콩이 끓는 물에서 서서히 위로 떠오르듯) 결국에는 결단을 내려야 하는 순간이 온다. 끌을 휘둘러 잘라 내고 남은 데이터 블록으로 자신의 초기 가설을 다듬어야 한다(연구자 개인의 동기가 없더라도 제한된 연구비와 논문 출간의 압박 때문에 무작정 결정을 미룰 수는 없다). 이때부터 일이 재미있어지는 동시에

 궤도 너머

위험해진다. 데이터와 접근법을 좁혀 나가는 일은 아직 탐험되지 않은, 그리고 잠재적으로 더 나은 아이디어를 희생하는 기회비용만을 의미하지 않는다. 다른 어떤 의미 있는 맥락에서도 복제할 수 없는 데이터 집합에 기반해 알고리즘을 개발하고 결론을 도출하는, 명백히 나쁜 과학으로 이어질 수도 있다. 우리가 어떤 데 집중하기로 한 방식은 과학을 연구하는 과정에서 가장 중요한 부분이자 잠재적으로 가장 위험한 부분이다. 이제 우리는 데이터 과학자의 사례를 통해, 주어진 데이터와 일치하지 않아서 문제가 되는 결론, 그리고 반대로 너무 잘 맞는다는 이유로 문제가 되는 결론을 살펴볼 것이다.

우리가 잠을 자는 동안 왜, 어떤 목적에서 꿈을 꾸느냐의 문제는 여러 세대에 걸쳐 (예술가, 소설가, 베개 제작자를 비롯해) 신경 과학자들에게 생기를 불어넣었다. 우리가 잠을 자는 동안 도대체 뇌에서 무슨 일이 벌어지는가 하는 미스터리는 무수한 가설을 낳았다. 꿈은 우리가 두려운 생각을 안전하게 펼치는 장소로, 강렬한 감정을 조절하는 방식이다. 또한 꿈은 뇌가 기억을 선별하고 저장하기 위해 우리가 학습한 것을 머릿속에서 재생하며 강화한다. 반대로 꿈은 '역학습'의 도구이자 우리가 기억하고 싶지 않은 것들을 잊어버리는 방식이기도 하다(20대에 했던 일들의 절반이 여기에 해당한다). 어떤 이들은 꿈을 정신적 시뮬레이션의 한 형태이자 두뇌의 문제 해결 메커니즘 중 하나라고 주장한다. 또 다른 사람들은 꿈이란 뇌가 미래를 예측하는 한 방식이라고 주장한다.

　　신경 과학자 에릭 호엘Erik Hoel은 색다른 설명을 제시한다. 그의 '과적합 뇌 가설overfitted brain hypothesis, OBH'은 뇌가 꿈을 꾸는 행위로 무언가를 이루려는 것이 아니라 무언가를 피하려 한다고 주장한다. 데이터 과학에서는 너무 완벽한 데이터 집합에서 훈련된 바람에 다른 맥락에서는 적용 불가능한 알고리즘을 설명할 때 '과적합'이란 말을 종종 사용한다. '과적합' 알고리즘은 익숙지 않은 다른 데이터가 주어지면 수행력이 상당히 떨어진다. 마치 피아노 학원에서 〈젓가락 행진곡〉만 배운 아이처럼 말이다.

　　이것은 인공 지능에서 익숙한 딜레마다. 호엘의 표현에 따르면, "일반화와 암기 사이의 절충"이다. 간단히 말해, 특정 데이터 집합에서 잘 수행되도록 알고리즘을 최적화할수록 다른 맥락에서는 능력을 잘 발휘할 수 없게 된다. '훈련' 중인 환경 안에서 인공 지능을 세세하게 조정할수록(예를 들면 자동차와 보행자를 구분하는 법을 배우는 것처럼), 다른 과제나 다른 유형의 정보에 적용할 때는 쓸모가 없어진다. 한 곳에 집중한다는 것은 그만큼 제한된다는 의미이기도 하다. 호엘에 따르면 인공지능 연구자들이 이 문제를 극복하려고 개발한 '학습 중 잡음의 투입과 입력의 붕괴'는 인간의 뇌가 늘상 스스로 해 오던 방법이다. 그가 주장하기를, 뇌는 꿈을 통해서 그날의 경험이 그어 놓은 한계로부터 탈출한다. 과적합을 피해 우리가 비슷하지만 다른 상황에 놓였을 때 덜 고생하도록 말이다.

이 주장은 꿈의 유사성과 기묘함을 모두 설명한다. 꿈은 전날의 경험과 연관되는 듯하면서도 현실에서 한 발짝 떨어져 있다. 그리고 이야기 속에 희한한 반전이 포함된다. 뇌는 '현실을 사건과 이야기의 형태로 이해하므로' 꿈의 '환각적 특성'(실제 경험을 의도적으로 변경하는 것), '성김'(실제로 일어난 이야기의 일부를 잃는 것), 그리고 '서사적 속성' 등 꿈에 대한 모든 기이한 점들은 과적합을 피하려는 뇌의 노력과 연결될 수 있다. 예를 들어 차 안에 오래 있었던 날에는 어떤 식으로든 운전에 관련된 꿈을 꿀 가능성이 크다. 그러나 꿈속에서 상황은 현실과 전혀 다른 맥락으로 진행되어 익숙한 일상이 과적합 되는 것을 막고 그 경험을 일반화하게 돕는다. 호엘이 제안한 것처럼, "깨어 있을 때의 경험과는 다른 생소함이야말로 꿈에 생물학적 기능을 부여한다".

뇌가 꿈을 만드는 이유는 우리를 즐겁게 또는 혼란스럽게만 하려는 것이 아니다. 이 가설에 따르면 꿈은 우리를 우리 자신으로부터 구하려는 시도다. 현실을 학습하는 방식으로 인해 고립되지 않고 여러 환경에서 적응할 수 있도록 탄탄한 창조물로 만들려는 것이다. 만약 내 상사가 이 책을 읽는다면, "제가 때때로 사무실에서 잠시 낮잠을 청하는 이유도 그래서입니다"라고 말하고 싶다. 커피를 마신 후의 달콤한 낮잠을 좋아하는 내 친구는 이를 내푸치노^{nappuccino}라고 부른다.

우리가 어떻게 그리고 왜 꿈을 꾸는가를 설명하는 호엘의 가설은 "과학이 어떻게 정보를 처리하고 연구의 초점을 맞추는가?"라는 문제를 밝히는 데 기여한다. 어떤 연구를 하든 과학자들은 늘 과소적합이나 과(대)적합의 위험에 노출된다. 겨우 붙잡은 지푸라기가 알고 보니 단순한 상관관계였다거나, 특정 데이터 집합에만 해당되는 결론이라 온전성과 응용성을 잃는 경우도 있다. 후자는 연구자가 어떤 특수 데이터 집합을 선택했는지 말고는 무엇도 말해 주지 못한다. 한 신경 과학자 단체에서는 데이터를 걸러 내고 작업의 용이함을 위해 차원을 축소할 때, "데이터를 잘라 내는 선택으로 인해 …… 실제로 아무것도 존재하지 않는 곳에서 신호를 창조할 위험이 있다"라고 썼다.

과학자들은 영원히 너무 작은 데이터 때문에 저주받거나 데이터에 너무 많이 손을 대는 바람에 비난받을 위험에 처한다. 초점을 맞추고 집중하지 않으면 유용한 요소를 지나치게 된다. 그러나 너무 좁은 곳에 초점을 맞추어 과도하게 집중하면 핵심을 놓치거나 별로 중요하지 않은 부분을 과장하게 된다.

데이터 과학자들은 이 운명을 피하기 위해 여러 접근법을 개발해 왔다(〈하버드 비즈니스 리뷰Harvard Business Review〉가 데이터 과학자를 21세기의 가장 매력적인 직업이라고 부른 데는 그럴 만한 이유가 있다). 그중 하나가 최초 데이터 집합으로 만든 '잠금 상자lock box'다. 알고리즘이 완전히 개발될 때까지는 이를 건드리지 않는다. 이후 코어 데이터를 사용해 훈련할 때 '잠금 상자'는 알고리즘의 과적합을 테스트하기 위해 공개된다. 한편 '블라인드 분석blind analysis'은 데이터 집합에서 라벨을 바꾸거나 일부 매개 변수를 제거 혹은 시스템에 '잡음'을 추가해 특정 측면을 의도적으로 모호하게 만들거나 간섭한다. 두 원리 모두 알고리즘이 고정되어 인공 지능이 국소적으로 완벽한 결과물이 되는 바람에 의미 있는 방향으로 수정되지 못하는 경우를 **막기** 위한 방식이다(미루기 대장의 좋은 핑계!). 이 논리에 따르면 신호에 약간의 혼선을 주면 같은 채널에 영원히 고정되었을 때보다 다른 주파수를 잡아낼 기회가 증폭한다. 약간의 불완전성이 되레 모델의 회복력과 적응력에 이바지하는 것이다. 이질성과 지터 노이즈^{jittering noise}(신호의 정밀도에 의해 발생하는 잡음—옮긴이)가 이러한 적응성을 뒷받침한다. 이것이 내가 내 신경다양성에 대해, 또는 내가 가끔 **조금 많이** 무작위적으로 된다고 해도 절대 사과하지 않는 이유 중 하나다(언제나처럼 이런 불편함을 느끼는 소수자일수록 그 불편함으로부터 가장 많은 도움을 얻게 된다).

여기에는 과학과 과학 연구 과정에 더 폭넓게 적용할 수 있는 교훈이 있다. 우리는 우리가 몸담은 연구와 집중하기로 선택한 세부 분야가 미래에 다른 누군가에게 어떻게 쓰일지 알 수 없다. 누군가가 특정 목적으로 개발한 이론이 수년이 지나 다른 연구자의 눈에 들면 전혀 다른 목적으로 쓰일 수 있다. 신경 과학자 로히어르 키비트^{Rogier Kievit}는 내게 브라운 운동^{brownian motion}의 예를 들어 주었다. 키비트는 애초에 (공기 중의 집먼지진드기처럼) 유체에 떠 있는 입자의 운동을 이해하기 위해 고안되었던 이 이론이 어떻게 인간의 정신이 정보를 축적하고 의사결정하는 방식을 예시하게 되었는지 설명했다. 드리프트 확산 모델^{driftdiffusion model}은 사람들이 의사 결정을 하는 방법에 관한 모델이다. 정확히는 그들이 알게 된 정보에 기반해 얼마나 빨리 결정을 내리는지를 측정해낸다. 이 모델은 브라운 운동과 같은 원리에 기반한다. 브라운 운동은 분자들이 서로 무작위로 충돌하면서 유체에 고르게 확산됨을 보여 준다. 공중에서 일어나는 기체 입자와 먼지 입자의 충돌은 드리프트 확산 모델에서 우리의 뇌가 새로운 정보 및 자극과 만나는 것에 해당한다. 이 모든 '충돌'은 우리를 이진법적 결정의 양극을 상징하는 상한선 또는 하한선으로 데려간다.

'드리프트 속도'는 정보를 얼마나 빨리 축적해서 여러 결정 중 하나를 택하게 되는지를 나타내는 측정값이다. 이는 우리가 얼마나 쉽게 정보에 접근 가능한지, 정보가 얼마나 정확하고 신뢰성 있는지 또는 친숙한지에 따라 결정된다. 1820년대 스코틀랜드 식물학자의 연구에서 기원한 이 이론은 21세기 신경 과학자가 인간 뇌의 의사 결정 과정을 이해하는 방식에 남아 있다.

어떠한 과학 연구도 결코 홀로 존재하지 않는다. 모든 가설, 발견, 이론은 인간이 오래전부터 세계를 탐구하고 이해하려고 애써 온 연속체의 일부다. 원리에 의문이 제기되고 이론이 다른 목적을 위해 모습을 바꾸며 아이디어가 별개의 분야에서 봉합되는 과정이다. 이 과정의 결말은 무수하다. 이는 오랫동안 계속해서, 세대마다 다시 쓰이는 책과 같다. 오래된 페이지는 찢겨 나간다. 새로운 페이지가 더해지고 단락이 다시 작성된다. 가장자리에는 메모가 추가된다. 이것이 과학자들이 과적합의 저주를 피하려고 그토록 열심인 이유, 폭넓은 관련성이나 적용성이 없는 연구를 피하려고 저토록 애쓰는 이유다. 과학자는 혼자서 우뚝 서는 완벽한 조각상이 아니다.

과학자들은 다른 이들이 그들만의 방식으로 사용하도록 도구와 퍼즐 조각을 개발한다. 그리고 여기에는 그들이 본적조차 없는 것들도 포함된다. 특수한 아이디어, 문제, 데이터 집합에 과도하게 집중한 나머지 지나치게 세분되면 다른 곳에는 전혀 적용할 수 없게 된다. 그런 과학은 누구도 들을 수 없고 듣고 싶어 하지도 않는 라디오 주파수와 다를 바 없다.

과학은 답을 찾는 수색일 뿐 아니라 관련성을 찾는 임무다. 하나의 연구 분야와 이론 연구 체계의 광범위한 발전에 조금이나마 기여할 방법을 찾고 검증하는 일이다. 대부분의 과학자가 평생 동안 수행한 업적은 그 분야의 전체적인 맥락에서 보면 강물의 상류와 하류, 또 보이는 곳과 보이지 않는 곳에서 일어나는 입자들의 수많은 충돌 가운데 몇 개에 불과하다. 강물에서 끓어오르는 저 많은 경이와 좌절, 그 가장자리 위에서 발만 살짝 내놓고 흔들며 강둑에 걸터앉는 능력. 그것이 모든 일을 **간신히** 가치 있게 만든다.

그러므로 신호 탐색은 과학자가 하는 일 중에서 가장 난감하고 모순된 부분에 속한다. 과학자는 나무를 베어 길을 내야 하지만, 자신이 중요한 나무를 베어 낼지도 모른다는 사실 역시 알아야 한다. 또 결론이 너무 모호해서 쓸모없어지지 않도록 충분히 구체적이고 주목받을 만한 내용으로 다듬어야 한다. 그 분야 전체에 대해서 아무것도 알려 주지 않는 발견으로 이끄는 함정도 피할 필요가 있다. 그런 발견은 데이터가 아주 특수한 맥락에서 걸러지고 분류되었다는 사실만 보여 줄 뿐이다. 게다가 맥이니스의 말마따나 연구자들은 종종 아무것도 할 수 없다는 생각 때문에 좌절한다. 고원에 갇힌 채 도무지 위로 올라갈 돌파구가 보이지 않는 데이터를 들여다보며 계속 시도할지 포기할지 고민한다. 자신이 무언가 잘못하고 있다는 두려움과 아무런 진전도 없다는 걱정이 맞붙는다.

과학자가 자신이 수행하는 연구를 정확하고 적절하면서도 흥미롭게 만들어야 한다는 딜레마와 싸우는 광경에서 우리는 무언가를 배워야 한다. 어차피 삶을 살아가는 자체가 데이터를 수집하고 필터링하는 과정이기 때문이다. 끼니로 무엇을 먹을지, 누구와 함께 시간을 보내고 싶은지, 어떤 취미를 즐길지, 또 추구하는 직업은 무엇인지. 인생의 큰 결정을 앞두고 모든 선택지의 장단점을 찾아서 정리하는 사람이라면 데이터를 수집하고 차원을 축소하고 분류하는 과학자와 같다. 자신을 이 방향 저 방향으로 밀고 당기는 모든 요인들(드리프트 확산 기억나는가?)을 한데 모아 군집화하는 것이다. 실험실 밖에서는 목숨을 걸고도 할 수 없는 일이므로 내가 이런 일을 업으로 삼고 있다는 사실이 신기할 뿐이다.

(나부터도 두 손 들고 인정하는 바이지만) 집합체와 추상적 사고를 다

 궤도 너머

루는 능력은 나를 포함해 많은 신경다양인이 어려워하는 부분이다. 나는 보통 '평일 저녁에 뭘 요리할지'나 '우리 개가 가장 좋아하는 산책 경로는 어디인지'와 같은 데이터 집합에 새로운 차원을 추가하느라 정신이 없다. 그래서 그것들을 압축해 하나의 결론으로 졸여 낸다는 생각이 너무 끔찍하기만 하다. 나는 스스로에게, 매일 새로운 세상을 창조할 필요가 없고 이 모든 잉여 차원 너머에도 삶이 있다는 사실을 말해 주어야 한다. 그리고 미안해, 웬디. 우리가 다섯 번이나 산책을 나갔던 건 이 점을 확실히 하기 위해서였어.

이러한 분투가 나만의 일은 아니리라. 물론 내게는 자폐 스펙트럼 장애로 좀 더 두드러지긴 하지만. 모든 사람이 어느 정도는 비슷한 문제로 씨름한다. 그리고 자신의 길을 만들기 위해 인생의 데이터를 걸러내야 할 때(배경에서는 우리 뇌가 저런 경험을 일반화하기 위해 일하는 중이다), 매일 근무 시간마다 같은 일을 하는 연구자를 보면 교훈과 위안을 함께 얻을지도 모른다.

교훈은 과소적합과 과적합을 모두 경계하라는 것이다. 경향성을 나타내지 못하는 데이터값을 너무 빨리 잡아채거나(누군가를 처음 보자마자 자신의 소울메이트라고 생각하는 것) 혹은 다시 반복되지 않을 데이터 집합 안에서 완벽한 모델을 세우려는 습성을 피하라는 말이다. 열다섯 살에 즐겨 들었던 음악, 명절 때 아주 맛있게 마셨던 음료, 마법 같았지만 다른 상황에서라면 도저히 이루어지지 못했을 한여름의 짧은 로맨스처럼. 과학자가 자기 데이터에서 잘못된 결론을 도출하지 않으려고 지속해서 주의하듯이 우리도 자신에게 솔직해져야 한다. 증거가 알려 주는 결론이 정말 이것인가? 아니면 맥락을 고려하지 않았는가(혹은 단순히 희망 사항으로 흘러간 것인가)? 다른 사람도 같은 결과를 얻을지 모른다는 기대로 그 실험을 반복하게 둘 것인가(자신이 내린 결정과 그 이유를 엄마나 친한 친구에게 말할 용기가 있는가)?

과학은 우리가 의사 결정을 하고 어려운 문제의 매듭을 풀도록 돕는다. 또한 인생의 난제들과 힘겹게 싸울 때 어깨를 감싸며 확신이 없어도 괜찮다고, 완벽한 정답은 현실보다 환상에 더 가깝다고 위로하기도 한다. 세상에서 가장 똑똑한 사람들도 몇 날 며칠을 머리를 싸매고 고민하고 수정한다. 자기 연구에서 새롭거나 흥미로운 장면이 나타나길 희망하며 몇 시간씩 물끄러미 벽만 쳐다본다. 그들도 해답이 무엇으로 시작될지, 어떻게 나타날지, 언제 분명해질지 알지 못한다. 알지 못하는 상태보다 더 나쁜 일은 아무것도 하지 않는 것임을 인지할 뿐이다.

우리 인생처럼 과학도 한 방향으로 일정한 속도로 움직이지 않는다. 계속해서 앞으로 돌아가 새로운 것을 시도하고, 어떻게 했는지 기록하는 것만이 발전하기 위한 유일한 방법이다. 그러다가 어느 날 운이 좋으면 번잡스럽게만 보였던 데이터에서 희미한 신호가 잡히기 시작한다. 현미경의 다이얼을 돌렸을 때 흐릿하던 이미지가 좀 더 또렷해지듯 말이다. 그러면 집중력이라는 소중한 자산을 얻게 되고, 이다음에 무엇을 해야 할지가 명확해지기 시작한다.

4장 해석　　　보이는 것 너머의
　　　　　　　진실을 읽어내는 힘

"때로는 용기를 그러모아
자기 눈으로 본 증거를 믿고 앞으로 나가야 한다."

누구나 살면서 실수를 한다. 거리에서 본 낯선 이가 아는 사람인 줄 알고 손을 흔들거나, "같이 점심 한번 하자"라는 지인의 말을 당장 식당을 예약하라는 뜻으로 이해하거나 혹은 누군가의 '신호'를 보고 상대가 자신에게 관심이 있다고 생각한다. 이렇게 삶은 착각과 오해의 연속이고, 엉뚱한 행동으로 바보 같은 흑역사를 남기게 된다. 과학에서도 다르지 않다. 단, 순간의 실수 때문이 아니라 수개월 내지는 수년의 연구 끝에 성취한 발견에 관해 다수의 논문을 발표하고 끝없는 토론까지 거친 뒤에 얼굴을 붉히게 될 뿐이다.

당장은 난감하고 수치스럽다. 그러나 이러한 헛발질조차 과학의 일부다. 특히 오래된 서사에 도전하고 신기원을 이루려고 할 때는 필수에 가까운 과정임을 알아야 한다. 실제로 그렇다. 데이터를 해독하고 증거를 해석하는 일을 업으로 삼는 이들도 정보를 완전히 잘못 읽을 수 있다. 대개는 실수의 수준이 경미하고 크게 두드러지지 않아 전문가들의 눈에만 보인다. 그러나 운이 나쁘면 대중과 미디어의 이목이 쏠린 가운데 오류가 공개된다. 1960년대에 일단의 과학자들이 이 두 번째 범주에 속했는데, 아주 대단히 큰 헛스윙을 하고 말았다. 잘 들어보라. 그들은 물을 재발명했다(그리고 한동안 그랬다고 믿었다). 이제는 다 지나간 이야기지만 당시에는 대단한 혁신으로 떠받들어지던 물질이었다. 그 물질은 중합수polywater라고 불렸다.

이 기이한 이야기는 여러 실험실에서 산발적으로 시작되

POLY WATER
VHS

었다. 연구자들은 실험 중에 초소형 관으로 분리한 물이 예상보다 쉽게 증발하지 않는다는 사실을 알아챘다. 1961년 소련의 과학자 니콜라이 페디야킨$^{Nikolai Fedyakin}$이 이 관찰을 실험으로 검증했다. 그는 먼저 머리카락 굵기의 모세관으로 물을 증발시킨 다음 응축시켰다. 그러자 우리가 아는 물이 아니라 그보다 밀도가 더 높아 보이는 물질이 남았다. 〈파퓰러 사이언스$^{Popular Science}$〉에서는 "석유 젤리(바셀린)처럼 끈적거리고 부엌 수도꼭지에서 나오는 물보다 1.5배 정도 더 무겁"다고 묘사했다. 페디야킨이 처음에 '물의 자손$^{offspring water}$'이라고 이름 붙인 이 물질은 소련을 시작으로 전 세계 과학자들의 관심을 자극했다. 이 물질은 보통의 물과는 다르게 보였을 뿐 아니라 특성도 달랐다. 끓는점은 물보다 훨씬 높고 어는점은 훨씬 낮았으며, H_2O와 달리 얼었을 때 팽창하지 않았다. 영국과 미국에서도 많은 과학자가 이 물질을 반복해서 만들어냈다. 1969년 분광학(물질이 빛이나 복사선을 흡수하는 것과 관련된 학문) 실험 결과 사실상 새로운 물질임이 검증되었다.

페디야킨의 초기 연구가 시작된 지 10년 만에 이 신비로운 분자는 하나의 현상이 되었다. 분광학 실험을 수행한 두 미국 과학자는 논문을 발표하며 이 점성 있는 물질에 어울리는 이름을 지었다. "이 성질은 더 이상 변칙이 아니며, 새로 발견된 물질의 고유한 특성이다. 이 물질은 중합수다." 새로운 증거와 그럴싸한 이름의 조합 덕에 이 물질은 곧 수많은 연구와 논쟁의 롤러코스터에 올라타게 되었다. 미국 정부는 그때까지 소량으로만 제조되던 중합수를 대량 생산하기 위해 연구비를 아낌없이 풀었다. 과학자들은 중합수의 성질을 설명하는 화학 구조에 대해 이런저런 가설을 내놓았고, 언론 역시 다양한 추측을 내놓았다. 중합수는 달에 존재하는 물이다. 중합수는 잠재적 오염 물질이므로 상수도에 들어가면 안 된다(한 물리학자는 중합수가 "지구상에서 가장 위험한 물질"이라고 주장했다). 중합수는 노화를 되돌릴 비밀을 쥐고 있다. 그리고 기타 등등.

그러나 저 가설 중 무엇도 사실이 아니었다. 그간 떠돌던 낙관과 파멸의 예언이 모두 서던캘리포니아 대학교 연구팀에 의해 박살나 버렸다. 연구진이 중합수 표본으로 분광학 실험을 새롭게 수행한 결과, 확실한 결론이 났다. 이 '물'은 레이저 아래에서 검게 타 버렸다. 중합수는 수소와 산소 분자가 새로운 방식으로 배열 및 결합되어 생성된 물질이 아니었다. 더 실험해 보니 중합수에는 소듐, 염소, 황산염을 포함한 불순물이 들어 있었다. 결국 이 논쟁은 과학자 데니스 루소^{Denis Rousseau}의 간단하면서도 결정적인 실험으로 종결되었다. 그는 핸드볼 경기 후 땀에 전 자신의 티셔츠를 쥐어짜서 나온 액체를 플라스크에 받은 다음 분광계에 올려놓았다. 그의 등에서 나온 땀을 분석한 결과는 과학자들이 실험실에서 그토록 어렵게 생산한 중합수의 실험 결과와 사실상 동일했다. 루소는 다음과 같이 발표했다. "이것이 시사하는 바는 명백하다. 중합수는 모세관 표면에 묻은 유기 물질로 오염된 물이다." 다시 말하면 중합수는 미량의 땀방울이 들어간 물을 소형 관에서 증발시키고 응축시켜서 만든 물질이었다. 자신이 혁명을 주도한다고 생각했던 과학자들은 "자기 이마에서 떨어진 땀방울 때문에 바보가 되고 말았다". 10년 동안 쌓아 올린 과학의 잠재적 기적이 순식간에 허사가 되었다. 이 사건은 과학이 피와 땀과 눈물로 이루어진다는 사실을 제대로 되새겨 주었다. 이 경우는 실제로 땀과 눈물이 연관되었지만.

중합수는 단순히 과학사에 기록된 기이한 에피소드가 아니다. 과학이 발전하는 과정은 수많은 뛰어난 인물들이 최고의 선의로 참여하더라도 잘못될 수 있음을 알려 주는 우화다. 이 우화는 서사敍事가 반드시 증거를 따르는 것은 아니며, 과학자들이 수행한 실험을 정당화하고 결과를 왜곡하는 데 너무 쉽게 이용될 수 있음을 보여 주었다. 이 사실을 밝혀낸 사람이 제안했듯이, 이는 "위대한 발견을 꿈꾸는 탐구에 따라온 객관성의 상실"을 보여 준 사례다. 그리고 연구자들로 하여금 편향, 헛된 희망, 그리고 기존 과학의 방법론적 기초를 무너뜨릴 개척자가 되겠다는 망상까지 허락한 '병적 과학pathological science'의 한 예이기도 하다. 여기에 연루된 과학자들은 자신이 갈망한 서사에 사로잡힌 나머지 루소의 땀 테스트처럼 논문을 확실히 검증 또는 반증할 '결정적 실험' 수행을 거부하게 된다. 루소는 이렇게 말한다. "이 연구자들에게는 카드로 쌓아 올린 집 전체를 무너뜨릴 수도 있는 결정적 실험을 완수할 여유가 없다."

중합수 사례를 보면 과학은 결국 데이터 수집이 아니라

데이터를 해석하는 과정이다. 과학의 역사는 처음에는 중요해 보였지만 결국 의미 없는 것으로 판명난 이상체, 탐구될 가치는 있었으나 결국에는 어떤 결과도 끌어내지 못한 기이한 데이터, 대단한 결과가 탄생할 줄 알았지만 결국 용두사미가 되어 버린 발견 들로 가득 차 있다. 과학자들은 이 모든 것을 살펴보는 객관적인 관찰자가 되어야 한다. 정보를 차분하게 처리하고, 회의적이며 냉정하게 생각하고, 결론을 내놓기 전에 최소한의 증거를 제시해야 한다. 그러나 연구자들도 사람이다. 그들도 당연히 흥미로운 일을 하고 싶다. 새로운 가능성에 매료되며 세상을 바꾸고 싶어 한다. 실력 있는 전문가이자 잘 훈련된 과학자라도 다른 사람들과 마찬가지로 동료의 압박과 희망 사항이라는 덫에 갇히기 쉽다. 과학자들도 이왕이면 인기 있는 연구를 하고 싶다. 요리 전문가 니겔라 로슨^{Nigella Lawson}이 소개한 식재료를 팔기 위해 혈안인 프리미엄 마트들처럼. 군집 본능은 블록버스터 영화만이 아니라 과학에도 적용된다. 어떤 유행이 시작되면 누구든 그것을 가장 먼저 경험하고 싶어 한다. 중합수 같은 드문 경우에서는 아주 똑똑한 사람들조차 미흡한 증거를 뒤쫓아 똑같은 토끼굴에 들어갔다. 중합수는 그들이 증명해 내기를 희망했던 해답을 약속했기 때문이다. 사람들은 자기가 듣고 싶어 하는 바를 들을 때까지 무의식적으로 증거를 잘못 해석한다.

객관적 해석의 중요성은 좀 더 미묘한 방식으로도 드러난다. 모든 과학은 실험이 어떤 제한적인 조건에서 설계되었는지,

다른 방법이나 매개 변수를 사용했을 때 그 결과가 어떻게 변할지를 조사한다. 과학자들은 그들이 이끌어낸 데이터와 발견에 잠재적 오류나 간과한 부분이 없는지 살피면서 엄격하게 해석해야 한다. 반대로 좀 더 실험적이고 이론과 밀접한 분야에서 연구하는 사람들은 제한된 데이터에서 추론을 끌어내고 함의를 평가해 창의적인 해석을 내려야 할 때가 있다. 눈에 보이는 것을 살피기보다 볼 수 없는 바를 추측하려는 시도다.

자신의 야심 찬 가설에 힘을 싣기 위해 증거를 다분히 의도적으로 잘못 해석하는 일만이 연구자가 쉽게 빠지는 유일한 함정은 아니다. 이 스펙트럼의 반대쪽 끝에는 실제로 대단한 사실을 가리키는, 특히 현재 통용되는 중요한 과학적 합의가 잘못되었다고 암시하는 데이터를 보고도 믿지 않는 경우가 있다. 기존 통념을 깎아내리자니 왠지 잘못하는 '기분이 들기 때문'이다. 중요한 데이터를 무시하는 일은 제한된 증거를 사전에 형성된 패턴에 끼워맞추는 것 못지않게 위험한 함정이다. 데이터를 지나치게 신뢰해도 또 지나치게 신뢰하지 않아도 문제가 된다. 게다가 이는 누구 목소리가 더 크게 들리고 어떤 의견이 가장 진지하게 받아들여지느냐의 문제까지 가기도 전의 이야기다. 과학도 다른 분야와 크게 다르지 않다. 그래서 기존에 자리 잡은 세력이 판의 흐름을 주도하는 경향이 있다. 사회적 통념에서 벗어나려고 시도하는 사람들에게 세상은 이내 "감정적이다" "비현실적이다" 하며 지적한다. 기존의 합의를 넘어서는 것만이 진정한 진보를 이루는 길일 때도 말이다.

과학자들에게 해석은 축복인 동시에 저주다. 해석은 하지 말아야 할 것을 하고, 해야 할 것을 하지 않는 죄를 범하도록 만든다. 과학자는 눈앞의 증거를 잘못된 가정으로 둔갑시킬 만큼 과도하게 대담하거나 포용적이어서는 안 된다. 반대로 지나치게 소심해진 나머지 창의적이고 비관습적인 방법으로 점을 연결하기를 주저해서는 안 된다. 새로운 아이디어와 사고방식에 기회를 주는 일을 마다해서도 안 된다. 지나친 경계는 연구자가 어디로도 가지 못하게 옭아매 제한된 믿음에 인한 희생자로 둔갑시켜 버린다. 그러나 지나친 열정은 끝내 증거가 뒷받침하지 못하는 지점까지 연구자를 밀어붙인다. 과학에서 증거를 해석하는 일은 가장 중요한 과정이다. 이 과정은 연구자에게서 실수를 유도해 가장 큰 위험에 빠뜨려 버린다는 모순 역시 안고 있다. 위대한 과학의 돌파구는 있을 법하지 않은 것을 믿고 단단한 틀을 깨뜨리려는 충동과 똑같은 열망에서 시작된다. 중합수라는 수치스러운 실수처럼 말이다. 새로운 발상에 대한 외골수 같은 믿음은 중대한 발견의 연료가 되기도, 스스로 자기 뒤통수를 치는 석벽이 되기도 한다. 데이터를 해석하는 창조적이고 뛰어난 시각과 말도 안 되는 헛소리를 가르는 선은 믿기지 않을 정도로 희미하다. 그 선을 쉽게 구분할 수 있다고 말하는 사람은 없다.

추상적 추론 테스트, 이를테면 일렬로 제시된 도형의 패턴을 보고 다음 순서에 올 것이 초록색 정육면체인지, 둥근 원인지, 파란색 바나나인지를 고르는 시험을 치러 본 사람이라면 누구나 "도대체 이 테스트로 무엇을 측정하려는 것일까?"가 궁금할 것이다(언제 끝날까? 하는 생각과 함께). 이렇게 무작위적이고 현실과 동떨어진 기준으로 특정 직업에 대한 적합성이 제대로 평가될 수 있을까? 그러나 이 이상한 퍼즐들은 단지 개인의 지능 수준을 알려 주는 수준에 그치지 않는다. 이는 과학자들이 실험 데이터를 해석할 때 마주하는 여러 층위의 사고 과정에 대해서도 단서를 준다. 과학자는 데이터가 "무엇을 보여 주는가?"뿐 아니라 "왜 그러한 결과가 나왔는가?" 그리고 "그 결과가 다른 조건에서도 동일하게 유지되는가?"를 함께 묻는다. 어떤 과학자도 자신이 얻은 결론을 액면 그대로 받아들이지 않는다. 이들은 그 수치들이 얼마나 견고한지, 무엇에 좌우되는지를 따져 묻는다. 또 특정 변수를 추가하거나 의존성을 제거했을 때 어떠한 변화가 일어나는지 알고 싶어 한다. 과학자들은 데이터를 적극적이고 비판적으로 해석한다. 그리고 그것이 철저한 검증을 견뎌 낼 수 있을지, 궁극적으로 무엇을 말하고 있는지를 탐색한다.

좋은 소식은(퍼즐을 싫어하는 이들에게는 다소 나쁜 소식일 수도 있겠지만) 이러한 테스트들이 실제로 유용하다는 훌륭한 증거가 있다는 점이다. 1990년대 말, 스코틀랜드의 한 연구팀은 과거에 진행된 실험의 참가자들을 다시 찾아 나섰다. 스코틀랜드에서는 1932년과 1947년에 전국의 거의 모든 11세 아동이 IQ 테스트를 치렀다. 그리고 수십 년이 지난 후, 연구자들은 그들이 다시 같은 시험을 보게 했다(이 테스트는 몇 년 간격으로 여러 차례 시행되었고, 맨 처음 시험을 봤던 아이들은 70대와 80대가 되었다). 시간이 오래 지났지만 대체로 일관된 결과가 나왔다(전체적으로 테스트 점수는 0.6에서 0.7 사이의 상관관계를 보여 주었다. 여기서 0은 상관관계가 전혀 없음, 1은 완전한 상관관계를 의미한다). 그뿐 아니라, 아동기의 지적 능력이 이후 성인이 된 후 삶의 궤적을 가늠하는 지표가 되었다. 어린 시절에 점수가 높았던 아이들의 조기 사망률은 눈에 띄게 낮았다. 11세일 때 IQ가 표준 편차 기준으로 2, 즉 30점 정도 높았던 여학생들은 76세에도 생존해 있을 확률이 두 배였다. 전반적으로 높은 점수를 기록했던 아이들이 노년에도 건강하고 행복하게 잘 살아갈 가능성이 더 컸다. 연구진은 "11세의 정신적 능력이 77세 무렵의 기능적 독립성을 예측하는 중요 변수로 작용한다"라는 결론을 내렸다.

이 결과가 인지력 테스트의 예측력을 나타낸다손 치더라도, 일련의 원, 점, 곡선에서 패턴을 찾으라는 요청이 정확히 무엇을 평가하는지는 여전히 의문스럽다. 게다가 이 점수에 모든 사회경제적 요인이 미치는 영향은 말할 것도 없다(전국의 모든 어린이를 대상으로 한 시험이었다는 점을 기억하라). 당신은 아마 이러한 퍼즐이 뇌에서 새로운 정보를 이해하고 문제를 해결하며 경향을 식별하고 그때그때 언어 및 수적 추론 과제를 수행하는 (즉, 심리학자들이 유동 지능^{fluid intelligence}이라고 정의하는 것으로, 기존 지식에 의존하는 결정 지능^{crystallized intelligence}과는 반대된다) 일에 얼마나 능숙한지를 시험하기 위해 설계되었다고 생각할 것이다. 그러나 여러 연구에 따르면 특정 조건에서 이러한 종류의 지능은 거의 전적으로 작업 기억^{working memory}(즉 정보를 잠시 붙잡아 두었다가 처리하는 단기적인 능력)과 상관관계가 있다. 이는 특히 정해진 시간 안에 검사를 마쳐야 하는 경우에 더 두드러진다. 이때는 유동 지능과 작업 기억을 '통계적으로 구분할 수 없'어진다(반면 시간 제한이 없을 때는 상관관계가 3분의 1로 뚝 떨어진다). 다시 말해, 시간 압박이 있는 상태에서 측정하는 테스트는 피험자가 얼마나 똑똑한지를 측정하기보다 머릿속에서 정보를 얼마나 잘 유지하는지를 측정한다. 당신은 영리한가, 아니면 그저 단기 기억력이 좋은가? 시간제한이 있다면 IQ 테스트로 그 차이를 구별할 수 없다.

내게 이 점을 알려 준 신경 과학자 로히어르 키비트 교수는 이렇게 설명한다. "시간 제약이 심한 상황에서 추상적 추론은 본질상 작업 기억 과제가 됩니다. 특징을 얼마나 빨리 추출하고 그것을 머릿속에서 유지하는지, 특히 시간 제약이 있는 상황에서 합리적인 추측을 할 수 있는가를 보는 시험이죠." 반면에 시간 제약이 없다면 "충분한 시간과 기회를 가지고 가능한 모든 패턴을 추출하고 가설을 세워요. '이런 패턴에서는 이것을 관찰해야 하는데 그것이 보이지 않으니 다시 그림판으로 돌아가야겠다'라는 과정을 여유 있게 반복할 수 있고요". 결국 하나의 테스트가 수행 조건에 따라 두 가지 과제가 된다. 이것은 과학자들이 실험을 설계하고 데이터를 수집하면서 지속적으로 의식해야 하는 문제다. 이론적으로 따졌을 때 예상되는 기록과 실제로 측정한 값이 다른 경우는 생각보다 빈번하다. 연구자가 원했던 결과가 미처 고려하지 못했던 변수와 맥락적 요인들로 인해 왜곡되기 때문이다.

실험의 맥락이나 설계뿐 아니라 피험자 집단의 속성에 따라서도 결과가 달라지기도 한다. 1932년 스코틀랜드에서 학생들이 IQ 테스트를 치르고 있을 때, 소련에서도 심리학자 알렉산더 루리아Alexander Luria가 독자적으로 비슷한 실험을 수행하는 중이었다. 당시 소련에 속해 있던 우즈베키스탄 사람들을 대상으로 진행한 검사였다. 루리아는 이 지능 검사가 특정 목적을 염두에 두고 설계되었지만, 대부분 문맹이며 시골에 살면서 어려서부터 일을 하느라 제대로 교육받지 못했던 피험자들이 이 문제를 상당히 다르게 해석한다는 사실을 파악했다. 여러 개의 물건을 주고 그중 나머지와 다른 하나를 고르는 분류 문제에서 응답자들은 비슷한 물건끼리 묶어내지 못했다. 예를 들어, 망치, 톱, 통나무, 도끼를 보여 주었을 때 한 피험자는 이렇게 말했다. "모두 하나로 묶이는데요? 톱으로는 통나무를 자르고, 망치로는 못질을 하고, 도끼로는 장작을 패니까요." 또 다른 사람은 이렇게 말했다. "굳이 하나를 빼야 한다면 저는 도끼를 버리겠습니다. 도끼는 톱만큼 성능이 좋지 못하거든요." 칼, 톱, 바퀴, 망치를 보여 주며 저 중에서 세 개는 도구이고 남은 하나는 도구가 아니라는 힌트를 주었을 때, 62세인 피험자 한 명은 이렇게 대답했다. "바퀴로도 도구의 날을 갈 수 있어요. 달구지의 바퀴라면 왜 굳이 보기에 넣었겠습니까?" 테스트를 설계한 심리학자는 이 분류 문제를 추상적 추론 과제로 보았다. 그러나 우즈베키스탄 농부들에게는 지극히 현실 속 문제였다. 이들에게는 주어진 물건들이 이론상 어떻게 서로 어울리는지가 아니라 어떻게 실생활에서 함께 쓰이는지가 중요했다. 내 자폐성 뇌도 자주 이와 비슷하게 작동한다. 나 역시 남과 다른 방식으로 문제를 분류할 때가 많다. 세 번째 데이트에서 조명 스위치로 문을 열려고 시도했을 때처럼 말이다. 삶의 경험이라는 렌즈로 보았을 때 톱, 망치, 통나무의 관계는 그중 하나로 다른 것을 작업할 수 있을 때만 의미가 있다. 그것을 다른 관점에서 보는 목적은 무엇일까? 루리아는 이것이 대개 교육과 관련된 문제임을 확인했다. 입학한 지 1~2년쯤 되는 어린 학생들을 시험했을 때 이들은 설계자의 의도대로 물체를 개념에 따라 분류했다.

루리아의 연구는 실험 결과가 어떻게 연구자의 의도와 완전히 달라질 수 있는지를 생생하게 보여 주는 재밌는 사례다. 많은 심리학자가 이미지 분류를 훌륭한 지능 측정 방식으로 여긴다. 하지만 일상에서 추상적 추론이 필요하지 않은, 평소 다른 방식으로 대상을 연상하도록 학습한 이들에 대해서는 무엇을 말할 수 있을까? 전제 자체를 거부하거나 인식하지 못한 채 테스트에 임한 사람이 낮은 점수를 받았다고 해서 시험에 '실패'했다고 말할 수 있을까? 만약 사람들의 뇌가 서로 다르게 배선되었다면 여기에서 신경다양성은 어디에 놓이는 걸까? 키비트는 "동일한 과제라도 사람마다 다른 의미로 받아들일 수 있다"라고 주장한다. "어른에게 3 곱하기 6은 기억력 과제다. 그러나 다섯 살짜리 아이에게는 산술 과제다. 왜냐하면 아이들은 직접 계산을 수행해야 하기 때문이다. 그래서 같은 문제라도 인구 집단에 따라 다르게 받아들일 수 있다." 그러나 예상치 못한 결과가 나왔더라도 연구자는 그 '잘못된' 실험으로부터 배울 부분이 있다. 루리아의 피험자들은 예상과 다른 방식으로 검사에 임했다. 그러나 그들의 반응을 통해 각자의 사고 과정이 보여 주는 이질성과 문맥적 요인의 중요성을 파악할 수 있었다. 이런 결과는 연구자로 하여금 그들의 실험과 실험 설계의 바탕이 된 가정에 의문을 던지게 한다는 점에서 그 가치가 있다.

이러한 실험들이 강조하듯이, 과학자는 결과 자체가 가지는 함의만큼이나 결과를 수집하는 방식을 고민해야 한다. 즉 어떠한 조건과 제약하에서, 또 어떠한 집단을 대상으로 실험해야 하는지 충분히 숙고해야 한다는 뜻이다. 당연하게 생각해도 되는 데이터 집합은 없다. 연구자는 그 데이터 집합이 자신의 질문과 연관이 있는지, 기존 데이터와 얼마나 양립 가능한지, 잠재적 오류와 편향은 무엇인지, 다른 이들이 쉽게 반복할 수 있는지를 스스로 물어야 한다. 주어진 정보를 빛에 비추어 그것이 무엇을 말하고 무엇을 말하지 않는지 따지는 번역과 해석 작업이 바로 과학의 핵심이다. 누구라도 동떨어진 데이터값 하나와 단일 연구 하나를 가져다가 그럴싸하게 들리는 결론으로 포장할 수

     궤도 너머

있다(실제로 나는 데이터값 하나로 논문의 한 챕터를 구성한 동료 연구자도 보았다). 때로는 실험이 쓸 만한 결과를 단 하나도 생산하지 않을 때도 있다. 그러나 과학 연구는 표면으로 보이는 정보를 파고들어 변칙 앞에서 정직해지고(그들이 순수한 아웃라이어인가, 아니면 중요한 다양성의 지표인가?) 그 정보를 통해 배운 것과 배우지 못한 것의 진정한 경계를 다듬는 일이다. 우리는 실제로 그 안에 무엇이 존재하는지를 보아야 한다. 만약 볼 수 없다면 자신이 찾는 정보를 추출할 다른 방법을 찾아야 한다.

고로 우리 모두 데이터를 과대 해석하거나 지나치게 복잡하게 생각할 위험을 경계해야 한다. 과학자처럼 행동해 당장 떠오르는 생각이나 기분에 관한 데이터값에서 벗어날 필요가 있다. 어떤 이는 나와 오래도록 진정한 관계를 맺겠지만 또 어떤 이는 특정한 순간의 필요를 채워 주는 데 그칠 수도 있다(둘 다 좋지만 그 차이를 알아야 한다!). 어쩌면 당신은 내내 이직을 생각했을지도 모른다. 하지만 직장에서 행복하지 못한 이유가 단지 일이 잘 맞지 않기 때문일까? 아니면 삶의 다른 부분과 연관되었을까? 그 답을 알고 싶다면 상황을 파악해서 원인을 찾은 뒤 그 결과를 적절한 맥락에 두어야 한다.

이는 눈앞에 놓인 정보를 번역하는 과학자들이 마주하는 어려움 중 일부에 불과하다. 관찰 '가능한' 것을 해석하는 일은 과학이라는 퍼즐의 한 부분일 뿐이다. 이론 물리학처럼 실험적 부분에 좀 더 의존할 때는 볼 수 있는 존재에 대한 이해에서 볼 수 없는 것에 대한 직관으로 옮겨 간다. 이때 해석 과정은 증거의 정직한 중개인이 되는 일에서 비가시적 개념을 향한 탐구로 진화한다. 즉, 틀 안에 넣기는 어려워도 이 세계의 근간을 이해하는 방식을 변화시킬 중대한 개념으로 손을 뻗게 되는 것이다.

우주를 더 자세히 연구하는 일이 가능해지면서 천문학자들이 이러한 어려움에 직면했다. 그들은 그들에게 보이는 것이 실제와는 크게 다르다는 곤란한 결론에 도달했다. 현재 우리는 지금까지 제작된 가장 강력한 망원경으로도 우리를 둘러싼 광막한 우주 중 일부만 겨우 보는 형편이다. 우주를 구성하는 많은 질량은 보이지 않으며 그 효과는 간접적으로만 지각된다. 바로 암흑 물질이다. 암흑 물질은 여러 번의 멋진 반전 끝에 학계에 자리 잡은 신비로운 대상이다. 이론 물리학과 우주론이 만나는 곳에 양자 이론이 있다.

이제 상황은 멋지게 복잡해진다. 해석은 게임의 커다란 일부가 아닌 그야말로 게임 자체가 된다. 이 영역에서 연구자들은 증거를 손에 쥘 수 없다. 그러므로 커다란 조각이 사라진 그림 주변에서 이론을 세우고 결론을 도출해야 한다. 그들은 오로지 우리가 볼 수 있는 행동과 반응에만 기반해 우리가 볼 수 없는 무언가에 관한 가정을 내리며 저 간극을 채워 왔다. 지금까지 이론 물리학이 놀라운 결론을 끌어낼 수 있었던 이유도 바로 이 추론과 제안의 과정 때문이다. 우주의 95퍼센트 이상, 즉 거의 전부에 해당하는 존재가 사실은 우리 눈에 보이지 않는다. 그리고 과학의 눈으로도 절대 볼 수 없다. 그러나 우리는 그 존재를 안다. 그리고 그것이 무엇을 하는지도 점점 더 알아가고 있다.

그렇다면 과학자들은 어떻게 그들이 볼 수 없는 존재를 발견했을까? 베라 루빈^{Vera Rubin}의 이야기에서 시작해 보겠다. 루빈은 성차별주의를 떨쳐 내고 우리가 세상을 이해하는 방법을 뒤엎은 선구적인 여성 천문학자다. 고등학교 시절, 대학 장학금을 확보한 루빈에게 선생님은 "과학 근처에는 가지 말라"고 당부했다. 또 학위 논문을 마쳤을 때 지도 교수는 학회에서 그가 발견한 내용을 자기 이름으로 발표하려고 했다. 1960년대에 캘리포니아 팔로마산 천문대의 최신 장비를 사용하겠다고 요청했을 때는 여자 화장실이 없어서 곤란하다는 말을 들었다. 그러나 반복되는 역경에도 불구하고 루빈은 이 분야에서 결정적이고 중요한 업적들을 쌓아 나갔다. 1968년에 루빈은 태양계에서 가장 가까운 은하인 안드로메다를 연구했다. 루빈과 동료 연구원들은 안드로메다에 있는 별들의 움직임과 '회전 곡선^{rotation curve}'을 조사하는 중이었다. 회전 곡선은 은하의 중심에 대한 항성의 상대적인 이동 속도(속력과 방향)를 말한다. 뉴턴 역학에 따르면, 물체는 중심(이자 중력의 근원)에서 멀어질수록 더 느리게 움직인다. 반대로 중력의 원천에 가까워질수록 안쪽으로 더 강하게 끌려 들어간다. 물체에 작용하는 중력이 약해지면 중심 방향으로의 가속도도 줄어들어야 한다.

그러나 루빈은 별들이 점차 느려지는 '하향' 회전 곡선을 발견하지 못했다. 사실상 곡선은 평평해 보였다. 아무리 멀리 떨어진 별이라도 여전히 같은 속도로 움직였다. 거리가 늘어나도 겉으로 보이는 중력의 힘은 줄어들지 않았다. 그렇다면 다른 무언가가 그 자리에 있으면서 멀리 떨어진 별들의 부자연스러운 움직임을 이끌어야 한다. 별들이 그렇게 빨리 움직이려면 중력이 더 커야 하는데, 그 말은 그만큼 많은 질량이 있다는 뜻이다.

놀라운 깨달음의 서곡이었다. 이 우주에 우리 눈으로 볼 수 없고 어떠한 방식으로도 관찰할 수 없는 엄청난 양의 질량이 존재한다는 사실 말이다(게다가 이제는 그것이 우주 질량에서 압도적인 비율을 차지한다는 점까지 밝혀졌다). 그 존재만이 천문학자들이 관측**할 수 있었던** 현상을 설명할 유일한 방법이었다. 그렇지만 이는 어디까지나 추론의 문제지 가시화된 증거는 아니었다. 직접적인 증거에 의한 결과가 아니라 논리의 간극으로 암시된 결과였다. 루빈의 말처럼 이 발상을 받아들이려면 "보여야 믿을 수 있다"는 삶의 근본 같은 가정을 옆으로 치워 놓아야 한다. "모든 물질이 에너지를 방출한다고 가르친 사람은 없다. 우리가 그렇다고 가정했을 뿐이다."

루빈이 안드로메다 연구를 수행하고 30년 뒤, 우주론자들은 우주에 대한 또 다른 합의를 뒤집어엎었다. 그들은 오랫동안 우주가 계속해서 팽창하는 중이라고 여겼다. 당신이 이 글을 읽는 지금도 마찬가지다. 그리고 물론 그에 따른 자명한 결과가 있다. 팽창을 거듭하는 우주에서 끊임없이 증가하는 질량이 중력의 저항을 일으켜 팽창하는 속도를 **늦추고 있다**고 말이다. 이 발상을 이론상 극한까지 밀어붙이면 어느 지점에서 우주의 총 질량이 너무 커져 마침내 스스로 안쪽으로 붕괴하고 만다는 가설이 된다. 팽창을 저지하던 '저항(끌어당김)'이 오랜 시간 당겨진 새총에서 탄환이 발사되듯 탁 터지며 결국 빅 크런치Big Crunch라고 알려진 우주의 피날레가 찾아온다는 뜻이다.

1990년대에 연구자들은 이러한 우주의 팽창 속도를 정확히 측정하는 방법을 식별했다. 백색 왜성으로 알려진 초신성(폭발하는 별)을 이용해 다양한 거리에서 밝기를 추적하면 이동 속도를 추론할 수 있었다. 별들의 회전 곡선을 연구한 루빈처럼 이 문제를 연구한 우주론자들도 우주의 팽창 속도가 느려진다는 가정은 상대적인 밝기 데이터를 통해 입증 가능하다고 믿었다. 그러나 그들의 손에 들어온 수치는 이 통념을 무참히 파괴했다. 과학자들은 이 데이터를 이용해 우주의 팽창 속도로 추정되는 값을 산출했다. 그 뒤 이 값을 우주의 총 질량과 같게 하는 방정식을 완성했을 때, 그 결과는 질량에 대해 음수였다. 다시 말해 수식이 잘못된 것이었다. 팽창 속도가 감속하기는커녕 사실상 더 빨라지고 있었고 그 속도도 무시할 수준이 아니었다.

동일한 문제를 두고 경쟁하던 두 연구팀이 발견한 바에 따르면, 그들이 조사한 가장 멀리 있는 초신성은 우주 전체의 질량을 0이라고 가정했을 때보다도 밝기가 희미했다(예를 들면 더 멀리, 더 빨리 이동했다). 이론 물리학계는 세상에 산타 할아버지는 없다는 사실을 알게 된 어린아이만큼 큰 충격을 받았다. 별을 붙드는 **중력이 하나도 없는** 모델에서조차 별이 그렇게 빨리 움직이면 안 되었다. 반대되는 힘이 작용하고 있지 않는 한 도무지 설명되지 않는 현상이었다. 이는 "이 우주에 물체의 '끌어당기는 중력'을 압도할 만큼 센 '밀어내는 중력'을 일으키는, 음의 압력을 지닌 새로운 구성 요소"가 있다는 뜻이다. 뉴턴의 중력이 한껏 고삐를 당기는 중에도 이 힘이 채찍을 휘둘러 우주를 더 빨리 멀어지게 하는 것이다. 이 새로운 요소는 곧 이름을 얻었다. 바로 암흑 에너지였다.

암흑 물질과 암흑 에너지의 존재가 처음 추론되고 나서 수십 년 동안, 이 요소들을 찾는 연구는 좀 더 정교한 도구와 기술을 이용해 오늘날까지 계속되고 있다. 과학자들은 보이지 않는 미스터리를 좇으면서 말 그대로 극한의 노력을 기울인다. 가장 정교한 실험실은 캐나다의 지하 2킬로미터 아래에 존재한다. 암흑 물질을 읽어 내지 못하게 방해하는 여타 방사선으로부터 탐지기를 보호하기 위해서다. 가장 핵심인 관측소는 남극에 있다. 그곳은 1년 중 6개월은 햇빛이 없고 무자비하게 건조하며 바람을 감지할 수 없다는, 최적의 천문학적 조건을 갖추었다. 그러나 이렇게 공들여 수색해도 이론 물리학자들이 우리 우주의 기본 구성 요소라고 여기는 그것을 아직 잡아내지 못하고 있다. 우주론자들은 이 네스호 괴물의 존재를 확신하지만 아직 일별한 적도 없다. 이렇게 완벽한 고문이 또 있을까. 우주의 95퍼센트를 구성한다고 추정되고 (68퍼센트는 암흑 에너지, 27퍼센트는 암흑 물질) 우리 우주와 그 안을 구성하는 모든 것의 진화에 관해 너무나 많은 답을 쥔 이 물질이 겁먹은 아기 고양이처럼 소파 뒤에 꼭꼭 숨어 영 모습을 드러내지 않는다. 암흑 물질과 암흑 에너지의 효과는 이미 인지했다. 이에 더해 그 역할과 영향력, 규모와 존재 가능한 장소까지도 모두 추정했는데 그것을 분리하거나 직접 연구하기는커녕 아직 실제로 본 적도 없다니. 그 주제로 책을 쓴 리처드 파넥^{Richard Panek}의 말처럼, 암흑 물질 연구자가 되기 위해서는 "우리가 우주 대부분을 보지 못하게 만드는 것은 바로 시각 그 자체라는 심오한 역설을 받아들여야 한다".

찾아내기 어렵기는 하지만 암흑 물질과 암흑 에너지를 수색하는 일은 과학자가 어떻게 정보를 해석하는지에 관해 많은 것을 가르쳐 준다. 예상치 못한 데이터와 가시적인 현실을 벗어나는 이론 개념을 어떻게 추구할 것인가? 물리학의 이 영역은 간단하고 직접적인 관찰이 불가능할 때, 없는 요소를 무시하고 증명 가능한 부분을 보아야 할 필요성을 알려 준다. 확인되는 모든 요소를 고려하고도 남는 음의 공간에서 아이디어가 떠오르게 하기. 그러기 위해서는 인간의 타고난 능력이 그 어느 때보다 중요하다. 바로 거기에 존재하지 **않고** 측정할 수 **없는** 것을 바탕으로 질문하고 추론하는 능력 말이다. 그러므로 과학자들은 제한된 정보를 기반으로 해석하는 능력에 따라 살기도 하고 죽기도 한다. 강아지가 상자 속 퍼즐 절반을 물어뜯은 후에도 그 퍼즐을 하나로 맞출 수 있어야 한다. 이론 물리학자 숀 캐럴[Sean Carroll]은 암흑 물질이 눈에 보이지 않는다고 해서 흔적까지 남기지 않는 것은 아니라고 말한다. "그것은 주변 물질에 영향을 줍니다. 그것을 통과하는 빛에 영향을 줍니다. 그 주변에서 응고하는 물질에 영향을 주죠. 관찰에 많은 제약이 있고, 자유롭게 해석할 여지는 많지 않아요. 따라서 일단 모든 데이터를 하나로 모아야 합니다. 그러면 그것이 얼마나 있고 어디에 있는지, 무엇을 하는지를 어느 정도 알아낼 수 있습니다."

추정하고 추론해야 함을 아는 일과 실제로 자신을 믿고 그것을 해내는 일은 또 다른 문제다. 한 실험이 과학적 통념의 근간과 모순되어 보이면 당연히 의심이 생긴다. 1990년대에 암흑 에너지의 발견을 이끌었던 연구들이 있다. 그중 우주의 팽창 속도에 관해 사람들이 잘못 알고 있었음을 보여 준 결정적인 계산을 수행한 사람은 애덤 리스[Adam Riess]라는 천체 물리학자였다. 그의 컴퓨터는 양의 값이 기대되는 자리에 음의 값을 내놓았다. 우주는 사실 천천히 움직이지 않았다. 기존 물리학이 그에게 믿으라고 말했던 것에 전적으로 모순되는 결과였다. 그뿐 아니라 아인슈타인조차 처음에는 받아들였다가 나중에 자신의 '가장 큰 착오'라며 버렸던 우주 상수(사실상 물질을 밀쳐 내는 반중력의 한 형태)가 실제 존재할지도 모른다고 시사하는 결과였다. 역사상 가장 유명한 물리학자가 폐기한 가설이기에 그 후로 누구도 이 발상을 입에 올리지 않았다. 물리학 〈파이트 클럽[Fight Club]〉의 첫 번째 규칙이랄까. 사실은 우주 상수가 존재할지도 모른다는 발견은 문서로 작성되어 섣불리 세상에 공개될 만한 내용이 아니었다. 이는 단지 기계를 껐다가 다시 켜는 그런 종류의 일과는 달랐다. 수치가 예상과 어긋났다면 신중하게 조사해서 검증되어야 했다. "내 미천한 경험으로도 그러한 '발견'은 대개 단순한 실수의 결과인 경우가 많았다. 그래서 나는 2주 동안 결과를 다시 검토했으나 오류를 찾을 수 없었다."

당시 리스에게는 동료가 있었다. 그는 이 결과에 대한 자신의 반응을 '놀람과 공포' 사이의 무엇으로 묘사하면서 직접 이 연구를 재검토했다. 두 사람은 저 결과가 틀렸을 수도 있는 이유를 체계적으로 검토하며 하나씩 제거해 나갔다. 예를 들면, 가장 멀리 있는 초신성은 "우주가 더 어렸을 때 태어났으므로 어딘가 다를지도 모른다". 또는 우리가 모르는 우주 먼지가 밝기 측정을 방해할 수도 있다. 마지막으로 천문학자들이 "은하에서 가장 밝은 천체들에 치중해 연구하므로 연구 자체가 편향되었을 가능성"이 있었다. 그들은 숫자를 확인, 또 확인하고 대안이 될 만한 이론을 고려하고 사람들이 이 이론이 틀렸다며 내세울 만한 모든 이유를 떠올리는 과정을 거쳤다(과학자가 자신들이 왜 그렇게 겸손한 비버인지 설명하면서 늘상 하는 일이다). 그러면서 처음에는 가능성이 전무해 보였던 발견과 결론은 젖고 무른 찰흙으로 빚어져 단단하게 구워진 도자기처럼 굳어 갔다. 불가능하다고만 생각되었던 가설이 서서히 생각해 볼 만해지기 시작했다. 몇십 년 전, 회전 곡선에 대한 루빈의 연구도 그러했다. 나중에 루빈은 "당시 우리는 안드로메다가 특이한 경우이며, 다음 은하는 우리가 기대한 바에 좀 더 가까울 것이라 생각했다"라고 회상했다. 리스와 동료는 수십 번을 더 검토하고 나서야 눈앞의 광경을 믿기 시작했다.

자신들이 찾는 것을 마주하기 위해 음의 공간을 헤매야 하는 것처럼, 과학자들은 가능성이 희박한 무언가를 만났을 때 이를 대체할 의상들이 담긴 보관함을 뒤져야 한다. 맞지 않는 의상을 모두 버려야만 비로소 기존 합의와 심하게 충돌하는 옷을 점차 편안히 입게 된다. 캐럴은 암흑 물질과 관련한 과정에서 이 부분을 "건전성 검사sanity check라고 부르면서, "데이터와 완벽하게 맞아떨어짐에도 불구하고 자신이 틀렸을지도 모른다고 생각해 다시 검토하는 것"이라고 묘사했다. "어쩌면 여전히 이론에 문제가 있는지도 몰라. 거기에 더 많은 물질이 있는 게 아니라 내 중력 이론이 틀린 거야. 그렇다면 다른 중력 이론을 고안하고 그것을 설명할 수 있도록 기존 이론을 수정해야 해……. 그러나 그 이론들도 잘 작동하지 않아, 그것들은 데이터에 잘 맞지 않아, 그것들은 별로 아름답지 않아, 그것들은 간단명료하지 않아." 암흑 물질이 새로운 정설로 확립된 이유는 모두 이러한 과정을 반복한 결과라고 그는 말한다. "우리는 아직 실험으로 암흑 물질이 무엇인지 밝혀내지 못했다. 그러나 수십 년을 거치며 일련의 관찰 전체에서 암흑 물질 개념의 '적합도'는 점점 나아졌다. 반면에 다른 대안들은 갈수록 설득력을 잃어 갔다."

　　　　　　　　　　　　　　　　　　　　　궤도 너머

과학자들이 어떻게 증거를 해석하는지를 보면 낙관론과 비관론, 확신과 불확실성의 기묘한 조합이 연구 과정의 일부임을 알 수 있다. 훌륭한 과학자는 가설이 타당한지 충분히 검증해야 열심히 탐구할 수 있다. 그러나 지나친 확신 때문에 모순된 증거가 나타나도 고의로 무시하거나 찾고 싶은 결과를 억지로 증명하려 드는 '병적 과학'의 함정에 빠져서는 안 된다. 또한 자신이 발견한 데이터에서 결함을 식별할 정도로 회의적인 태도를 유지해야 한다. 그러나 동시에 지나치게 회의에 빠진 나머지 기존 통념을 깨뜨릴 만한 의미 있는 발견의 가능성을 간과해서도 안 된다. 과학 안의 아주 많은 일이 그러하듯 실험 결과를 해석하는 일은 명당을 찾는 과정과 마찬가지다. 증거를 고문해서 그것이 실제로 보여 주지 않는 결과를 실토하게 하면 안 된다. 엉망이고 흥미로운 무언가를 욱여넣어 처음 기대했던 결과에 끼워 맞추어서도 안 된다. 그것은 아슬아슬한 균형 잡기이자 그 자체로 예술이다.

이 두 가지 사이에서 균형을 맞추는 방법을 정확히 아는 사람은 없다. 언제 고수하고 언제 전환해야 할까. 오랫동안 거부되었던 우주 상수가 사실은 어떤 형태로든 존재할지도 모른다는 데이터를 리스가 동료들과 공유했을 때, 이 연구를 계속 추진해 발표할지 말지를 두고 (이메일로) 생생한 토론이 이어졌다. 대부분 회의적인 반응이었다. "이 결과를 얼마나 자신할 수 있습니까? 전 몹시 혼란스럽습니다" "우주 상수의 가치에 관한 확고한 결론을 내리기엔 **지나치게 이르다**는 사실을 다들 알고 있지 않습니까" "전 걱정됩니다. 비록 머리로는 상관하지 않는다, 그저 관찰한 대로 보고하는 것뿐이라고 말하지만 사실 마음속에서는 그게 틀렸다는 걸 잘 알잖아요." 리스 자신의 반응은 과학이 본질적으로 무엇에 관한 것이어야 하는지를 아름답게 요약한다. "이 데이터는 '0'이 아니라 우주 상수가 필요합니다! 이 결과에 마음이나 머리가 아니라 눈으로 접근해야 합니다. 우리는 결국 관찰자일 뿐이니까요."

중대한 기로에 선 누구나 그렇겠지만, 과학자들 역시 생각에 과도하게 몰입하거나 성과와 관례라는 사회적 구속에 얽매인다. 그들은 대중 앞에서 실수할까 봐, 직업 평판에 나쁜 영향을 미칠까 봐, 실험이 출판되지 못하거나 연구를 지속하는 데 필요한 자금을 받지 못할까 봐 걱정한다. 일의 결과를 너무 오래 생각한 나머지 연구 자체를 보지 못할 위험이 있다. 리스가 지적했듯이 아무리 그 결과가 놀랍고 세상에 대단히 위험한 것을 내놓는다는 생각이 들더라도 과학자에게 가장 중요한 덕목은 정직하고 열린 마음으로 정보를 대하는 자세임을 잊어버리고 마는 것이다. 관찰에서 실험으로 단계를 옮기고 데이터를 수집하기 시작할 때, 과학자들은 자신이 보는 현상에 기꺼이 놀랄 수 있어야 한다. 그러나 예상하지 못한 발견의 의미를 밝히기 위해 씨름할 의지를 잃어서는 안 된다.

인생에서처럼 과학에서도 해석은 축복이다. 비판적이고

회의적인 충동은 많은 실수를 방지해 주었고 아늑한 통념에 구멍을 뚫었다. 우리는 자신이 보고 배운 것을 있는 그대로 받아들여서는 안 된다. 동시에 머릿속에서 모든 가능한 결과를 떠올려 그것을 꼬고 비틀어 대느라 길을 잃거나 마비가 될 정도로 고민해서도 안 된다(분석 마비. 찔리는군). 일단 데이터를 철저하게 확인하고 실수의 잠재적 원인을 설명한 뒤 다른 대안까지 모두 고려하고 난 다음에는 아무리 불편하더라도 행동에 나서야 한다. 자신의 발견을 붙들고 재해석만 반복하다 보면 마침내 모든 의미와 형태를 잃어버리게 된다. 입안 가득 넣은 음식을 오래 씹으면 곤죽이 되듯 말이다. 과학 아이디어든, 경력 전환이든, 꿈의 집이든, 언제까지 바라볼 수만은 없다. 어느 시점에는 예비 연구를 멈추고 실전에 나서야 한다. 이곳이 내가 살고 싶은 집이고, 직장을 그만둘 때가 왔고, 이 실험을 계속하겠다는 결정을 내려야 한다. 어차피 정보를 완벽하게 갖출 수는 없다. 미처 고려하지 못한 가능성은 언제나 있게 마련이다. 그러나 인생에서의 중요한 결정은 실제로 그 결정이 실행되었을 때만 의미가 있다. 따라서 때로는 용기를 그러모아 자기 눈으로 본 증거를 믿고, 곱씹기를 멈춘 뒤 앞으로 나가야 한다.

"실패란 끝이 아니다. 길 위의 또 다른 전환점일 뿐."

나는 집에서 수리라는 걸 한 번도 해 본 적이 없었다. 어쩔 수 없는 순간이 찾아오기 전까지는. 평소 열지 않던 화장실 창문을 열겠다고 과감하게 변기 위에 올라가고 나서였다. 물론 이 무모한 실험의 결과는 예상한 그대로다. 나는 바닥에 떨어져 나뒹굴었고, 발목은 접질렸고, 변기 뚜껑은 깨졌고, 창문에는 손도 닿지 못했다. 이제 해야 할 일은 뻔하다. 사람을 불러서 고쳐야지. 비록 내 명함의 이름 아래에는 화려한 학위들이 달려 있지만, 그중 어떤 것도 내게 수리할 자격을 주지 않는다. 나는 망치보다 피펫을 휘두르는 일에, 작은 나사를 조이는 일보다 알고리즘 고치는 일에 더 능숙하다. 적어도 그게 이때까지 스스로에게 해 온 말이었다. 하지만 그건 팬데믹으로 수개월째 봉쇄 상태로 지내기 전이었다. 사회로부터의 강제 격리는 우리에게 온갖 영향을 미쳤는데, 그중 하나가 평소 가졌던 작업 습관에 대한 애착을 버리기였다. 전화를 걸어 도움을 요청할 사람이 없다면 손수 고치거나 망가진 채로 살아야 한다. 나는 전자를 선택했고 그 결과 나름대로 DIY 베테랑이 되었다. 이제는 아령과 족집게로도 이케아 책장을 뚝딱 조립한다(다 방법이 있다).

　　아무튼, 화장실 바닥에 주저앉아 상처 입은 발목과 자존심을 달래면서 나는 도움을 청할 수 있다 한들 그러고 싶지 않다는 사실을 깨달았다. 그래서 그길로 다리를 절뚝거리며 큰길의 DIY 가게(로버트 다이어스. 그는 내가 필요하리라고는 꿈에도 생각지 못한 남편이 되어 주었다)로 가서 내가 찾던 물건(콘스탄스라는 나름대로 근사한 이름의 변기 커

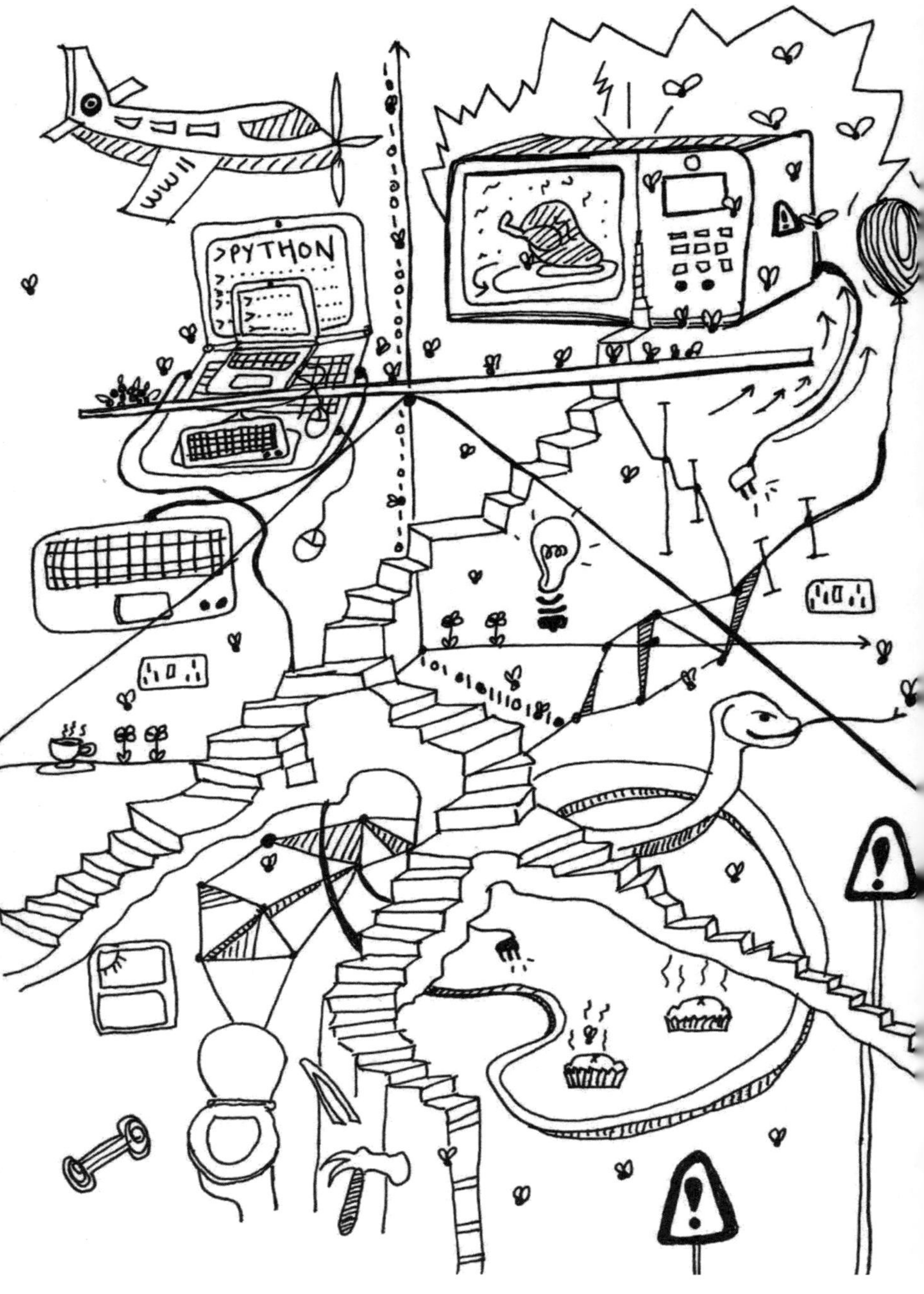

>PYTHON

베)을 사 왔다. 그 뒤 자기 확신을 엄청나게 주입하고 유튜브 광고를 수도 없이 본 끝에 부서진 변기 커버를 떼어내고 새것을 달았다! 이 일로 내가 받은 상은 다시 앉을 수 있도록 수리된 왕좌 그 이상이었다. 이 경험은 내게 자신감을 불어넣었다. 또 부끄러운 실패를 감수하고라도 평소에 하지 않던 일을 시도하는 일, 익숙한 길에서 벗어나는 일의 중요성을 일깨워 주었다. "새로운 것에 도전하고 자신을 다그쳐 낯선 것을 포용하라"는 조언은 인생은 물론이고 훌륭한 과학을 추구하는 데도 필수다. 지금까지 이루어진 수많은 위대한 발견이 패배와 춘 춤에서 태어났다. 남들이 무의미하다며 혀를 차는 일을 시도하고 헛수고로 보이는 실험을 고집하며 교과서에 나오지 않는 창의적인 접근법을 찾아낸 결과다. 과학 연구에서 실수, 실패한 실험, 기각된 가설은 또 다른 엔진의 연료가 된다. 무엇이 그리고 (바라건대) 왜 작동하지 않는지를 보여 줌으로써, 새로운 해결책이 작동하기까지 한 걸음 더 나아가게 한다.

아무리 증명된 개념과 시험된 이론을 바탕으로 하더라도 언젠가는 그 규칙을 깨거나 옆으로 밀어 놓아야 할 때가 온다. 이것이 과학 연구의 역설이다. 과학자는 세상 모두가 사실이라고 믿는 원리가 실제로는 사실이 아니라면 어떻게 될지 자문해야 한다. 이에 반해 때로는 모든 증거가 막다른 골목을 암시하더라도 계속 앞으로 나아가야 한다. 그리고 더 설득력 있는 기회가 나타나면 원래의 경로를 완전히 되돌린다. 혹은 실험의 매개 변수나 목적을 수정한다. 과학자에게 규칙을 깨는 법을 알려 주는 지침서는 없다. '올바른' 행동 과정이란 수년 또는 수십 년 동안 황무지에서 버텨야 하는 일일 수도, 하던 연구를 일주일 만에 180도 뒤집어야 하는 일일 수도 있다. 물론 결정도 불확실성으로 둘러싸여 있다. 연구자는 무엇을 계속 고수하거나 비틀어야 할지 알지 못한다. 연구의 방향을 틀었을 때 그것이 더 좋은 길을 제시할지, 아니면 그로 인해 발목을 접질리며 바닥에 내동댕이쳐지게 될지는 모를 일이다. 연구자라고 해서 본능을 따를지, 편안한 생각을 거슬러 가야 할지 늘 명확하게 아는 것은 아니다. 누구나 잘못된 길을 갈 수 있다. 그러나 그 현실을 피하기보다 끌어안고 나아가는 쪽이 더 생산적인 태도라는 사실만이 유일하게 확실하다.

키아라 마를레토가 내게 말했듯이, 과학자들은 오류가능주의(신념은 틀릴 수 있고 절대적인 확실성이란 존재하지 않으며 지식을 얻기 위한 부단한 연구만 있을 뿐이라는 주의)의 철학을 받아들여야 한다. "그 안에서는 실수란 언제든 일어날 수 있는 일이다. 설령 실수를 했더라도 문제는 해결 가능하다는 생각에 익숙해진다. 그리고 실수를 나쁜 일이 아니라 잘못을 고칠 기회로 여기게 된다(그게 내가 변기 커버를 망가뜨린 후에 스스로 되뇌인 말이다)." 나는 프로그래밍 언어인 파이썬을 독학할 때도 이 사실을 새삼 깨달았다. 배우는 와중에는 내가 만들어낸 모든 오류와 버그가 엄청난 실패이자 끝내 해내지 못할 이유처럼 느껴진다. 또한 그 과정에는 결과의 인질이 될 위험이 도

　　　　　　　　　　　　　　　　　　　　궤도 너머

사린다. 그러나 시간과 인내와 연습을 거치며 나는 버그란 내 작업물을 가로지르는 거대한 빨간색 물결표가 아니라 아직 발견하지 못한 부분을 깨닫게 해 주는 단서임을 확신하게 되었다. 실패란 끝이 아니다. 길 위의 또 다른 전환점일 뿐.

그러나 이 지점에서 상황은 까다로워진다. 겸손과 실패를 인정하는 자세는 분명 과학자에게 중요한 자산이지만 그 반대의 태도가 요구될 때도 있기 때문이다. 지금까지 많은 중요한 발견이 융통성 없고 겸손하지도 않은 연구자들에 의해 이루어졌다. 그 고집불통들은 자기가 가는 길은 옳고 남들이 어떻게 생각하더라도 자기 주장을 증명해 내고 말겠다고 선언했다.

어떤 이들은 세상을 떠난 후에야 세상의 인정을 받는다. 전염병의 확산을 막는 효과적인 수단인 손 씻기와 위생 개념에 대해 생각해 보자. 오늘날에는 기본 상식이나 다름없는 이 개념은 1840년대 말에 헝가리 의사 이그나즈 제멜바이스^{Ignaz Semmelweis}가 처음 제안했다. 오스트리아 빈 병원 산과 병동에서 일하던 그는 당시 유독 한 병동에서 산욕열로 사망하는 산모가 많은 이유를 파헤쳤다. 알고 보니 사망률이 높은 이 병동에서는 의사들이 검시도 함께 진행하느라 시체를 만진 손으로 분만실에 들어가곤 했다. 그는 의료진에게 의무적으로 소독약을 사용해 손을 씻게 했고, 그 결과 즉시 사망률이 줄어들었다. 그러나 제멜바이스는 이 연구로 칭송받기는커녕 사실상 직장에서 퇴출된 데다 계속해서 의료계의 반대에 부딪혔다(빈의 한 동료는 그가 크게 착각하고 있으며, 사망률이 줄어든 원인은 병원이 환기 시스템을 개선했기 때문이라고 주장했다). 다른 의사에게 보인 그의 호전적 태도(그는 그들을 살인자 또는 '의료계의 네로 황제'라고 부르며 위협했다)까지 이 적대에 한몫했다. 그의 연구는 살아생전 인정받지 못했고 결국 제멜바이스는 47세의 나이로 광인 수용소에서 세상을 떠났다. 이 고집 센 과학자는 사후에야 '감염 통제의 아버지'라는 업적을 인정받았다.

우리는 제멜바이스처럼 학계에서 조롱받고 개인적으로 또는 직업적으로 희생하면서까지 신념을 굽히지 않았던 과학자들에게 중대한 발견을 빚졌다. 캔빌드 암 연구 프로그램의 프랜시스 보크월 교수는 내게, "막다른 골목을 볼 수 없다는 점이 과학자들에게는 큰 문제입니다. 그러나 물론 위대한 발견은 '이게 반드시 성공할 거라고 믿어'라고 말한 이들로부터 나왔죠. 또 '저건 막다른 길이 **아니야**'라고 말한 사람들에 관한 이야기는 늘 가장 큰 영감을 줍니다"라고 했다. 세기를 대표하는 유명한 명작들도 작가가 다른 이들의 반대를 무릅쓰고 집필을 이어 나가지 않았다면 세상에 나오지 못했을 것이다. 《바람과 함께 사라지다》는 처음에 거의 마흔 곳이나 되는 출판사에서 거절당했다. 《모비 딕》은 원고가 너무 길다고 지적받았다. 《트와일라잇》은 열네 명의 출판 에이전트에게 거절당했다. 과학 역시 자신이 무언가를 알아냈다고 고집하며 다른 사람들을 설득할 증거를 손에 쥘 때까지 꿋꿋이 매진한 괴짜들이 없었다면 형편없는 수준으로 발전했을 것이다.

그래서 실패는 삶에서와 마찬가지로 과학의 세계에서도 까다로운 프레너미frenemy(친구이자 적인 관계—옮긴이)다. 누구나 실패의 그림자에 쫓긴다. 그러나 그 상황을 실험 설계의 일부로 받아들이며 유연하게 대처하는 방법 말고는 별다른 보편적 해결책이 없다. 살면서 실패를 인정해야 할 때가 있고 맞서 싸워야 할 때가 있다. 실패를 붙들고 있어야 할 때가 있고 과감히 버려야 할 때가 있다. 과학이 이러한 딜레마에 대응할 완벽한 답을 줄 수는 없지만 실패와의 관계나 그것을 다루는 여러 방법은 제시한다. 그리고 한 가지 중요한 교훈을 강조한다. 실패란 예상했든 아니든 가장 좋은 선생이며, 더 나은 접근법으로 향하는 길을 가리키거나 전에는 보지 못했던 결점을 강조한다는 것이다. 어떤 실수를 한 후에야 무엇을 고쳐야 하는지가 보이고 그렇게 개선을 이루는 경우가 많다. 때로는 (궁극적으로) 옳은 길을 가기 위해 잘못된 길로 들어서는 일도 필요하다.

코로나19 백신 개발은 속도와 규모의 측면에서 실로 놀라운 프로젝트였다. 당시 90세였던 마거릿 키넌Margaret Keenan이 최초로 접종한 이후로 2년 동안 전 세계에서 전체 인구의 3분의 2가 넘는 50억 명 이상이 백신을 맞았다. 팬데믹이 시작되었을 때, 많은 이들은 아직 백신이 개발 초기 단계라고 추정했다. 그때까지 4년 만에 개발된 동급의 백신은 없었다. 그러나 이 백신은 사실상 대부분의 사람이 '코로나 바이러스'라는 말을 듣기 전부터 거의 완성 단계에 있었다. 2020년 1월, 팬데믹 선언을 두 달 앞두고 과학자들은 이미 SARS-CoV-2 바이러스의 유전자 지도를 그렸다. 그 후로 몇 주 만에 백신 프로토 타입이 제작되었다.

이렇게 빠른 대처가 가능했던 이유는 과거에 몇 년씩 걸리던 일을 몇 시간 안에 마치는 현대 데이터 과학의 능력만은 아니었다. 이는 분자 생물학의 어느 소외된 분야에서 수십 년간 뚝심 있게 이루어진 연구의 산물이기도 했다. 많은 이에게 익숙하지만 선택된 소수에 의해 이어진 연구를 제외하면 학계에서 대체로 무시되던 존재, RNA. 불과 몇 개월이라는 짧은 기간에 코로나19 백신을 개발하고 시험하게 된 것은 까다롭고 모호했던 '메신저 RNA(mRNA)'에 대한 수십 년에 걸친 연구 덕분이었다. mRNA 백신은 과학에서 극적인 성공이 어떻게 끝없는 실패를 바탕으로 일어나는지 보여 주는 훌륭한 사례다. 또한 다른 이들이 포기를 종용할 때도 우직하게 한길로 나아간 과학자들에게 우리가 얼마나 큰 빚을 지고 있는지에 대한 이야기이기도 하다.

코로나19 백신의 진짜 이야기는 우한의 재래시장도, 최초의 접종이 이루어진 코번트리 병원도 아닌, 20여 년 전 미국 펜실베이니아 대학교의 복사기 앞에서 시작되었다. 어느 날 두 과학자가 그 복사기 앞에서 만났다. 서로를 알지 못했던 두 사람은 훌륭하게 맞아떨어질 퍼즐 조각을 하나씩 든 채였다. 커털린 커리코^{Katalin Karikó} 박사는 그때까지 수년 동안 혼자서 mRNA를 연구해 왔다. mRNA는 핵 속의 DNA에 들어 있는 정보를 복사해서 세포에게 특정 임무(조직을 수리하고 면역 반응을 일으키고 호르몬을 생산하는 등)를 수행할 단백질을 생산하도록 지시하는 생물 분자다. 모든 생물의 발달과 생명 활동을 명령하는 핵심 코드는 DNA지만, 그 개별 레시피를 읽고 주방에 명령을 전달하는 것은 RNA다. 1960년대 초에 처음 식별된 RNA는 오랫동안 관심을 받았다. 그 이유는 명백했다. 만약 RNA가 세포의 통제 센터이고 인간이 그 기능을 복제할 수 있다면? 임상에 미칠 잠재력은 상상을 초월할 터였다.

간단한 예로, 세포로 하여금 우리 몸이 익숙하지 않은 항체를 생산하게 하거나 다양한 세포 조직을 키우게 할 수 있다. 이론상 RNA는 의학적 가능성으로 가득 찬 막대한 보고로 가는 관문이었다. 그러나 백신과 관련한 RNA의 잠재력은 수십 년 동안 간헐적으로만 탐구되었다. 이 시점에 복사기 앞에서 기다리던 두 번째 과학자 드루 와이스먼^{Drew Weissman}이 등장했다. 그는 당시 HIV 백신을 연구하던 면역학자였다. 과거 RNA의 치료 용도(뇌를 훈련시켜 혈전을 막는 화학 물질을 더 많이 생산하게 하는 등)에 관심을 두었던 커리코 박사는 그와 함께 mRNA에 기반한 면역법을 개발하기로 의기투합했다.

이 둘의 협력이 mRNA를 매력적인 가능성에서 실제로 사용될 만한 가시적 도구로 변신시켰다. mRNA 백신을 개발한다는 아이디어는 완벽했다. 바이러스와의 전투를 돕는 데 항체를 만드는 인체 시스템을 그대로 흉내 내는 것보다 더 나은 방법이 있겠는가? 그러나 현실은 끝없는 난관의 연속이었다. 이는 모든 중대한 과학 프로젝트에 얼마나 많은 실패와 시행착오, 그리고 조정이 수반되는지를 상기시킨다. 이때까지 연구자들은 수십 년 동안 RNA와 씨름했다. 1984년에 mRNA을 성공적으로 합성하고 3년 뒤 세포에서 mRNA로 단백질 생산을 촉진하거나 억제할 수 있다는 발견을 포함해 몇 가지 돌파구를 찾아냈다. 또한 1990년대 초반에는 쥐를 대상으로 한 실험에서 항바이러스 면역 반응 유도에 성공하기도 했다.

그러나 1997년, 두 사람이 복사기 앞에서 만난 시기에 mRNA는 혁신의 가능성을 기대하기엔 너무도 비싸고 다루기 까다로운, 한마디로 가성비가 떨어지는 흰 코끼리에 더 가까웠다. 독감용 mRNA 백신 개발을 포함해 야심 차게 시도되었던 프로젝트들이 줄줄이 폐기되었다. 대규모 투자를 끌어들이기에는 비용이 많이 드는 데다 안정적이지 못했고 대개는 부적합하다고 여겨졌기 때문이다. 혁명이 눈앞에 있다고 진지하게 믿는 사람은 의학계에 거의 없었다. RNA 실험실에 장비를 대던 한 제약회사 임원은 "만약 mRNA으로 백신을 만들 수 있겠냐고 내게 묻는다면 면전에 대고 비웃겠다"라고 말했다. 당시에는 그런 회의적인 시선이 만연했다. 하버드 대학교에서 분자 생물학자들이 최초로 mRNA를 합성했음에도 대학은 그 과정을 특허로 등록하지 않았다. 덕분에 이는 오늘날에도 자유롭게 널리 사용되고 있다. 주변에서 지켜보던 일부 과학자들은 경멸을 감추지 않았다. 2000년에 RNA 회사 큐어백^{CureVac}의 공동 창업자 잉마르 회르 ^{Ingmar Hoerr}가 쥐를 대상으로 한 임상 실험 결과를 발표했을 때, 한 노벨상 수상자는 앞줄에서 일어나 그에게 버럭 소리를 질렀다.

진정한 mRNA 신봉자들 마저도 이들의 실험을 의심했다. 그럴 만한 이유가 있었다. 커리코의 연구는 막판에 줄곧 하나의 막강한 장애물에 부딪혔다. 그는 자신이 제작한 mRNA 분자를 시험관 속 세포에 도입해 원하던 반응을 얻을 수 있었다. 그러나 어찌 된 일인지 같은 분자를 생체 안에 넣으면 상황이 다르게 전개되었다. 이 합성 mRNA는 계속해서 염려스러운 면역 반응을 촉발했다. "그때마다 실험용 쥐가 아팠는데 도무지 그 이유를 알 수 없었어요." 와이스먼 박사는 이렇게 기억했다. "쥐들은 털이 헝클어졌고 등이 구부러진 데다 먹이를 먹지 않았어요. 더 이상 뛰지도 않았고요." mRNA는 원래 모든 세포의 핵에서 일상적으로 만들어진다. 그러나 이상하게도 세포는 과학자가 합성한 똑같은 mRNA에는 반격했다. 면역계가 과도하게 활성화되면서 심각한 염증 반응이 일어났다.

그 문제만 해결된다면 mRNA 백신이 주류에 들어설 토대가 마련될 터였다. 실험에 사용한 대조군을 비교한 커리코와 와이스먼은 한 가지 다른 형태의 RNA(tRNA, 운반 RNA)가 염증을 일으키지 않는다는 사실을 발견했다. 그 tRNA 안에 있는 분자를 분리하고 그것을 그들의 합성 mRNA에 추가하는 방법으로 두 사람은 마침내 체내에서도 면역 반응을 피할 수 있었다. 이 변형된 mRNA는 아직 10년이나 더 남은 미래에 성공적으로 만들어질 백신의 기초가 되었다. 실로 놀라운 발명이었다. 생체는 이 mRNA를 잘 받아들였을 뿐 아니라 더 잘 반응하기까지 해 세포는 연구자가 원하는 단백질을 더 많이 생산했다.

그러나 이러한 엄청난 돌파구는 (적어도 처음에는) 제대로 인정받지 못했다. 와이스먼이 회상했듯이 두 사람이 변형된 mRNA를 기반으로 제출한 연구비 신청은 대부분 거절당했다. "사람들은 mRNA에 관심이 없었습니다. 연구비 심사 위원들은 mRNA는 좋은 치료제가 될 수 없으니 관심을 끄라고 말했어요." 커리코와 와이스먼은 이 결과를 학술지에 발표하거나 산업계의 관심을 끌어오는 데도 어려움을 겪었다. "제약 회사와 벤처 투자자들을 찾아다녔지만 누구도 신경 쓰지 않았어요 …… 우리가 무엇을 만들었는지 사방에 대고 크게 외쳤지만 아무도 들으려고 하지 않았습니다."

원숭이에서 mRNA가 적혈구 생산을 상당히 증가시킨다고 보여 준 실험을 포함한 유망한 시험 결과에도 불구하고 그들의 눈앞에서 문은 야멸차게 닫혔다. 우여곡절 끝에 변형 mRNA의 성공을 기록한 논문이 발표된 후에도 상황은 크게 달라지지 않았다. "논문이 출판된 다음 날 커리코에게 전화통에 불이 날 테니 기대하라고 했어요. 하지만 아무 일도 일어나지 않았죠. 우리는 전화를 한 통도 받지 못했습니다." 이 에피소드들은 과학이 항상 공정한 싸움은 아님을 보여 준다. 유리한 증거를 들고 있다고 해서 관심을 얻거나 아이디어를 진척시킬 연구비가 저절로 확보되지는 않는다. 때로 오류는 연구 자체가 아니라 세상이 그것을 인정하고 수용하려는 의지에 있다. 과학적 오류를 극복하는 일은 이러한 도전의 절반에 불과하다. 나머지 절반은 주저하고 꺼리는 사회 조직으로 하여금 그들의 말에 귀 기울이게 하는 것이다 (특히 기후 과학자들에게 해당하는 이야기이다).

커리코와 와이스먼의 연구는 마침내 몇 년이 더 지나서야 제약업계의 두 신생 기업으로부터 주목받았다. 이 기업들은 이후 코로나19 팬데믹을 계기로 예상치 않게 전 세계에 이름을 알렸다. 모더나와 바이오엔테크. 이 두 회사는 두 과학자의 특허 사용권을 허가받고 그들의 연구를 지원했다. 그리고 2020년 초, 코로나 바이러스가 세계적인 대혼란을 일으키기 시작했을 때 비로소 그 가치가 입증되었다. 반세기 이상의 연구 끝에 mRNA가 빛을 보는 순간이었다. 기나긴 연구는 결코 기대를 저버리지 않았다. 코로나19 바이러스는 표면에 솟은 뾰족한 스파이크 단백질을 사용해서 자신을 세포에 주입시키고 숙주의 몸 전체에 확산된다. 모더나와 화이자－바이오엔테크 백신은 조작된 mRNA를 주입해 세포에게 가짜 스파이크 단백질을 생산하도록 지시하는 원리다. 면역계가 진짜 바이러스를 인지해서 파괴하게 하는 훈련이라고 보면 된다. 인간에게 체내 세포의 단백질 공장을 통제하는 권한을 줄 거라던 mRNA의 오랜 약속이 마침내 이루어진 극적인 사건이었다. 인체를 대상으로 한 여러 임상 시험 결과 이 백신은 95퍼센트 이상의 효능을 보였다.

코로나19 백신은 이례적인 개발 속도와 성공으로 과학이 이루어지는 과정에서의 여러 중요한 진실을 보여 주었다. 미지의 잠재력이 처음 일별된 이후 완전히 무르익어 현실 세계에 적용되기까지 얼마나 느리고 장기적인 과정을 거쳐야 하는지를 말이다. 합성 RNA는 실제 임상 환경에서 사용되기 시작했을 때 이미 중년기에 접어들었다. 또한 이 사건은 하나의 돌파구처럼 보이는 사건에 실제로는 아주 많은 이가 참여했다는 사실을 강조한다. 커리코와 와이스먼의 공로는 분명히 크다. 그러나 그들 또한 그들 이전에, 그리고 동시대에 mRNA를 탐구해 온 수많은 연구자 중의 한 사람일 뿐이었다. 과학은 사실 여러 프로젝트와 연구가 조각보 형태로 짜여지는 작업과 다름없다. 각각의 연구가 저마다 조각을 추가하며 이미 마련된 시스템 안에서 전체 그림을 점점 더 선명하게 다듬고 완성해 나가는 과정이다.

mRNA 백신을 통해 과학의 성공은 실패를 어머니로 삼고 있으며 또 그래야 한다는 점이 증명되었다. 이 사실이 가장 중요하다. 상식적인 관찰자라면 mRNA가 처음 생물학적 개념으로 인지된 이후 이 분자의 임상적 잠재력을 증명하려는 노력은 대부분 실패를 거듭했다고 결론 내릴 것이다. 앞에서 보았듯이 많은 과학자와 산업계의 전문가 들이 그러한 태도를 보였다. 테스트 결과는 썩 좋지 않았고 재료는 까탈스럽기 짝이 없었다.

연구비 또한 박하기가 이를 데 없었다. 원리는 훌륭할지 몰라도 그 시행 가능성은 아주 희박함과 불가능함의 어디쯤에 고정된 상태였다. 고난을 겪은 이는 과학만이 아니었다. 커리코는 mRNA을 향한 자신의 신념을 지키기 위해 커리어를 희생해야 했다. 와이스먼을 만나기 2년 전, 그는 펜실베이니아 대학교에서 연구를 계속하기 위해 직책이 강등되고 급여가 깎이는 수모까지 감수했다. 정말로 사명감 넘치는 여성이었다. 커리코가 주변 사람들의 제안과 조언을 받아들여 연구비가 몰리는 다른 길로 갔더라면 일신은 훨씬 더 편했을 것이다. 그러나 그는 소신을 굽히지 않았다. mRNA를 이용한 치료라는 가능성을 탐색하면서 커리코는 실패를 받아들였을 뿐 아니라 적극적으로 감내했다. 커리코의 학생이자 동료였던 데이비드 랭어David Langer 박사가 말했듯이, "많은 과학자가 데이터를 보면서 자신의 아이디어가 옳다고 입증하려 합니다. …… 하지만 최고의 과학자는 자신이 틀렸음을 입증하려고 애씁니다. 커리코의 천재성은 실패를 기꺼이 수용하고 끝없이 시도하는 자세와 평범한 사람들은 생각지도 못했던 질문에 답하는 능력입니다."

실패에 좌절하지 않고, 실패한 실험으로부터 배워 나가는 성실한 태도가 없었다면 mRNA 백신은 SARS-CoV-2가 기승을 부린 시기에 과학의 무기고 근처에도 가지 못했을 것이다. 그러나 그때까지 정통한 전문가들이 계속 무시해 오던 아이디어가 세계적인 팬데믹과의 싸움에서 결정적인 역할을 하게 되었다.

포기하지 않은 과학자 덕분이었다. 실패로만 보였던 아이디어와 실험에서 어떻게 과학의 진보가 일어나는지 증명하는 이보다 나은 예는 없다. mRNA라는 분자는 연구를 통해 이미 충분히 검증되었기에 연구자들은 그것을 진정으로 믿고 만연한 비판과 비난에도 계속 나아갈 수 있었다. 이 사실은 2023년에 커리코와 와이스먼이 mRNA 백신 개발 연구로 노벨 생리의학상을 공동 수상하면서 최종 입증되었다. 이들은 실패를 용감히 받아들이고 신념을 고수하며 역경에 유연하게 대처한 결과가 어떤 보상을 가져오는지 보여 주었다.

이는 우리 모두 본받을 만한 사례다. 연구자에게 정말로 중요하고 또 그가 진정으로 믿는 일이라면 외부의 비판이나 초기의 좌충우돌을 근거로 그 일을 그만두라고 설득할 수 없다. 과학자이자 철학자인 마시모 피글리우치[Massimo Pigliucci] 교수가 내게 설명했듯, 결과가 불확실하고 다음 단계에 대한 확신이 없을 때 취할 수 있는 경로는 늘 여러 가지다. "어떤 사람들은 시행 가능한 합리적인 일이나 행동 방침이 오직 하나밖에 없다고 생각합니다. 그러나 사실 모든 문제에서 합리적인 행동은 다양하며 …… 합리적이지 않은 방법들도 많아요. 자신이 합리적 경로 중 하나를 걷고 있는지 아니면 불합리한 방향으로 가고 있는지 알아내는 것이 중요합니다." 과학은 완벽하게 합리적인 것은 존재하지 않는다고 말한다. 이는 해야 할 '올바른' 일에 대한 생각으로 일기장을 채우고 잠 못 이루는 밤을 견디는 사람들에게 도움이 될 조언이다.

삶에서 낯설고 어려운 일을 시도할 때 좋은 결정과 나쁜 결정 중 양자택일해야 하는 경우는 드물다. 대개는 그 사이에서 선택지가 연속되거나 경로가 여러 방향으로 다양하게 갈라진다. 이 모든 것을 하나로 묶는 한 가지 사실은, 실패란 어느 시점에 필연적으로 일어나며 그때는 이것을 기꺼이 마주해야 한다는 점이다. 사업을 시작하고, 직장을 옮기고, 진정으로 하고 싶은 일을 추구하며, 해외로 이사하는 일은 모두 간단하지 않다. 그것들을 실수와 실패 없이, 나쁜 피드백을 하나도 받지 않으면서 완수하리라 기대하면 안 된다. 과학은 너무 쉽게 포기하지 말라는 교훈을 가르쳐 준다. 대신 실패로부터 배워라. 비판에 귀를 기울여라. 적절하게 조율해라. 그래서 실험마다 자신에게 조금씩 더 나은 기회를 주어라. 마침내 성공에 이르게 될 결과도 그 과정에서는 끔찍한 실패로 보일 수 있음을 받아들이며 인내심을 길러야 한다. 더는 대안이 없거나, 그 발상에 대한 일말의 신념도 남아 있지 않거나, 더 나은 길을 찾았을 때만 중단하라. 위대한 생각과 중대한 성취는 쉽게 결실을 맺지 않는다. 그리고 의심과 논쟁 없이도 이루어지지 않는다. 우리는 모두 의미 있는 발견이 일어난 지점까지 끈질기게 밀고 나간, 뚝심 있고 결단력 있는 이들에게 감사해야 한다.

많은 사람이 돌아서라고 다그칠 때도 자리를 지켜내는 힘은 올바른 방향으로 나아가는 과학자에게 소중한 자산이다. 특히 당신이 나와 비슷한 사람이라면 스스로 설명하거나 탐색할 기회를 얻기도 전에 누군가가 내 생각을 폄하하는 순간 오히려 앞으로 나아가려는 동기를 얻게 될 것이다. 만약 내가 동료나 스승 들이 했던 모든 말을 진지하게 받아들였다면 어땠을까. 지금처럼 박사 과정을 마치고 과학자로 살아가며 책을 쓸 용기와 신념을 갖지 못하지 않았을까? '부적절한' 도구로 책장을 조립하거나 부서진 변기 뚜껑을 고치는 일은 말할 것도 없고.

그러나 신념을 고집하는 태도만이 필요한 전부는 아니다. 그리고 그것이 언제나 옳다고 볼 수도 없다. 기꺼이 방향을 전환할 줄 아는 자세 역시 똑같이 중요하다. 아이디어를 조정하고 실험의 목적을 바꾸며 증거가 다른 방향을 가리킬 때는 기존의 가정을 과감히 버리는 자세가 필요하다. 과학의 위대한 발견은 단일 사고로 이루어진 결과가 아니었다. 원래는 다른 목적으로 자아냈던 실타래를 수년 혹은 수십 년 뒤에 누군가 집어 들어 다른 방향으로 풀어내며 일어나는 경우가 많다. 그러려면 실패한 원인을 밝혀 문제를 해결해야 한다. 그리고 성공했던 부분만 추려서 따로 살핀 다음, 남은 과제를 다시 창의적으로 시도할 필요가 있다.

과학에서는 도구와 기술 그리고 이론이 수정되고 아예 뒤바뀌기도 한다. 혹은 원래의 목적과는 다른 이유로 사용되는 경우 역시 빈번하다. 이것이 과학의 즐거움이다. 제멋대로 돌진하

   궤도 너머

던 연구는 결국 과거의 성과를 바탕으로 기존 이론을 부인한다. 혹은 현재 사용되는 해결책을 개선하거나 완전히 다른 용도로 바뀐다. 이를 위해서는 적절한 타이밍뿐만 아니라 연구자가 던지는 질문과 창의적 사고 능력이 중요하다.

오늘날 거의 모든 가정의 부엌 조리대에 전자레인지가 있는 것도 바로 그 덕분이다. 현재 매년 1억 대씩 생산되는 전자레인지는 음식 조리에 쓰이리라고 생각지도 못했던 연구에서 부수적으로 나온 작품이다. 역사상 가장 위대한 우연의 발명품이라 할 만하다. 전자레인지의 발명가, 즉석식품의 아버지는 미국의 전기 기술자 퍼시 스펜서Percy Spencer다. 1946년에 그는 공동 자전관(마그네트론)이라는 장치로 실험하던 중에 바지 주머니에 있던 견과류 초코바(스펜서의 손자에 따르면 점심시간에 밖에 나가 청설모에게 줄 먹이었다고 했다)가 녹은 것을 보았다. 이어서 그는 팝콘, 달걀(당연히 누군가의 얼굴 앞에서 폭발했을 것이다), 진저브레드 반죽을 자전관으로 시험했다. 그 결과 전 세계 가정의 필수 가전제품이 처음 제작되었다. 물론 여러분은 전자레인지의 거대한 초기 모델을 본 적도 없고 처음에는 레이더레인지Radarange라는 이름으로 팔렸다는 사실도 몰랐겠지만 말이다.

이 사례를 우연이 빚어낸 괴이한 발명 이야기로 넘길 수도 있다. 그러나 그 바탕이 된 기술은 원래 아주 거창한 용도로 사용되었다. 자전관은 제2차 세계대전 당시 항공기에 소형 탐지기를 설치하게 하는 레이더 시스템을 개선하기 위해 발명되었다.

간단히 설명하면 자전관은 자기장 주위에서 전자를 진동시켜 전파 중에서도 길이가 짧은 마이크로파를 방출하는 장비다. 이 마이크로파는 레이더 시스템의 기본으로, 파장이 고체 물체(이 경우는 항공기와 잠수함)에 부딪혀 돌아오는 것을 측정해 물체의 위치를 알아낸다. 전쟁 중에 잠수함의 위치를 탐지하던 장비가 점심을 데우는 도구로 전환된 것은 대단한 변화이지만 사실 자전관의 역사는 전쟁 전으로 더 거슬러 올라간다. 1917년 제너럴 일렉트릭사 소속 기술자 앨버트 헐^{Albert Hull}은 경쟁사가 특허를 낸 밸브 내 전류 제어 장치를 사용하지 않기 위해 최초로 자전관을 고안했다. 회사가 결국 상대사의 특허를 매입하면서 그의 아이디어는 쓸모를 잃었지만. 이렇게 탄생한 자전관은 이후 수십 년간 꾸준히 개량되어 1940년에는 강력한 공동 자전관으로 발전하며 정점에 이르렀다. 오늘날 가정용 전자레인지 뒤편에 자리 잡은 핵심 부품의 전신이자 모든 비상식량의 구세주는 이렇게 탄생했다.

그러므로 간단히 때울 수 있는 점심에 대한 우리의 사랑은 과학의 가장 큰 속성 중 하나로 연결된다. 바로 이론이나 기술을 원래 의도와 다른 방향으로 옮기는 전환 능력이다. 과거의 실패에서 취한 기본 원리나 과정을 다른 곳에 적용하는 경우, 또는 우연히 다른 속성을 발견해 완전히 새로운 가능성이 열리는 경우를 말한다. 마이크로파를 방출하도록 설계된 장치가 열을 내뿜을 수도 있다는 스펜서의 깨달음처럼. 이는 순수하게 우연에 의한 과학적 발견과 급전환의 예시다. 예상하지 못했던 현상을 발견한 연구자들은 그것을 더 파헤쳐서 흥미로운 무언가를 찾아냈다. 그들은 느슨한 실타래를 잡아당겨 다수에게 혜택을 주는 기술로 변신시킨다.

그렇다고 모든 발견이 행운처럼 오지는 않는다. 방향 전환은 과학 실험에서 가장 필수인 단계에서부터 비롯되기도 한다. 바로 실패의 원인을 파악하는 문제 해결 과정이다. 문제 해결은 과학에서 거의 언제나 요구되는 단계다(아프지만 마주해야 한다). 어떨 때는 특정 매개 변수나 입력 값의 오류를 확인해 간단히 조정하기만 하면 된다(물론 이것도 말처럼 쉬운 일은 아니다. 위치가 잘못된 쉼표를 다루는 일도 자신이 풀려는 큰 문제에서 터무니없이 벗어난 것처럼 느껴질 수 있으니까). 나는 코딩에서 실수를 발견하면 기분이 나빠지고 어떤 날에는 시작하기도 전에 패배감을 느낀다.

그러나 문제 해결 과정은 단순히 오류를 찾고 고치는 일 이상이기도 하다. 때로는 연구자들이 처음 상상했던 결과보다 훨씬 전망이 좋은 영역으로 데려가기 때문이다. 2015년 시카고 대학교 연구팀이 소위 위상 절연체^{topological insulator}(가장자리는 전기 전도체로, 가운데는 절연체로 작용하는 물질)라고 부르는 스트론튬 티탄산염 연구로 이를 증명한 바 있다. 2005년에 처음 식별된 이 물질은 컴퓨팅 분야에서 엄청난 잠재력을 지녔다. 전도체로서의 성능(전자는 한 방향으로만 이동하므로 저항을 제거한다) 덕분에 실리콘 트랜지스터 기반의 전통적 회로보다 컴퓨터의 전력 사용을 현저히 줄일 수 있었기 때문이다. 또한 이론상 이 물질은 강력하면서도 유연한 데이터 계산 능력을 갖춘 미래의 획기적인 기술, 양자 컴퓨팅의 기반으로도 여겨진다.

위상 절연체의 유일한 단점이라면 물질로서의 취약함과 불안정성이었다. 이 섬세한 토끼는 제대로 다루지 않으면(이를테면 외부 공기에 바로 노출하는 것) 그 중요한 속성을 쉽게 잃는다. 그 바람에 컴퓨팅 목적으로는 사용하기가 어려웠다. 실리콘 반도체 장치(당신의 전자기기를 구동하는 칩과 트랜지스터)를 만들 때와 동일한 제조 과정에서는 위상 절연체가 사실상 쓸모없어지기 때문이다.

시카고 대학교와 펜실베이니아 대학교 연구진이 불가능에 가까웠던 골칫거리를 처리하게 되면서 이 문제의 잠재적인 해결책이 나타났다. 그들은 특별히 설계된 실험실에서 스트론튬 티탄산염을 실험하는 중이었다. 그런데 계속해서 '측정값이 서서히 변동'하는 바람에 몇 달 동안 연이어 불량 데이터가 생산되었다. 그들은 문제 해결에 나섰고 결국 기상천외한 원인을 찾았다. 범인은 바로 실험실의 혹독한 형광등 불빛이었다. 연구진은 조명을 끈 후 마침내 유레카의 순간을 맞이했다. 그들은 조명이 있을 때와 없을 때를 시험해 조명이 재료에 보이지 않게 영향을 미친다는 놀라운 발견에 이르렀다. 그리고 그 과정에서 우연히 자외선을 스트론튬 티탄산염에 쪼였더니 분극이 일어났다. 이 까다로운 물질에서 그동안 만들어내기 어려웠던 전기 회로가 형성된 것이다. 추가 실험 결과, 표면에 적색광을 비추면 이 과정이 역전되어 재사용까지 가능했다. "마치 실험실에 양자 에치 스케치(모래그림판)가 생긴 것 같았어요." 당시 프로젝트 공동 책임 자였던 데이비드 아우스찰롬[David Awschalom]이 이렇게 말했다. "클린 룸에서 몇 주씩 지내면서 재료를 오염시킬 필요 없이 이제 실시 간으로 실험 장비를 스케치하고 측정할 수 있습니다. 일이 끝나 면 지우고 다시 쓰면 되고요."

이 발견은 양자 역학에서 중요한 의미가 있을 뿐 아니라 모든 과학 연구에 해당되는 실패, 오류, 진척의 관계를 완벽하게 요약한다. 연구자들이 문제 해결에 나선 이유는 그저 실험이 잘 못되었기 때문이었다. 결과에 영향을 주는 외부 요인을 찾아다 니다가 실험실 환경에까지 생각이 미쳤고, 문제를 해결하면서 새로운 가능성을 보게 되었다. 아우스찰롬 교수가 회상한 것처 럼, "정말 놀랍기 그지없는 관찰이었습니다 …… 실험실 조명을 켠다는 무작위적인 사건이 과학과 기술에 결정적인 영향을 미치 며 예상치 못한 효과를 만들어낸 귀중한 순간이었죠". 내가 우리 팀에게 가끔 하는 농담이 생각났다. 코드가 성공해서 실행되는 순간 아무도 숨 쉬지 말 것. 저주가 걸릴지도 모르니까.

원래 하던 실험을 더 자세히 들여다보게 만든, 오류라는 행운이 없었다면 찾아오지 않았을 순간일지도 모른다. 여기에 서 알 수 있듯이 문제 해결은 인지한 문제만 해결하지 않는다. 문제 해결을 넘어 완전히 새로운 연구를 창조해 일상적인 실험을 놀라운 과학으로 바꾼다. 실험이 실패했고, 과학자들이 그것을 극복하기 위해 노력하고 문제 해결을 고집했기에 뜻밖의 새로운 길이 열렸다.

아마도 이것은 양자 역학처럼 금세 복잡해지는 주제를 이야기할 때조차 과학이 공감대를 형성하는 부분이리라. 저 이론들과 탄탄한 실험 설계 그리고 철저한 동료의 검토에도 불구하고 훌륭한 과학에는 분명 DIY 같은 요소가 존재한다. 즉 물체의 작동 원리를 찾아 여기저기 만져 보고, 이리저리 비틀어 차이를 확인하고, 도구 상자를 뒤져서 어울리는 도구를 찾는 일 말이다. 완전히 즉흥적이지는 않아도 예상되는 실패 앞에서 기꺼이 위험을 무릅쓸 준비가 되어 있어야 함은 분명하다.

훌륭한 실험 연구자라면 성과를 내야 하고 "제대로 해야 한다"는 압박 속에서도 이러한 사고방식을 끌어안아야 한다. 그건 당신도 마찬가지다. 시도하기도 전에 결과부터 걱정하고, 당황스러운 실패가 두렵다는 핑계로 시도하지 않는 습관은 인간의 전형적인 약점이다. 과학의 사고방식은 여기에서 우리를 해방시킨다. 과학은 우리에게 실패는 끝이 아니며, 실패를 반드시 부정적인 시선으로 볼 필요가 없다고 말하기 때문이다. 사실 우리가 생각하고 행동하는 방식을 바꿀 중요한 부분은 실패를 통해서만 배울 수 있다. 어쩌면 에어로빅은 당신에게 맞지 않았지만 덕분에 헬스장에 가는 일이 좋아졌을 수도 있다. 또는 면접에서 떨어졌어도 그 과정에서 받은 피드백 덕분에 다음 면접을 볼 때 생각보다 더 유리해졌을 수도 있다. 이제 실패의 개념을 뒤바꾸자. 실패한 자신을 비난하는 대신 칭찬할 때 그 결과가 얼마나 큰 차이를 만들어내는지 알면 놀랄 것이다.

과학은 성공하지 못할 수도 있는 일을 시도하는 것은 부끄럽지 않다고 가르친다. 실패를 분석하고 실수를 파악해 다시 준비하고 시도하지 않을 때, 바로 그 실패만이 부끄럽다. 그것이 모든 기술적인 부분을 걷어내면 남는 과학의 훌륭한 정수다. 물린 후 다시 들여다보는 의지. 실패한 이유를 찾기 위해 조명을 켰다가 끄는 일이 전문 양자 기술자에게 좋은 태도라면, 우리 모두에게도 분명 좋으리라.

서로 다른 세계의 충돌로 열리는 새로운 세계

"서로의 차이점은 우리를 더 강하게 만드는 가장 큰 요소다."

물리학자 루이스 앨버레즈^{Luis Alvarez}는 손에 신문을 들고 이발소 의자에 누워 있었다. 1939년 1월, 핵분열 실험이 성공했다는 소식이 미국에 도착했을 때였다. 그 소식에 충격을 받은 미래의 노벨상 수상자는 머리를 깎다 말고 버클리 방사선 연구소로 달려가 상사인 오펜하이머를 만났다. 뛰어난 이론 물리학자인 오펜하이머는 앞으로 수년간 이 과학적 발견을 이용해 인류 역사상 가장 강력한 무기인 핵폭탄을 제작하게 될 인물이었다. 그 모든 것이 이발하다가 마는 바람에 얼떨결에 생긴 비대칭 헤어스타일(당시로서는 놀라울 정도로 시대를 앞서간)에서 비롯되었다.

처음 이 소식을 들었을 때, 오펜하이머는 가볍게 무시했다. "그건 불가능하네." 그는 칠판으로 걸어가 그 이유를 써 내려가며 앨버레즈에게 말했다. 오펜하이머의 잘못된 의심은 얼마든지 용서할 수 있다. 세계를 바꾼 그 실험을 직접 수행한 독일의 방사 화학자 오토 한^{Otto Hahn}조차 처음에는 자신이 한 실험과 그것의 완전한 의미를 깨닫지 못했으니 말이다. 이후 그의 오랜 연구 파트너인 물리학자 리제 마이트너^{Lise Meitner}의 통찰과 개입으로 비로소 이 놀라운 현상이 제대로 이해되었다. 우라늄 원자를 쪼개는 핵분열은 20세기 과학사에서 가장 영향력이 큰 발견 중 하나다. 그리고 지금까지도 계속해서 이 세계를 형성하고 있다. 그뿐 아니라 이는 어떤 과학자도 홀로 일하지 않는다는 진실을 예시한 모범적인 사례다. 연구 과정에서 팀워크가 근본적으로 얼마나 중요한지 그리고 협업은 모든 과학 연구에 얼

NEWSPAPER
NEUTRONS
MEITNER

마나 다양한 방식과 다층적 수준으로 이루어지고 있는지를 보여 준다.

다른 중요한 발견들처럼 핵분열도 하늘에서 뚝 떨어지지 않았다. 이는 특정 연구 분야가 광범위하게 발전하는 과정에서 등장했는데, 이 경우 핵물리학이라는 분야였다. 1897년에 아원자 입자가 발견된 이후 물리학자들은 19세기를 마무리 지으며 원자의 구조와 행동을 해독하는 데 놀라운 발전을 이루었다. 1911년에 어니스트 러더퍼드^{Ernest Rutherford}가 원자의 질량은 우리가 오늘날 핵이라고 부르는 중심에 집중되어 있다고 추론했다(그의 이론은 아쉽게도 건포도 푸딩 모델로 알려진 맛있는 원자 구조를 대체했다). 이외에도 주목할 만한 발견이 여럿 있었다. 1932년에는 제임스 채드윅^{James Chadwick}이 원자에는 양성자, 전자와 함께 전하를 띠지 않은 입자인 중성자가 존재한다고 밝혔다. 원자와 아원자 연구가 수십 년 동안 발전한 끝에 물리학자들은(동일한 전하로 인해 반발하지 않는 덕분에) 물질의 핵심인 핵 자체를 더 깊이 탐구할 수 있는 도구를 발견했다. 이것이 한과 마이트너의 발견 이후 6년이 지나 절정에 도달한 연쇄 실험을 점화시켰다. 그리고 세계를 핵 시대라는 거대한 약속과 불안정의 시대로 밀어 넣었다.

현실 속 과학은 헝클어진 머리의 괴짜 교수가 바깥세상과 단절되어 자기 실험실에서 홀로 분투하는 모습과는 정반대다. 핵물리학의 발전이 이를 강조한다. 때로 연구자는 고립되어 실험하지만 실제로 과학자들이 혼자서 일하는 경우는 드물다. 현실에서 과학 연구는 상호 관계의 복잡한 그물로 발전한다. 과학자들은 함께 일하면서 서로 영향을 주고받는다. 혹은 동일한 주제를 두고 독립적으로 일하기도 한다. 또한 학회에 참가해 서로의 연구를 듣고 이바지한다(훌륭한 간식이 제공된다는 점도 학회에 참가할 좋은 이유다). 자신의 연구에 박차를 가할 신선한 통찰을 찾아 새로 출판된 연구를 열심히 파헤칠 때도 있다. 과학에 영광스러운 고립은 없다. 오직 지속되는 실험, 결과와 아이디어 공유, 연속된 피드백의 고리 안에서 그 결과가 실제로 무엇을 의미하는지에 대한 토론이 있을 뿐이다(누구에게 공로가 돌아가야 하는지에 대한 주제도 추가된다. 이러한 논쟁은 절대 훈훈하게 흘러가지 않는다). 이것이 분야를 막론한 모든 과학적 발전이 가지는 속성이다. 과학은 과학자가 다른 과학자의 연구를 빌리고 수정하고 개선하는, 조금은 혼잡한 과정이다. 그 과정을 거쳐서 나오는 이론과 발견이란 구슬이 정교하고 복잡한 장치를 통과해 굴러가 최종 목적지에 도착하는 일과 비슷하다.

이러한 특성은 내가 예전에 일했던 프랜시스 크릭 연구소 바깥에 아름답게 상징화되어 있다. 나는 〈패러다임〉이라는 제목의 거대한 조형물 맞은편에 앉아서 점심을 먹곤 했다. 크기가 다른 사면체 블록이 층층이 쌓여 있는 작품인데, 가장 작은 블록이 바닥에 있고 블록은 위로 올라갈수록 커진다. 이 조각상은 협업이라는 과학의 특징을 잘 포착한다. 새로운 이론은 오래된 이론

 궤도 너머

위에 쌓인다. 점점 그 부피가 커지는 이 인공물은 한 개념이 다른 개념으로 대체되어 더 이상 사용되지 않더라도 사라지지 않고 남아 우리가 어떻게 현재까지 왔는지를 보여 준다. 한편 조각상 맨 위에 놓인 가장 큰 블록은 오늘날 통용되는 이론을 상징한다. 이 역시 미래에 더 나은 지식과 정교한 도구를 갖춘 과학자들에 의해 그 위에 또 다른 이론이 놓이면 그 자체로 하나의 밑바탕이 될 것이다.

저 조형물이 상징하는 과학 속 협업은 여러 가지 방식으로 일어나며 우리가 네트워크 차원이라고 부르는 수준에서 운영된다. 특정 분야에 종사하는 과학자들은 이 그물망 안에서 공유하는 학력, 중첩된 연구 주제, 커리어의 뼈대를 형성하는 학회와 논문으로 연결된다. 또한 개인의 파트너십과 소규모 집단 수준으로도 구성되어 특정 연구실이나 연구 기관의 과제를 추진한다. 한과 마이트너도 예외는 아니었다. 이 화학자와 물리학자는 놀라운 우정 그리고 직업상 동반 관계를 통해 과학에서 협업의 위대한 힘을 보여 주었다. 그리고 더 나아가 한계까지 드러냈다. 유대인 여성이라는 정체성으로 인해 마이트너는 세계를 바꾼 핵분열을 발견한 공로에서 대체로 배제되었다. 두 사람이 함께 일군 업적으로 한은 1944년에 단독으로 노벨 화학상을 수상했지만 마이트너는 받지 못했다(평생 49번이나 후보에 올랐는데도 말이다).

수십 년 동안 이어진 이 협업 관계는 1907년에 두 사람이 한 물리학 세미나에서 만나며 시작되었다. 마이트너가 빈 대학에서 여성으로는 두 번째로 물리학 박사 학위를 받은 지 2년째 되던 해였다. 그들은 방사능과 원자 물리학이라는 급성장하는 분야에서 연구에 몰두했고, 1908년부터 1909년까지 공동 저자로 총 아홉 편의 논문을 발표했다. 당시 만연하던 성별 장벽에도 불구하고 이루어낸 놀라운 성과였다. 마이트너는 뛰어난 물리학자로 인정받았음에도 열등하게 취급되었다. 당시 두 사람이 일했던 프리드리히 빌헬름 대학교 화학 연구소에서 그는 한과 같은 공간에서 일하지 못했다. 여성이 실험실에 발을 들이는 것을 연구소장이 허락하지 않았기 때문이다. "머리카락에 불이 붙을지도 모른다"는 점이 한 가지 이유였다(그래서 내가 머리를 감고 자연 건조하기를 좋아함). 대신 마이트너는 원래 목공실로 쓰였던 지하실을 연구실로 사용했다. 이외 건물의 다른 구역에는 들어가지 못하다가 1909년에 여성의 대학 입학 금지가 해제된 후에야 출입을 허가받았다. 그는 주류에서 소외되었고 수많은 장애물이 다른 이들과 협력할 수 있는 그의 뛰어난 능력을 가로막았다. 그럼에도 불구하고 선구적인 업적을 이토록 많이 이루어냈다는 점에서 마이트너의 경력은 더욱 특별하다.

　안타깝게도, 그로부터 한 세기가 더 지난 현재에도 과학계의 많은 여성이 여전히 마이트너에게 공감한다. 이제 여성은 남성과 같은 공간에서 연구한다. 그렇다고 해서 그들의 아이디어가 남성과 동등한 수준에서 받아들여지거나 경청되지는 않는다. 어느 학회에서 한 남성 동료가 내게 오더니 내가 발표한 연구가 정말 내가 한 것이냐고 물었다. 이 일이 또 일어나지는 않았지만, 나는 누군가의 말 한마디로 연구실에서의 자리를 의심할 수밖에 없는 가면 증후군을 겪었다. 내가 아무리 뛰어나고 얼마나 많이 읽고 또 무엇을 출판했는지와 상관없이.

마이트너에게는 상황이 훨씬 열악했을 것이다. 그 노골적인 성차별 속에서 꿋꿋하게 버텨냈다는 사실만으로 그는 이미 내게 흠모의 대상이다. 마이트너는 수시로 뒷자리로 밀려나면서도 이론 물리학이 비약적으로 발전하던 시기에 자신의 경력을 빠르게 쌓아 나갔다. 그는 뛰어난 과학자들로 이루어진 특별한 세대에 편입되었다. 베를린에서 쌓은 그의 사회적·직업적 인맥에는 미래에 노벨 물리학상을 수상할 이들이 다섯 명 있었다. 그중 한 사람이 바로 아인슈타인이었다. 1908년에 막 노벨상을 받고 베를린을 방문한 러더퍼드가 마이트너를 처음 만났을 때, 그는 깜짝 놀라면서 이렇게 말했다. "오, 전 당신이 남자인 줄 알았어요!"

그 시절은 핵물리학이 태동하던 중요한 시기였다. 세계 최고의 지성들은 연구에 활용할 방안들을 찾아 수시로, 지속해서 서로의 연구를 자세히 살피는 끈끈한 커뮤니티를 이루었다. 이는 발견이 시간을 초월해 경쟁과 협력으로 진행됨을 보여 주는 좋은 사례다. 마이트너 역시 이 선구적인 물리학자 사회를 이룬 정신을 협력으로 기억했다. "모두 서로 기꺼이 도왔고, 다른 이의 성공을 환영했다." 당시 여성 과학자로 살아야 하는 열악한 여건에서도 마이트너는 호기심과 발견, 낙관적 기지를 보였다. 이는 과학자가 되기 위한 핵심 요소였다. 과학이라고 해서 남다르게 생각하고 일하는 사람을 소외시키는 경향이 없지 않았다. 하지만 궁극에는 억누르지 못할 평등주의가 있음을 증명했다. 당신이 이 세상에서 무엇을 보고 그로부터 어떤 생각을 떠올리는지가 다른 사람들이 당신을 어떻게 보는지보다 훨씬 중요하다.

마이트너는 베를린 물리학자 공동체 안에서 중요한 영향력을 행사했다. 그러나 그가 지속해서 협력 관계를 유지했던 사람은 물리학자가 아니라 화학자인 한이었다. 여러 업적 가운데서도 두 사람이 함께했던 초기 연구에서 특히 주목받는 것은 1918년에 원자 번호 91번 프로트악티늄을 발견한 연구다. 두 사람의 협력 관계는 그 후로 한동안 중단되었다. 그러나 1932년 중성자가 발견되고 후속 실험에서 우라늄 원자에 중성자를 충돌시키면 새로운 방사성 생성물이 나온다는 사실이 밝혀졌다. 이는 실험실에서 진행된 최초의 핵반응이었다. 두 사람의 협업은 이후 극적으로 재개되었다. 마이트너는 개인으로도 뛰어났지만 특히 협업을 중시하는 사람이었다. 그는 연구를 성공시키려면 자신의 부족한 부분을 채워 줄, 전혀 다른 기술을 지닌 파트너가 필요하다는 점을 잘 알았다. "물리학만으로는 이 분야에서 앞서 나갈 수 없다는 사실이 명백했다. 결과를 얻으려면 오토 한 같은 뛰어난 화학자의 도움이 절실했다(마이트너는 진정 재능도 뛰어난 **데다가**

겸손하기까지 했다. 좋다. 팬심은 여기까지)." 한 그리고 그의 동료 화학자인 프리츠 슈트라스만Fritz Strassmann과 함께 마이트너는 1934년에 우라늄 프로젝트(우란프로옉트)를 결성했다. 그들은 세계 최초로 방사성 원소에 중성자 충돌 기술을 사용할 가능성을 탐구하기 시작했다. 이는 학제 간 연구의 중요성을 보여 주는 중요한 예다. 중성자 조사에 의해 분해된 우라늄의 생성물을 분리하고 식별하려면 고된 화학 실험이 필요하다. 그리고 그 결과물을 처리하고 해석해 원자 구조와 행동의 이해를 증진하려면 이론 물리학이 필요하다.

두 전문 지식의 결집은 1938년에 이 프로젝트가 가장 주목할 결과를 생산했을 때 제일 요긴했다. 이 무렵 마이트너는 베를린을 강제로 떠나야 했다. 원래는 베를린에 몇 학기 정도만 머무를 계획이었지만 결국 30년이 넘게 자리를 잡고 살던 중이었다. 유대인 부모 밑에서 태어난 오스트리아 국민으로 나치 사회에서 이미 위태로운 위치였던 마이트너는 1938년 3월, 오스트리아가 합병되자 더 이상 버틸 수 없었다. 카이저 빌헬름 연구소에서 쫓겨나고 급기야 출국 금지가 거의 확실해졌을 때, 그는 친구들의 도움을 받아 스톡홀름으로 안전하게 피신했다. 그리고 그곳에서 서신을 통해 한과 연구를 계속했다. 물리적 거리와 정치적 상황이 그의 역할을 모호하게 하는 상황에서도 두 사람은 협력 관계를 유지할 수 있었다. 양방향으로 우편물이 하룻밤 만에 오고 간 덕분이었다. 이 협업은 곧 주목할 만한 결과를 생산해 어려운 문제를 해결하는 협력의 역할을 예시할 터였다. 협업 관계에서는 서로 다른 전문 배경과 대조되는 기술을 갖춘 과학자들이 공통의 비전과 노력으로 한데 묶인다.

마이트너가 베를린을 탈출한 직후인 1938년 말, 그때까지 4년을 이어 온 연구의 진짜 돌파구가 찾아왔다. 한과 슈트라스만은 파리에서 수행했던 실험을 복제하는 중이었다. 당시 이 실험에서는 우라늄을 중성자로 폭격했을 때 알려지지 않은 물질이 생성되었다. 두 화학자는 그 생성물이 바륨처럼 행동한다고 보았으나 그 가능성을 무시했다. 바륨은 우라늄과는 완전히 다른 원소로 원자량도 훨씬 적었다. 무엇보다 당시에는 핵반응이 원래의 원소에서 미미한 변화만 일으킨다는 것이 공통된 견해였다(커다란 블록에서 작은 조각이 떨어져 나갈 수는 있지만 두 동강이 나지는 않는다는 말이다). 그래서 두 사람은 그 물질이 라듐이라고 믿었다. 마침 라듐은 우라늄이 자연적으로 붕괴할 때 나오는 산물로 알려져 있었고 원자량도 상대적으로 비슷한 편이었다.

이러한 결론에 의문을 제기하며 두 화학자에게 더 자세히 살피라고 다그친 사람이 바로 마이트너였다. 그는 정기적인 서신 교환을 통해 연구의 진척 사항을 알고 있었다. 특히 한이 11월에 스톡홀름에 방문했을 때는 그와 비밀리에 만나 여러 시간 대화를 나누었다. 슈트라스만의 회상에 따르면 "그의 의견과 판단은 우리에게 대단히 중요했기에 우리는 곧바로 필요한 대조군

　궤도 너머

실험을 시작했다". 그들은 이 의문의 물질을 그들이 '운반체'(마치 개털이 접착테이프에 들러붙는 것처럼)로 사용하던 바륨과 분리해 내기 시작했다. 한과 슈트라스만이 옳다면 분별 결정 기법을 통해 바륨을 제거했을 때 라듐만 남아야 한다. 그러나 12월 19일, 한이 마이트너에게 보낸 편지에 잘 나와 있듯이 분리는 불가능했다. "극도로 희한한 우연의 일치일 가능성도 있겠지만, 우리는 점점 두려운 결론에 도달하는 것 같아요. 우리의 라듐 동위 원소가 라듐이 아니라 바륨처럼 행동하고 있다는 걸요. …… 어쩌면 비현실적인 설명을 생각해 내야 할지도 모릅니다. 우라늄이 폭발한다고 해서 바륨이 **될 수 없다**는 걸 알잖아요." 이틀 뒤 도착한 마이트너의 반응은 이 결과가 얼마나 놀라운지 강조하면서도 이론가의 개방적인 태도를 보여 준다. "당장은 그러한 완전한 해체를 가정하기가 저에게도 어려운 일이지만, 지금까지 핵물리학에서는 놀라운 일들이 아주 많이 일어났잖아요. 그러니까 이번 일도 무조건 불가능하다고 치부하면 안 될 것 같습니다."

얼마 지나지 않아 한이 보낸 편지가 마이트너를 매료시켰다. 비록 그 지점에 도달하기 위해 두 번째 협업자였던 조카이자 동료 핵물리학자 오토 프리슈^{Otto Frisch}에게 의존하기는 했지만 말이다. 두 사람은 스웨덴에서 크리스마스를 함께 보내며 돌파구를 만들어냈다. 기존의 원자 이론과 정면으로 어긋나는 실험 결과를 조화롭게 설명해낸 것이다. 나중에 프리슈가 썼듯이, "그 아이디어는 서서히 모양을 갖추었다. 핵의 일부가 깎여 나간

것도, 금이 간 것도 아니었다. 핵은 액체 방울과 같다는 닐스 보어^{Niels Bohr}의 발상에 더 가까웠다. 그 방울은 자신을 늘릴 수도 쪼갤 수도 있다." 모든 위대한 물리학 발견이 그러하듯이 이 역시 대담한 이론적 도약이었다. 그리고 그들은 쌓인 눈을 밟으며 산책하다가 나무줄기에 앉아서 쉬는 동안 이 과감한 결론에 이르렀다. 그때까지 물리학자들은 핵에 중성자를 충돌시키면 기껏해야 양성자와 중성자 몇 개가 분리된다고 생각했다. 중성자처럼 작고 연약한 발사체가 핵 전체를 두 동강 내기란 전적으로 불가능해 보였다(우라늄의 중성자 개수는 140~146개고, 핵분열 중에는 고작 하나의 중성자를 흡수한다). 그건 마치 수영장에 한 사람이 뛰어들면 수영장의 물 전체가 흘러 넘칠 수 있다고 보는 일과 같았다.

　　그러나 보어의 물방울 모형이 비약적인 깨달음을 자극했다. 이 저명한 덴마크 물리학자는 전자가 원자핵 주변을 돈다는 이론을 처음 제시한 사람이었다. 마이트너와 프리슈는 이 모형을 적용해 우라늄의 핵이 실은 단단한 고체가 아니라 흔들거리는 통통한 빗방울 같아서 아주아주 약한 힘으로도 분해될 수 있다고 가정했다(이 빗방울 이미지는 시각적으로도 유용할뿐더러 우라늄 입자를 한데 묶어 주는 표면 장력이 처음 가정했던 것보다 훨씬 작음을 이해하기에 좋았다). 이모와 조카는 계산식을 써 내려가며 빠르게 퍼즐 조각을 맞춰 나갔다. 만약 이것이 우라늄 원자의 커다란 분할이라면 그 조각을 밀어내는 데는 엄청난 에너지원이 필요하다. 그러나 그 점은 생성물의 질량이 더 작다는 사실로 만족스럽게 설명 가능했다. 마이트너의 오랜 친구인 아인슈타인이 제시한 그 유명한 공식 $E=MC^2$ 에 따라 반응 중 '사라진' 이 질량은 에너지로 전달된다(간단히 말하면 이 공식은 질량과 에너지의 상호 변환성을 정의한다). 핵이 둘로 쪼개지고 그 조각이 서로에게서 떨어진다는 개념은 처음에는 불가능하다고만 생각했던 부분도 설명했다. 우라늄 반응의 생성물이 상대적으로 원자량이 훨씬 작은 원소인 바륨이 된다는 사실 말이다.

게다가 양성자 수가 92개인 우라늄이 쪼개져서 양성자 수가 56개인 바륨이 하나의 생성물로 나왔다면 나머지 하나의 원소는 양성자가 36개여야 한다. 그리고 그것은 크립톤이라는 원소였다. 실험에 참여한 모든 이들을 혼란에 빠뜨렸던 결과가 일순간 납득되기 시작했다. 마이트너와 프리슈는 놀라운 속도로 단서들을 조립했다. 그들이 내린 결론은 보통 사람들의 예상을 뛰어 넘는 훨씬 급진적인 내용이었지만 직관에 따라 쉽게 이해되었다. 마치 처음부터 거기 있었던 것처럼 딱 맞아떨어지는 이론이었다. 일주일 뒤, 보어에게 핵분열 이론을 공유한 프리슈는 그가 보인 반응을 이모에게 전했다. "보어가 우리 생각에 동의하는 데 5분밖에 안 걸렸어요. 왜 전에는 이것을 생각하지 못했는지 모르겠다고 하더군요."

의심스러운 눈으로 지켜보던 이들도 이내 마음을 돌렸다. 다시 미국 캘리포니아로 돌아가서, 앨버레즈(이발을 하다가 만 사람)는 버클리 실험실에서 그 분열 실험을 반복했고 그 결과를 오펜하이머에게 보여 주었다. "15분도 안 되어 그는 그 반응이 진짜라고 인정했을 뿐 아니라 그 과정에서 남는 중성자가 방출되어 더 많은 우라늄 원자를 쪼개고, 거기에서 방출된 에너지로 전기를 생산하거나 폭탄을 만들 수 있다는 추론까지 했다." 오펜하이머가 연쇄 반응을 예측한 것은 매우 옳았다. 이 연쇄 반응, 즉 핵분열은 엄청난 에너지의 원천으로 바뀌었다. 이어서 20세기의 가장 중대한 발명품 두 가지, 원자 폭탄과 원자로를 탄생시켰다.

1939년 초, 핵분열 소식이 전 세계로 퍼진 후 물리학자들은 연쇄 반응으로 빠르게 관심을 돌렸다. 이어서 증명되었듯이 우라늄 핵분열 결과로 나온 '자유로운' 중성자(부산물인 바륨이나 크립톤에 흡수되지 않은)들은 계속해서 더 많은 분열 반응을 일으켰다. 전형적인 우라늄 핵분열 연쇄 반응에서 최초의 반응은 자유 중성자 세 개를 만들어내 세 개의 반응으로 이어진다. 그리고 그것은 다시 아홉 개의 반응으로 이어져 결국 나선형의 기하급수적 증가가 일어난다.

연쇄 반응은 과학자들 사이에서도 일어나고 있었다. 핵분열 발견 이후 연구자들이 그 함의를 탐구하기 위해 분주히 움직였다. 추가 협력이 연쇄적으로 일어났다. 우라늄 반응으로 인한 바륨과 크립톤 생성물처럼. 그 과정에서 형성된 새로운 협력 관계 중 가장 중요한 한 가지가 미국에서, 엔리코 페르미^{Enrico Fermi}와 레오 실라르드^{Leo Szilard}라는 두 유럽 과학자 사이에서 일어났다. 이들의 연구는 연쇄 반응의 존재를 증명해 원자 폭탄과 원자로로 가는 초석을 다졌다.

이들의 협업이 순탄하게만 흘러가지는 않았다. 과학에서 성취란 서로 대립하는 연구 방식을 가진 아주 다른 두 사람의 작품이다. 이들이 서로 밀접하게 협력하기 시작할 때 차이점은 비로소 명확해진다. 두 사람의 관계를 보면 이 사실을 잘 알 수 있다. 상대의 고유한 특성을 파악해서 그것을 최대한 활용하고 관리할 방법을 습득해 나가는 일은 팀워크가 주는 영광스럽고도 좌절스러운 과제 중 하나다(실험실 안에서도 일반적인 사무실 내 정치와 인간관계 문제가 벌어진다. 바깥 세계보다 더 심할 수도 있다).

페르미의 오랜 협력자이자 두 사람의 핵분열 연구를 장시간 지원해 온 박사 과정 학생 허버트 앤더슨Herbert Anderson은 그들이 서로 정말 달랐다고 증언했다. "실험에 대한 페르미의 지론은 '모두가 실험대 앞에서 일해야 한다'였습니다. …… 그러나 실라르드는 생각하면서 시간을 보내고 싶어 했어요. 그는 우라늄을 캔에 넣는 일을 하고 싶어 하지 않았고 측정하느라 밤늦게까지 남아 있고 싶어 하지도 않았습니다." 이 과제를 위해 저 지적인 헝가리인은 개인 조수를 고용했다. 개인 조수는 실험실에서 효율적으로 일했지만 그의 존재가 페르미의 신경을 거슬렀다. 앤더슨은 그것이 "페르미와 실라르드가 〔직접〕 협업한 처음이자 마지막 실험이었다"라고 기억했다. 그 후로는 "페르미와 그의 조수들이 실험을 하고 실라르드는 뒤에서 원활한 연구가 진행될 수 있게 지원을 도맡기로 피차 만족스럽게 조율이 끝났다".

그러나 실라르드의 지원은 결코 사소하지 않았다. 실라

르드는 연구가 계속될 수 있도록 정부 보조금을 확보했다. 협상은 그가 루스벨트 대통령에게 쓴 편지로 시작했다. 아인슈타인이 서명한 이 서신은 새로운 발명에 대한 가능성을 개괄했다. 협업이란 꼭 두 사람이 시험관에 함께 물질을 집어넣어야 하는 일이 아니다. 실험실 밖에서 고군분투하는 이들도 직접 실험 장비를 다루는 사람들 못지않게 실험실에서 일어나는 발전에 똑같이 중요하다.

실라르드와 페르미는 유형이 매우 다른 과학자였을지 모르지만 공동의 목표를 향해 각자의 기술을 최대로 활용하며 완벽한 조화를 이루었다. 그들은 서로 매우 다른 사고방식과 작업방식을 결합해 협업했다. 원자 폭탄을 개발한 맨해튼 프로젝트에서 중요한 역할을 맡았던 빅토어 바이스코프Victor Weisskopf는 "페르미는 모든 단계의 모든 세부 사항을 철저히 계획하는 아주 신중한 과학자였다"라고 기억했다. "실라르드는 완전히 반대였다. 그는 계획이란 존재 자체를 싫어했다. 하지만 즉흥적으로 번뜩이는 아이디어를 내놓고는 했다."

그러한 뛰어난 아이디어 중 하나가 핵분열 반응의 감속재로 흑연을 사용한 것이었다. 상식과 다르게 흑연은 오히려 중성자의 움직임을 늦추어 연쇄 반응을 지속시킨다. 그는 초기 실험에 사용할 흑연을 대량으로 구입하기 위한 6천 달러를 구해 왔을 뿐 아니라 (효과를 반감하는 붕소 불순물이 없는) 고품질의 흑연이 필요하다는 사실도 알아냈다. 제조사로 하여금 최적의 사양에 맞추어 흑연을 생산하게 설득한 이도 실라르드였다. 맞춤 흑연을 확보하고 서서히 모형을 다듬어 가며 마침내 두 사람은 목표 달성에 성공했다. 이들은 최초로 '임계 상태(핵분열이 자체적으로 계속 유지될 수 있는 시점)'에 도달할 수 있는 인공 원자로를 만들어냈다.

그들이 지은 원자로는 오늘날 세계 전력의 10퍼센트를 공급하는 원자력 발전소의 프로토 타입이다. 그러나 현대인들은 페르미 자신이 '검은 벽돌과 목재들을 조잡스럽게 쌓아둔 것'처럼 보인다고 말한 이상한 장치를 보고 원자로를 떠올리지 못할 것이다. '시카고 파일1'이라고 불린 높이 6미터짜리 이 구조물은 1942년 12월, 시카고 대학교의 폐기된 스쿼시 코트에서 성공적으로 시험을 마쳤다. 그것은 페르미의 예리한 감시 아래 임계 상태에 도달했고, 방사능은 가이거 계수기로 측정되었다. 이 저명한 이탈리아 물리학자는 계수기에 평소 영어 실력을 향상시키기 위해 보던 〈곰돌이 푸〉의 등장인물들의 이름을 붙였다.

이 성공적인 실험은 수십 년 동안의 연구가 이루어낸 많은 성취들이 최고조에 이른 순간이었다. 이는 한과 마이트너, 페르미와 실라르드, 그리고 그 외의 수많은 협업과 팀 안의 팀이 합쳐진 공동 협력의 결과였다. 핵에너지가 큰 비중을 차지하고 더 많은 연구와 개발의 연쇄 반응이 일어난 시대에 들어서면서 이 결과는 끝이 아니라 완전히 새로운 연구 과제와 잠재적 응용의 시작이 되었다. 과학에서 정점에 오른 모든 기술이 그러하듯 말이다. 이것이 과학의 본질이다. 수많은 손이 일구어내고 다양한 사람들에게서 영감받은 발견이 발전을 불러온다.

그러나 이렇게 큰 맥락을 보면서도 연구 이면에서 각기 다른 부분을 추진한 협력 관계와 소규모 팀의 이야기에 끌리지 않을 수 없다. 그것은 마치 이 폭발적인 발견이 가능하도록 도운 자유 중성자 같다. 삶의 아주 많은 부분에서처럼, 과학에서도 서로의 차이점은 우리를 더 강하게 만드는 가장 큰 요소다. 서로 보완되는 재능, 대조되는 사고방식, 다양한 삶의 경험이 합쳐지는 것. 두 사람이 얼마나 다르든 각자 유용한 재능을 들고 만난다면 강하고 효과적인 협력 관계의 기초가 마련된다. 아무리 제혼자 영민한 과학자라도 다른 사람들과 함께 있기를 즐기게 마련이다. 그리고 과학자들에게 좋다면 우리에게도 마찬가지다. 역사상 가장 뛰어난 과학자들은 그들이 성취한 발전에 공동 연구자, 연구 보조, 동료의 도움이 필요했다고 인정해 왔다. 팀워크가 없다면 그 어떤 중요한 발전도 일어날 수 없음을 나타내는 아주 좋은 지표다.

과학은 단지 다른 이들이 필요하다는 데서 그치지 않는다. 그들이 가진 기술이 서로를 보완해야 한다고 말한다. 놀라운 기술을 보유한 사람이 회사를 세우려고 한다고 생각해 보자. 회사에는 기술만 필요한 게 아니다. 회계, 직원 및 고객 관리, 그밖에 컴퓨터 코드로는 해결할 수 없는 여러 문제를 비롯한 사업 운영에 집중할 사람이 필요하다. 마찬가지로 식당이 운영되려

       궤도 너머

면 주방이라는 닫힌 문 뒤에서 일하기를 선호하는 사람 그리고
홀에서 손님과 소통하기를 좋아하는 사람이 함께 일해야 한다.
이런 대조와 차이야말로 성공의 기반이다. 협업이라는 말은 대
개 따뜻하고 다정한 의미로 사용되고는 한다. 그러나 현실은 서
로 다른 능력, 성격, 가치관을 가진 사람들이 한곳에 엉켜 있는
상태다. 이러한 곳에서 예상되는 약간의 마찰은 필요한 요소다.
오히려 모두가 항상 같은 의견인 것이 최악의 상황일 수도 있다.

나는 생물 정보학자로 일하면서 단백질 같은 거대한 시
스템의 운영 방식을 알아내기 위해 아주 큰 데이터 집합을 다루
었으므로 이러한 상황을 잘 안다. 여기에서는 생물학자와 소프
트웨어 기술자 들이 어떻게 모델을 세우고 데이터를 처리할지를
두고 끊임없이 논쟁을 벌인다. 소프트웨어 쪽 사람들은 깔끔하
고 정돈된 해답을 약속하는 가장 간결한 알고리즘을 선호한다.
반면에 생물학자는 현실이 그렇게 단순하지 않기에 시스템의 복
잡성을 온전히 보여 주는 데이터가 필요하다고 지적한다. 당신
은 최고의 성능을 지닌 모델을 원하는가 아니면 현실을 있는 그
대로 반영하는 데이터가 입력된 모형을 원하는가? 이 질문에 대
한 답은 항상 중간의 어디쯤이며 보통 두 학문 사이 줄다리기를
통해 그 답에 이른다. 의견 불일치에서 출발한 공동 작업의 완벽
한 예시다.

협업의 필요성은 일과 관련된 측면에서만이 아니라 직장
밖에서도 광범위하게 적용된다. 협력적 접근 방식이 도움되지

않는 영역은 세상에 거의 없다. 이별 후 친구를 만나 세상을 바로잡을 대화를 나누는 일이나 다른 사람에게 입사 지원서를 검토해 달라고 부탁하는 일처럼 말이다(상대는 당신이 생각한 것보다 훨씬 야심 찬 직책에 도전하라고 제안할 수도 있다). 의심이 들 때 타인에게 도움을 요청하는 태도는 나쁜 습관이 아니다. 만약 그렇게 하는 게 부끄럽거나 신경이 쓰인다면 과학이 허락했음을 기억하라. 아주 대다수의 과학 논문에서 저자가 여러 명으로 실리는 데는 이유가 있다. 아무리 전문화된 연구 영역이라고 해도 온전히 개인의 힘만으로 이루는 경우는 거의 없다. 과학은 혼자서 개척하고 씨름하는 일이 아니다. 더 많은 발견을 위해 함께 비옥한 토양을 파헤치는 일에 더 가깝다. 공동 연구는 거의 언제나 바퀴를 부드럽게 돌리는 윤활유이자 발전을 가져오는 촉매다.

과학에서 협력은 단순히 개인끼리 혹은 연구 네트워크 안에서 사람들이 함께 일하는 상황만 가리키지 않는다. 서로 다른 유형의 과학자, 나아가 서로 전혀 다른 종류의 과학이 한데 모이는 상황이기도 하다. 이는 화학자와 물리학자, 이론가와 데이터 분석가, 소프트웨어 기술자와 생화학자가 함께 일하는 것을 넘어선다. 물론 그러한 협력도 올바른 맥락에서는 아주 유용하다.

협력이란 연구 프로젝트를 처음 구상하고 시작할 때부터 의미 있는 결론에 도달하기까지 필요한 대인 관계 기술을 비롯한 특정 역량에도 관련된다. 지금까지 사례로 들어 온 연구들이 거쳤던 모든 다양한 단계들을 생각해 보라. 처음에는 탐구할 훌륭한 아이디어와 가설을 찾아야 한다. 이상체나 변칙을 관찰한 뒤 기존의 이론에서 문제를 찾아내고 새로운 가능성을 인지하는 능력이 필요하다. 그다음에는 그 발상을 추구하기 위한 적절한 연구비와 기관의 지원을 얻어내야 한다(그 자체로도 많은 실존적 위기를 초래할 수 있으므로 누구라도 이를 극복했다면 정말 대단한 일이다). 그런 다음에야 연구 자체라고 부를 만한 과정을 수행할 차례가 온다. 실험을 탄탄하게 설계하고, 그 결과인 데이터를 해석하고, 문제가 나타나면 해결하고, 스스로 흥미로운 궤도에 올라섰는지 아니면 막다른 길로 가고 있는지 판단해야 한다. 그런 다음에 결과를 손에 쥐면 그 실험으로 발견한 (또는 발견하지 못한) 것이 무엇인지를 토론한다. 이 결과가 흥미로운가, 예상했던 바인가, 적절한 내용인가, 더 추구할 가치가 있는가(그렇다면 어떻게 어떤 방향으로 추구할 것인가)? 다음 연구는 내가 가진 자원으로 해결할 수 있나? 아니면 새로운 기술을 배워야 하는가 혹은 다른 사람의 도움을 받아야 하나? 본격적인 소통은 이제부터 시작이다. 잘 쓰인 논문과 명료한 학회 발표를 통해 자신의 아이디어와 발견을 세상에 들고 나가서 보여 주고 관심과 지원을 바라야 한다.

　　이 모든 다차원적 과정을 개인이나 소규모 팀에서 쉽게 해내리라 생각하는가. (개인적으로는 정말 싫어하는 말이지만) '마음만 먹으면 무엇이든지 가능해. 그저 확실한 신념만 있으면 돼'라고 진심으로 믿는 사람들일지라도 그렇게 생각하기는 어렵다. 현실 세계에서 커다란 변화를 일으키려면 다양한 두뇌와 한 사람이 전부 갖기는 어려운 다양한 성격이 필요하다. 연구비를 따오는 능력이 탁월한 연구자가 데이터를 일일이 따지는 사람은 아닐 때가 많다(어차피 동시에 할 수도 없지만). 대조군 실험으로 까다로운 문제를 해결한 사람이 그 결과를 바깥세상에 알리는 데 가장 적합한 인물은 아닐 수 있다. 각자 분야에서 뛰어난 사람들로 팀을 이룰 수 있다면 왜 굳이 자신에게 부족한 역량까지 아우르며 일을 해야 하는가? 내 말을 오해하지 않기를 바란다. 나는 사람들이 서로 다른 기술을 공유하고 서로에게서 배우기를 진심으로 원한다. 하지만 한 사람이 다른 사람과 같지 않다고, 그 사람이 해내는 일을 하지 못한다고 비난받을 때면 문제는 복잡해진다. 사람들이 그들 자신이나 그들이 고용된 역할로 받아들여지지 않기 때문이다. 위대한 팀이란 곧 다름의 산물이다. 또한 소프트웨어와 하드웨어가 조화를 이루는, 번영하기 위해 다양한 종류의 기여가 필요한 소규모 생태계다. 우리는 뛰어난 머리보다 덜 중요한 요소로 취급되기 쉬운 소통 능력의 가치를 높이 사야 한다. 과학에서 발견이 이루어지려면 소통이 필수다.

내가 이야기를 나누었던 과학자 대부분이 이러한 맥락에서 협업의 중요성을 지적했다. 공유하는 목표를 위해 서로 다른 재능과 다양한 관점을 지닌 사람들을 끌어모으는 것이다. 데이터 과학 기법인 UMAP를 제작한 럴랜드 맥이니스 박사(나 같은 괴짜에게는 연예인 같은 사람이다)는 이런 식으로 표현했다. "학제 간 협업

　　　　　　　　　　　　　　　　　　　　궤도 너머

에서 많은 도움을 얻을 수 있습니다. 기계 학습 쪽에서 발군인 동료가 있는데, 그는 많은 사람과 이야기를 나누고는, '아, 여기 한 가지 핵심적인 문제가 있는데 정말 흥미로워요. 이 사람들이 모두 갖고 있는 문제입니다'라고 말합니다. …… 그는 그걸 실제로 분석한 사람들보다도 훨씬 깔끔하게 수학적 용어로 설명할 수 있어요. 하지만 그가 저한테 그 문제를 설명할 때 저는 그것을 다른 시선으로 봅니다. 저는 완전히 다른 배경에서 왔기 때문이죠. 그런 다음 제가 그걸 또 다른 수학자 동료들에게 설명하면 그들은 또 새로운 관점을 제시합니다." 연쇄적인 스토리텔링 덕분에 파편 같은 관점들이 공존하는 공통의 배경을 찾게 된다.

나는 연구할 문제가 마치 고고학자가 파낸 신비한 유물이라도 되는 양 여럿이 돌려보기를 좋아한다. 그 물건의 원래 용도가 전혀 알려지지 않은 상황에서 어떤 사람은 현미경에 대고 들여다보며 단서를 찾는다. 또 어떤 사람들은 이리저리 만지고 사용해 보면서 작동 방식을 알아낸다. 또 어떤 사람은 비슷한 다른 물건들과 비교해 분류한다. 이들을 사적인 친구 모임이라 치고 서로 다른 성격을 가진 사람들이 어떻게 각기 다르게 모임에 기여하는지를 생각해 보라. 어색한 분위기를 띄우는 데 능숙한 친구가 있는가 하면 사람들의 문제를 잘 해결해 주는 친구도, 모든 사람이 잘 따르는 친구도 있다. 이렇게 저마다 다른 기술과 사고방식은 나름대로 가치가 있고 모두 주어진 퍼즐을 푸는 데 필요하다. 그러나 저 관점들을 하나의 장소에 모으기 전에는 답을 찾지 못할 것이다. 여기에는 디테일에 집착하는 사람도 필요하고 큰일을 처리하는 사람도 필요하다. 본능적으로 스토리를 써 내려가는 사람과 다른 사람의 이론에서 허점을 찾는 일을 좋아하는 사람도 필요하다. "이게 바로 문제 해결에 진척이 있는 이유 같습니다." 맥이니스가 이렇게 말했다. "문제를 여러 렌즈를 통해서 다양한 방식으로 보는 거죠. 그리고 그건 보통 서로 다른 배경에서 온 서로 다른 사람들이 서로 다른 관점에서 보기 때문에 가능해집니다."

서로 다르게 생각하는 사람, 다른 학력과 사회적 배경을 지닌 사람, 대조되는 삶을 살아온 사람 들이 모이면 문제 해결과 수평적 사고에 도움이 된다. 그뿐만 아니라 연구 결과와 실제 세계에서의 응용에서 형평성을 보장하는 데도 대단히 중요하다. 최고의 상태일 때 과학은 진정으로 다양한 팀이 무엇을 이룰 수 있는지 보여 주는 선구자 역할을 한다. 그러나 동시에 과학은 백인, 남성, 신경전형인, 비장애인 중심의 노동력에서 비롯된 매우 복잡한 편견의 역사를 가졌다. 이제 우리는 마침내 다름의 가치를 높이 사는 세상을 살아간다. 그럼에도 다양한 사람이 존재하는 집단에서 모두 함께 일하고 포용하는 방법을 아직 전부 이해하지 못했다.

대표성은 해결책의 일부이기는 하나 그 자체로 포용과 동일하지는 않다. 코넬 대학교 기계 항공 공과 대학의 크리스토퍼

J. 에르난데스^{Christopher J. Hernandez} 교수는 멕시코계 미국인으로 성장해 온 과정이 자신의 과학적 커리어를 어떻게 형성했고 또 제약을 가했는지에 관해서 썼다. "어려서부터 나는 학교에서 잘 지내고 싶으면 규율과 권위를 잘 지켜야 한다는 점을 누구보다 잘 알았다. …… 장난을 친 아이가 백인이라면 귀엽게 보아 넘어갔을 일도 내가 했다면 문제아 딱지가 붙거나 처벌로 이어졌을 것이다." 권위에 대한 이러한 인식 때문에 그는 과학자가 된 후에도 자신의 연구에 신중히 접근했다. 주로 자신 있는 실험만 시도하게 되었고 연구 결과를 조심스럽게 발표했다. 또한 공동으로 작성하는 연구비 신청서에서 동료의 '과감하고 자신 있는 언어'와 비교했을 때 스스로 얼마나 '조심스럽고 방어적인' 문체를 사용하는지를 깨달았다. 커리어를 이어 나갈수록 그는 이와 같은 태도가 많은 유색인종 동료 과학자들 사이에서 공유되고 있음을 알았다. "과학에서는 소외 집단이 마주하는 딜레마가 존재한다. 그들이 성공하기 위해 채택하는 신중한 전략은 궁극적으로 소속감을 느끼지 못하게 만들고 과학의 최상위 집단에 도달하지 못하도록 가로막는다. 내 경우에는 그 전략이 내가 유용한 일을 하는, 탄탄하고 생산적인 과학자가 되는 데 일조했지만 과학 지식의 경계를 넓히는 데는 제약이 되었다."

　　형평성과 포용에 실패한 과학은 이처럼 세계의 다양한 인재를 활용하지 못한다. 그뿐만 아니라 무의식적인 성별, 인종, 장애에 대한 편견으로 인해 직접적이고 때로는 치명적인 해를 초래한다. 캐롤라인 크리아도 페레즈^{Caroline CriadoPerez}는 남성이 다른 남성을 위해 설계한 불변의 세계에서 어떻게 여성이 해를 입어 왔는지를 조명했다. 예를 들어 남성은 심폐소생술로 생존할 확률이 여성보다 23퍼센트 더 높다. 그건 사람들이 판판한 남성의 가슴을 한 모형으로 심폐 소생술을 연습했기 때문이다. 또한 2011년 연구에 따르면 여성은 교통사고에서 남성보다 중상을 입을 확률이 47퍼센트 더 높다. 이 역시 자동차 제조사가 여성의 신체를 고려하지 않고 안전장치를 개발했기 때문이다. 이왕 말이 나왔으니 한 가지 더 짚어 보자. 자전거 안장을 설계한 사람이 여성이 **아니**라는 사실만큼은 정말 확실하다.

같은 편향은 인종으로도 연장된다. 미시간 대학교 연구진은 혈중 산소 포화도를 측정하는 맥박 산소 측정기의 성능이 유색인종에게서 현저하게 떨어진다는 사실을 밝혔다. 이 장치는 중증 코로나19 환자의 생명을 구하는 도구로 쓰였다. 그러나 연구 결과에 따르면 흑인 환자는 산소 수치가 치료를 요하는 위험 수준으로 떨어진 상태에서도 산소 측정기에 '안전한' 수준으로 기록될 가능성이 백인의 세 배였다. 인종 차별 종식은 인간의 소중한 권리를 보장하는 데 필수지만 과학의 진보에도 매우 중요하다. 과거의 매듭을 풀고 포용적인 미래를 건설하는 데는 공유된 인류애와 양측의 노력이 함께 필요하다.

이것들은 진정으로 다양한 팀과 일하지 못했을 때 발생하는 문제의 몇 가지 예에 불과하다. 사회의 좁은 하위 집단으로 구성된 연구팀은 필연적으로 그들의 연구가 사회의 모든 구성원에게 어떤 영향을 미칠지 제대로 고려할 수 없다. 그러한 팀은 문제를 예견하기 어렵고 개념과 장치를 광범위하게 테스트하기도 쉽지 않다. 차별을 경험해 본 적 없다면 일상에서 차별받는 사람을 대표할 능력이 떨어질 수밖에 없다(그래서 난 디즈니가 새로운 〈뮬란〉 영화에 비아시아계 여성을 등장시켰다는 소식을 들었을 때 걱정했다). 지구에서 단일 경작으로 황폐해진 땅을 복원시켜야 하듯이, 삶의 모든 영역에서 생물 다양성이 필요하다. 이는 특히 과학에서는 천이遷移를 가능하게 하는 비옥한 재료로서 더더욱 중요하다. 2020년에 영국 왕립학회 과학 도서상을 수상하는 영광을 누리면서 나는 이상으로 인해 나 자신의 경험이 어둠 속을 사는 이들에게 빛을 비추는 역할을 했음을 깨달았다.

협업은 과학과 그 바깥 영역에서 높이 여겨져야 마땅한 가치다. 누구도 혼자서는 달성할 수 없는 아이디어와 혁신을 전달하는 능력 때문이다. 그러나 좀 더 비판적인 시각으로 볼 필요도 있다. 우리는 협업으로 이루지 못한 바를 조사하는 동시에 잘못 구성된 협력 집단이라면 잘못된 결과를 낳을 위험이 있다는 사실도 따져 보아야 한다. 단지 한 사람 이상이 연구에 개입했다고 해서 협업이라고 할 수는 없다. 진정한 협업이 이루어지려면 서로 다른 출발점을 지닌 사람이 필요하다. 우리는 집단 사고에 쉽게 빠진다. 그보다는 서로의 생각에 도전할 준비가 되어 있고 동료가 제시할 수 없는 관점이나 개인의 경험을 제시할 수 있는 사람과 함께해야 한다. 일견 다양해 보이는 팀을 구성했다고 문제가 해결되지는 않는다. '적절한' 사람들로 구성된 집단일지라도 각자의 역량을 활용할 환경이 조성되지 않으면 그들은 최상의 결과를 낼 수 없다. 소외에 익숙한 사람들은 자신만의 고유한 생각으로 힘을 발휘하기보다 자신을 감추고 자신이 남들과 다른 점에 양해를 구하는 데 더 익숙하다. 구성원이 자신을 믿고 최선을 다하게 독려하는 리더가 없다면 그들은 사회가 오랜 세월 암묵적으로 가하고 각인시킨 한계에서 벗어나지 못할 것이다. 이러한 과정 자체도 협업의 산물임은 어쩌면 당연할지도 모르겠다. 문제가 존재하지 않는다고 생각하거나 그들이 해결해야 할 일이 아니라고 여기거나 인사팀의 메일이나 분기별 피자 파티로 단합이 이루어질 수 있다고 판단하는, 바로 그 사람들이 주도해 온 일이다.

다름을 끌어안는 일은 과학에서 성공을 이끌어 낼 근본 요소다. 하지만 맥이니스의 주장처럼 다양성이 높은 팀은 내부에서 오히려 공통점을 창조하기도 한다. "우리는 종종 그룹 안에서 서로 다른 사람들 사이의 점진적 경사로를 형성하는 것에 관해 자주 이야기합니다. 한쪽의 전문가는 전혀 다른 분야의 전문가에게 말을 걸기가 매우 어렵습니다. 그러나 그 둘 사이를 연결할 사람들을 넣어 준다면 모두 함께 이야기할 수 있죠. 그것은 소통의 기회를 열어요. 그런 다음에야 비로소 발전이 이루어집니다. 우리에게 필요한 중첩을 갖춘 사람들로 팀을 구성해야 합니다."

연구팀 안에서 진정한 차이를 구축하는 일은 과학에서 협업을 촉진하는 중요한 방법 중 하나다. 한 주제에 동의하지 않는 사람이 있을 때 오히려 보너스 점수를 받는다. 그러나 개별 연구실이나 프로젝트 팀의 바깥에서도 이런 일이 일어난다. 사람들은 예상치 못한 원천에서 영감을 얻으려고 일부러 자기 분야를 벗어나기도 한다. 그물을 넓게 던져 뜻밖의 장소에서 영감을 수색하는 일은 과학 연구의 어느 단계에서든지 너무 이른 것도 너무 늦은 것도 아니다. "선배 과학자들은 학생들에게 많은 강연에 참석하라고 격려합니다. 특히 그들의 연구 주제가 아닌 주제에 대해서요." 신경 과학자 로히어르 키비트가 내게 말했다. "자기 전공 분야와 가까운 강연만 듣고 싶다는 유혹은 당연해요. 저도 학생 때 그런 유혹을 느꼈거든요. 하지만 수개월이 지나고 또 수년이 지나서 돌아보면 저를 신선한 질문과 사고방식으로 이끌었던 강연은 제 전공 분야에서 완전히 벗어난 주제였던 경우가 많았어요." 이러한 종류의 반응이 고작 열에 한둘에 의해 점화되더라도 "다른 사람과는 다른 방식으로 자기 분야를 생각하게 하므로 아주 귀중합니다".

이는 어떤 업계에 종사하더라도 도움이 되는 접근법이다. 어떤 직종에서든 공통된 기대와 접근법에 영향을 받을 수밖에 없다. 대부분의 사람이 대체로 업계 내에서 통용되는 '업무

관행'을 고수하는 경향이 있다. 그렇다고 해가 되는 것은 아니다. 그렇지만 새로운 관점으로 강화되지 않는 한, 언젠가는 한계에 부딪힌다. 우리는 대개 자신에게 익숙한 곳을 벗어났을 때 호기심이 가장 높아지고 자신감은 가장 낮아진다(그리고 가장 덜 냉소하게 된다). 그렇기 때문에 자신과는 거의 또는 아예 무관한 일을 하는 사람들로부터 지혜를 구하면 직접적인 이득이 있다. 또한 잘해야 한다는 압박도 덜하므로(알다시피 그건 쉽지 않지만), 마음 편하게 관찰자로 머물러도 된다. 키비트의 주장처럼 대부분은 자기 일에 실질적 관련이 없을 수도 있다. 그러나 여기에서 얻게 될 사금砂金들은 새로울 뿐만 아니라 경쟁에서 우위를 가져다줄 잠재적 원천이 될 가능성이 높다. 때로 가장 유용한 협업은 한 번도 생각하지 못한 곳에서 온다.

과학에서 협업은 개인적 협력 관계나 특정 팀의 연구를 초월하기도 한다. 케임브리지 대학교 나노 과학 연구소를 이끄는 나노 기술학자 제러미 바움버그Jeremy Baumberg 교수의 관점에서 과학 그 자체는 '단순화'와 '짓기'라는 두 가지 기본 모드 사이의 협업으로 진행된다. 바움버그에 따르면, 단순화를 추구하는 사람들은 "세계에서 무언가를 취하고 파헤쳐 그것이 어떻게 작동하는지, 의식은 어떻게 일어나는지, 우주는 어떻게 생겨났고, 은하는 어떻게 형성되는지를 묻는다. 이것들은 모두 우리가 단순화의 문제라고 부르는 것들이다". 단순화는 사물을 해체해 그 조각들이 어떻게 서로 조립되었는지를 알아낸다. 그렇게 자연에 넘쳐나는 뛰어난 시스템들을 이해하고 그 안에 내포된 무한한 질문을 해독하는 논리적 접근이다. 단순화 모드는 세계에 존재하는 요소들을 풀어헤치고 분명하게 설명하려 노력하는 가운데 사물이 어떻게 기능하는지를 설명하는 이론과 원리를 개발한다.

짓기 모드는 또 다른 방식으로 세상에 접근한다. 이 모드는 본질적으로 건설을 통해 연구를 수행한다. 우선 이미 존재하는 것을 넘어서(실제든, 이론이든) 모델을 개발한다. 그 다음 그 모델을 탐구하고 분석해 더 많은 문제와 연구 방향을 생성한다. 단순화의 철학이 '어떻게 사물이 작동하는가'에 있다면, 짓기 모드의 신조는 이렇게 질문한다. "내가 이렇게 혹은 저렇게 했을 때 어떤 일이 일어날까?" 또는 "여기에 열을 가하면 어떻게 작동할까?" 단순화 모드가 "저것이 어떻게 작동할까"를 물을 때 짓기 모드는 "저걸 어떻게 다르게 작동하게 할까"를 고민한다.

나는 말할 것도 없이 단순화 모드 쪽임을 자랑스럽게 밝힌다. 사물을 파고들어 가능한 한 모든 것을 발견하려 하고 내가 올라탄 나무가 뻗어내는 모든 새로운 가지에 집착한다. 생화학과 첫사랑에 빠져 박사 학위에 몇 년을 쏟아부은 것도 그래서였다. 그러나 시간이 지나고 그 주제를 깊이 읽어 갈수록 점점 진부해졌다. 과학에는 그 이상이 존재했다. 데이터를 사용해 마치 〈마인크래프트〉처럼 새로운 세계를 지을 수도 있었다. 그래서 나는 박사 과정을 마친 후 기계 학습 연구에 똑같이 몰두했다. 프로그래밍 언어 파이썬을 배우기 위해 강의를 섭렵하고 생물 정보학자로 경력을 발전시켰다. 이 시기에 나는 첫 번째 실존적 위기를 겪었다. 한창 힘들었을 때는 소프트웨어 엔지니어의 정신을 구현해 보겠다고 '최신식 기계식 키보드'를 살 뻔 했다.

이렇듯 내 안에는 짓기 모드도 있다. 그리고 나는 단순화와 짓기 모드가 둘 다 가능하다는 사실이 즐겁다. 물론 어려움도 있다. 나는 기술적 측면에서도 좀 더 감정적인 쪽으로 분류되는데, 파이썬과 상호 의존하는 관계이기는 해도 전형적인 소프트웨어 개발자의 모습은 아니다. 그러나 내게는 이러한 조합이 딱이다. 따라서 나는 바움버그 교수식 분류를 좋아하기는 하지만 그 둘이 꼭 별개로 존재할 이유는 없다고 본다.

당신은 과학 문헌을 광적으로 읽는 사람이면서 새로운 프로젝트를 창조하고 계획해 소유하기를 절실히 원하는 사람이 될 수 있다. 손에 물 묻히기를 개의치 않는 이론가랄까. 이처럼 서로 어긋나는 조각도 여느 훌륭한 협력 관계처럼 서로를 지원할 수 있다. 짓고 행하는 일은 생각하는 방식에 새로운 관점을 준다. 반면에 읽고 배우는 일은 짓는 방식에 확실히 영향을 준다. 요리책을 사랑한다고 해서 책 속의 요리법을 입맛대로 고친다든지 자기만의 레시피를 만들지 말라는 법은 없으니까. 우리는 자기 자신과도 이렇게 협업한다. 내 안의 다른 내가 나에게 영향을 준다. 어느 한 구역에 발을 들였다고 해서 그곳을 평생의 거처로 삼을 필요는 없다.

그리고 개인 차원에서는 스스로 단순화 모드와 짓기 모드 중 한쪽에 더 가깝다고 느낄지라도 과학을 하기 위해서는 양쪽이 함께 협력해야 한다. 단순화 모드로만 작동되는 세계는 아무것도 이루지 못한다. 반면 짓기 모드로만 운영되는 세계는 탄탄한 토대가 없기에 금방 무너진다. 바움버그 교수는 "짓기 모드의 과학은 단순화 모드의 발견에 기반한다. 그것들이 거의 모든 과정에서 탄탄하게 뒷받침해 주지 않는다면 불가능할 것이다"라고 썼다. "과학이라는 풍경을 건물들이 세워진 도시로 생각해 보라. 단순화 모드로 생산된 도구 상자에는 케이블, 콘크리트, 기둥, 지주, 보 등이 포함된다. 짓기 모드에서는 이것들을 창의적인 방식으로 일으켜 세운다." 그러나 그들은 동료가 제공하는 도구 상자가 없으면 그 어떤 것도 짓지 못한다. "우리가 과학적 잔해들이 땅에 충돌하면서 내는 불협화음을 듣지 못하는 이유는 우리의 지식이 엄청나게 견고한 덕분이다."

이러한 과학의 〈심시티〉는 뚝심 있게 새로운 발견을 추구하는 과학자들과, 그 지식을 취해서 과감하게 새로운 방향으로 확장하는 사람들 간의 고유한 대규모 협업에 의해서만 가능하다. 벽돌장이와 대성당 건축가의 공동 작업이라고 할 수 있겠다. 바움버그 교수는 입자 가속기의 예를 들었다. 입자 가속기는 1930년대의 원시적인 형태에서 핵분열의 발견에 일조했다. 그리고 오늘날에도 여전히 유럽의 대형 강입자 충돌기처럼 선구적인 장비를 통해 원자의 비밀을 해독하고 있다. 이는 과학의 발전 전반에 늘 존재하는 단순화와 짓기 모드 사이의 아름다운 춤을 보여 준다. 대형 강입자 충돌기에 전원을 넣은 거대한 자기장은 단순화 모드로 추진된 연구의 산물인 새로운 재료의 개발을 바탕으로 건설되었다. 같은 방식으로, 원자 폭탄과 원자력 발전소의 개발은 한과 마이트너, 그리고 그들의 동료 및 선배 핵물리학자들이 수행했던 단순화 모드 연구를 기반으로 한 짓기 모드 프로젝트였다. 원자와 그 구조, 그리고 반응 성향에 대한 이해를 단순하게 정리하려는 모든 연구가 최초의 인공 원자로 개발로 이어졌다. 그것은 또한 필요한 흑연의 종류를 알아내고, 이산화우라늄을 캔에 채워 넣고, 핵 '더미'를 더 높게 쌓아 올린 페르미와 실라르드의 짓기 모드 과학에도 의존했다. 원자 시대는 다양한 차원에서 일어난 과학 협업의 힘으로 탄생한 셈이다. 새로운 발견이 넘치던 시기에 핵물리학의 네트워크 전체에서 서로 다른 연구 분야를 향해 달려가던 사람들 간의 협업, 그리고 단순화와 짓기처럼 서로 크게 대조되면서도 궁극적으로 상호 의존하는 과학이 다양한 형태로 협업한 결과물이다.

이렇듯 협업은 무수한 형태로 이루어지며 무한한 가능성을 내포한다. 그것은 다수의 사람이 한 곳에 모여 손에 마커를 들고 화이트보드를 둘러싸고 있는 장면 그 이상이다. 과학은 우리에게 자기가 몸담은 분야의 한계를 알려 준다. 그리고 과학 안에서 각자 나름대로의 방식으로 문제를 해결하는 다양한 사람을 포용할 때만 협력의 진정한 이점을 얻게 된다. 지식이 어떻게 팽창하는지 알지 못한다는 것은 조명 스위치를 켜면 그만인 어두운 방에서 횃불을 들고 돌아다니는 일과 일견 비슷하다. 전혀 다른 사람들과 일하는 기회는 사무실을 공유하는 이들 또는 자기 분야와 가장 유사한 분야의 사람들과 함께하는 협업을 아득히 뛰어넘는 일이다.

동시에 우리가 우리 주변의 사람들과 어떻게 일하고 누가 팀의 일부로 초대되는지 역시 중요하다. 특히 가장 중요한 지점은 우리가 누구에게, 왜 믿음을 줄 것인가의 문제다. 효과적인 협업은 무조건 서로에게 동의한다고 해서 달성되지 않는다. 그것은 대비되는 관점 그리고 기술을 소유한 서로 다른 사람들에 관한 것이어야 한다. '서로 다름'은 '잡음'이 아니라 가정에 도전하는 요소다. 과학은 사람들 사이에서 일어나는 마찰이 종종 실험이라는 바퀴를 돌아가도록 만드는 데 필요하다고 말한다. 진정한 파트너는 당신의 등을 토닥거리지 않는다. 그들은 당신의 연구를 샅샅이 조사해 결점을 찾아낸다. 그런 다음 당신이 더 잘할 수 있도록 이끌어 준다. 마이트너가 한에게 "원소를 올바로 식별한 것 같지 않으니 그의 '라듐'을 다시 시험해야 한다"고 말한 것처럼. 진정한 팀워크는 비판할 줄 아는 친구들로 구성된다. 진실을 위해 사랑의 채찍을 드는 셈이다. 그들은 공동의 목적을 공유하나 그것을 성취하는 최선의 방책을 두고는 의견이 엇갈린다. 물론 이러한 논쟁이 너무 격렬해지지 않도록 신중하게 조율해야 하지만. 그러나 대체로는 건강한 팀의 신호로서, 그 안에서 아이디어를 두고 경쟁하는 일이 개인의 자아, 서열, 집단 사고에 우선한다.

인생에 대한 교훈도 이와 마찬가지다. 자기와 다른 의견을 가진 동료의 말을 경청하라(아니, 두 배 더 경청하라). 식기세척기에 그릇을 저렇게 넣는 방식이 왜 중요한지 파트너나 동거인에게 물어라. 당신이 선택한 인생을 비난하는 친척이나 친구의 말을 단지 기분이 상한다는 이유로 무시하지 말아라. 과학은 우리에게 피드백에 마음을 열고 자신의 한계를 인식하라고 가르친다. 다른 기술과 지식을 갖춘 다른 사람들, 그들과 함께 일할 수 있는 능력이 필요하다. 어떤 과학자더라도 건강한 토론을 비롯해 심지어 격렬한 논쟁조차 두려워하지 말라고, 그것은 환영해야 할 일이라고 대답할 것이다. 서로 다른 관점을 향한 선입견에도 불구하고 의견의 불일치는 일의 진척을 방해하지 않는다. 오히려 일을 진전시키는 조력자인 경우가 더 많다. 반대로 모두가 조용히 고개를 끄덕거리고만 있다면, 그때부터 당신은 걱정하기 시작해야 한다.

　궤도 너머

완벽함을 위해
무한히 기다리지 말 것

"완벽하게 준비될 필요도, 끝없는 준비로 행동을
정당화할 필요도 없다.
때로는 무작정 뛰어들어야 한다."

우리는 과거의 이론이 틀렸다고 밝혀지거나, 적어도 미완성으로 드러나는 과학에 익숙하다. 과학은 과거의 성과 위에 세워진다. 그리고 대부분 그것들을 개선하며 점진적으로 발전한다. 과학자들은 축적된 지식과 개선된 소통 방식을 통해 그 혜택을 누린다. 지식의 탑은 점차 하늘로 높이 솟아올라 한때 과학자들이 의지했던 개념들은 어느새 눈에 보이지 않게 된다. 그러나 상황이 역전될 때도 있다. 과학자들은 오래된 이론을 대체하는 데 그치지 않고 그것을 검증하거나 자기가 태어나기 훨씬 이전에 처음 제시된 개념의 새로운 함의를 탐색하기도 한다. 과학은 근본 개념을 증명하기 위해 길고 굴곡진 여정을 거친다.

이러한 측면에서 아인슈타인의 일반 상대성 이론보다 더 유명한 예시는 없다. 일반 상대성 이론은 물리학 역사상 가장 많이 논쟁되고 또 시험된 개념 중 하나다. 1915년에 처음 출판된 이 이론은 아인슈타인이 이미 특수 상대성 이론을 통해 창시한 개념을 발전시킨 것이다. 특수 상대성 이론에 따르면 시공간 안에서 물체의 움직임은 절대적이지 않으며, 이는 언제나 다른 물체와의 관계에서 상대적으로 정의된다. 또한 오직 빛의 속도만이 일정하고 그보다 빠른 것은 존재할 수 없다. 일반 상대성 이론은 시공간을 다루는 이러한 관점을 중력으로 확대한다. 일반 상대성 이론에서 중력은 시공간과 역동적으로 상호 작용해 시공간을 마치 메모리폼처럼 비틀거나 휘어지게 한다(그래프용지 위에서 지구가 푹 꺼지는 것처럼 보이는 그림을 떠올리면 된다).

LIGHT
SPACE TIME
GRAVITY
MEMORY FOAM SPACE TIME
GENERAL RELATIVITY
10:27
10:31
10:28
THEORY
PROOF?
EVIDENCE
VULCAN
VULCAN
'newton's Hammer'

일반 상대성 이론이 불러온 파급 효과는 광범위했다. 중력장을 지나는 빛의 행동(그 빛은 휜다)에서부터 블랙홀(별이 붕괴될 때 주로 형성되며 중력의 힘이 너무 세서 빛조차 빠져나가지 못한다)의 존재까지 갖가지 것들을 예측했다. 일반 상대성 이론이 소개된 후 수십 년 동안 이 이론의 영향과 의미를 탐구하기 위해 수많은 실험이 행해졌다. 여기에는 괴짜 같은 실험들도 포함된다. 1971년에는 두 연구자가 거대한 원자시계 네 대를 비행기에 싣고 세계를 서로 반대 방향으로 한 번씩, 총 두 바퀴를 날았다. 이 실험으로 시간은 관찰자의 위치에 따라 다르게 경험된다는 아인슈타인의 예측이 검증되었다. 지구의 중력장에서 멀리 떨어질수록 시간이 아주 미세하지만 더 빠르게 움직였기 때문이다(아주 멋진 실험이긴 하지만 저 시대에 그 거대한 장비를 들고 공항 보안대를 통과하면서 보안 요원들에게 그저 과학 실험용이라고 설득하는 장면을 상상해 보라. 추가 수하물 요금이 얼마인지는 알고 싶지도 않다).

세월이 흘러도 실험은 계속되었다. 증거도 그만큼 계속 쏟아져 나왔다. 일반 상대성 이론이 맨 처음 파장을 일으킨 지 한 세기가 지난 2015년에 그 최종 구성 요소가 입증되었다. 중력파가 존재한다는 첫 번째 증거를 찾아낸 것이다. 중력파는 블랙홀이 합쳐지거나 밀도가 매우 높은 별이 충돌하는 등의 천문학적 사건에서 방출된 고에너지로 시공간의 틀 전체에 파장을 일으킨다. 이 중력파를 측정할 수 있다면 태초 이래로 우주의 팽창이 진행된 과정을 바라보는 시각을 바꿔 놓을 터였다.

중력파의 존재가 처음 제시된 지 꼭 백 년 만에 실제로 우주에서 중력파가 탐지된 이 사건은 과학에서 이론과 증명의 사이를 잇는 복잡한 경로를 예시한다. 무엇인가가 존재한다고 믿는 것, 그 존재가 진짜임을 아는 것, 그 존재를 증명해 모든 합리적인 의심을 불식시키는 것은 모두 별개의 일이다. 각각은 한 개념이 일개 흥미로운 가설에서 실행 가능한 이론이자 증명된 독립체로 진화하는 중간 단계다.

2015년이 될 때까지 과학자들이 중력파 연구를 미루고 있었던 것은 아니다. 그간에도 실험과 연구는 계속 진행되어 이론과 증명 사이의 간극을 서서히 좁혀 가던 중이었다. 1969년에 한 물리학자는 대형 알루미늄 실린더를 탐지기로 이용해 중력파를 기록했다고 주장했다. 그의 말에 따르면 이 탐지기는 소리굽쇠처럼 작동했다. 하지만 다른 누구도 저 결과를 반복하지 못했다. 몇 년 뒤에는 또 다른 두 천문학자가 한 쌍의 중성자별이 중력파의 존재를 강하게 암시하며 행동하는 모습을 관측했다. 이 연구로 두 사람은 노벨상을 받았다. 이러한 실험들로 과학자들은 중력파가 실재한다는 사실에 한 걸음 더 가까이 다가갔다. 그러나 그 효과를 관찰했다고 해서 존재가 실제로 감지되었다고 할 수는 없다. 과학자들은 무엇인가가 **그럴 수도 있겠다** 정도로 밝혀졌다고 해서 발 뻗고 눕는 사람들이 아니다. 거의 확실히 존재한다고 아는 정도로는, (실제로도 보여질 수 없다고 해도) 과학자의 탐구심을 만족시킬 수 없다. 그래서 연구는 그것이 실재한다는 증거를 손에 쥘 때까지 계속된다(하지만 그 증거 자체로는 증명이 되지 않을 수도 있고, 그것이 관찰된 특정한 맥락을 넘어서서는 아무것도 증명하지 못할 수도 있다. 정말 더럽게 까다롭지 않은가?).

그러나 증거를 찾는 과정이 길고 지난하고, 과녁을 관중하지 못하는 결과들만 잔뜩 생산한다고 해서 절망해서는 안 된다. 증거가 부족한 발견이라도 실패는 아니다. 그 자체로 발전의 가장 중요한 촉매가 될 수 있기 때문이다. 다른 분야에서처럼 과학계에도 사회적 역학 관계가 존재한다. 마치 승리할 축구팀만 응원하는 사람들처럼 연구자도 이미 검증된 주제만 파고들 수 있다. 획기적인 돌파구로 주목받은 분야는 관심 그리고 결정적으로 연구 보조금을 더 많이 받으니까.

두 번째 촉매는 기술이다. 서로 다른 두 세대의 과학자들 사이에서 나타나는 가장 큰 차이는 바로 연구에 사용하는 도구다. 이제는 지구 궤도에서 서로 다른 지점의 시간을 읽기 위해 대형 시계를 낑낑 짊어지고 비행기에 올라탈 필요가 없다. 오늘날 천체 물리학자와 우주론자 들은 엄청나게 개선된 망원경과 이미지 기술을 관측에 사용할 수 있다. 그뿐 아니라 그 결과로 나온 수치를 분석할 현대 컴퓨팅 기술의 힘까지 장착했다. 과학자는 기술의 지속적인 발전에 의존한다. 심지어 때로는 옆에서 대기하며 때를 기다리기도 한다(제임스 카메론 감독이 〈아바타〉 속편을 제작하는 데 13년이 걸린 이유 중 하나가 수중 모션 캡처용으로 더 뛰어난 성능의 카메라를 원했기 때문이다).

2015년에 중력파를 발견한 레이저 간섭계 중력파 관측소

Laser Interferometer GravitationalWave Observatory, LIGO 프로젝트는 연구자들이 수 년 뒤에나 사용 가능할 것이라고 예측했던 바의 한 가지 예에 불과하다. 이 관측소의 설립자, 킵 손Kip Thorne과 라이너 바이스Rainer Weiss는 그들의 연구가 실험을 통해 결실을 드러내기 40년 전에 처음 만났다. 그리고 이 기념비적 결과를 전달한 장비는 그보다도 오래전에 고안되었다. 바이스는 1972년에 처음으로 LIGO의 이론상 설계를 주제로 논문을 썼다. 이 장비는 1994년에 착공했는데, **4킬로미터** 길이의 강철콘크리트 팔 두 개가 유리 실타래에 매달린 거울을 지탱하는 구조이며 레이저의 감시를 통해 아원자 입자의 차원보다 훨씬 더 작은 움직임을 탐지한다. 이 시설은 2000년대 초반까지 온라인에 올라오지 않았고, 2010년에는 민감도 개량을 위해 다시 설계되었다.

한 세기나 된 이론을 입증하기 위해 수십 년에 걸쳐 설계된 이 실험은 과학이 운용되는 시간이 어느 정도인지 그 규모의 수준을 알려 준다. 하나의 이론을 증명하려면 연구자가 수행하려는 실험에 더불어 여기에 사용할 방법을 뒷받침하는 이론을 먼저 증명해야 한다. 중력파 사례가 제안했듯이, 커다란 비전은 뛰어난 영감 못지않게 인내와 끈기에도 달려 있다. 스스로 무엇을 성취하고자 하든지 인내는 우리가 가질 수 있는 최고의 도구다.

중력파에 대한 LIGO의 조사는 우리가 증명이라고 통칭하는 것에 이르는 과정의 복잡성과 의존성을 드러낸다(뒤에서 설명

궤도 너머

하겠지만, 나는 이때까지 증명이라는 단어를 분명히 잘못 사용하고 있었다). 또한 과학 지식의 발전이 어떻게 과학자가 개발한 이론과 그 바탕이 되는 증거 그리고 그들이 자신에게 유리하도록 제시하는 증명의 수준 사이의 취약한 관계에 달려 있는지를 나타낸다. 모두 까다롭고 기변적이며 뜨겁게 논쟁 중인 개념이다. 이론은 증명될 수도 있고, 안 될 수도 있다(그리고 증명이 되지 않았더라도 여전히 유용할 수 있다). 또 증거는 완전하거나, 적절하거나, 반복 가능하거나, 믿을 만한 것이 될 수도 그렇지 않을 수도 있다. 마지막으로 증명은 설득력이 크거나 쉽게 받아들일 만한 것일 수도 그렇지 않을 수도 있다. 심지어 당시의 과학 철학에 따라 아예 증명 불가능할 수도 있다.

추가로 말하자면 아이디어가 항상 유용할 필요는 없다. 과학에서 증명은 매력적인 개념이다. 결국에는 가설이 입증 또는 반증되어 수개월, 수년의 연구를 타당하게 할 거라는 믿음이 그 바탕에 있다. 그러나 과학이라는 푸딩은 전혀 증명되지 않은 채 구워지더라도 맛이 아주 좋을 수 있다. 이론 물리학을 지탱하는 개념은 대부분 경험으로 확인된 증거가 부족하다. 그럼에도 우주를 이해하는 데 대단히 중요하다는 사실이 증명되었다(과학자들은 여전히 암흑 물질과 암흑 에너지가 있다고 믿고 수색 중이다). 반대로 과학자들은 인류의 집단 지식과 지능을 증진하는 일에는 사실상 쓸모가 없는 온갖 것들도 증명해 낼 수 있다. 과학에서 아이디어의 타당성을 입증하거나 증명하는 능력은 처음에는 완벽한 해결책처럼 보여도 꼭 성공이 보장되는 것은 아니다.

증명을 위한 수색은 과학이 진행되는 과정에서 가장 중요하고 통찰을 주는 측면 중 하나다. 이는 과학 연구가 어떻게 발전하고 또 잘못되어 가는지를 모두 조명한다. 이론, 증거, 증명 사이의 간극을 통해 (조급하지만 장기적인 접근으로 정의되는) 최고의 과학 연구와 (증명의 욕망 때문에 의식적이든 무의식적이든 증거를 왜곡시키게 하는) 최악의 위험을 동시에 볼 수 있다. 연구자들이 수십 년 넘게 인정받았던 이론에 도전하는 모습, 수년간 매달린 퍼즐을 완성할 마지막 조각을 찾기 위해 존재를 확신하며 미지의 대상을 수색하는 모습. 이 모습들에서 우리는 과학자들이 전하는 가장 중요한 교훈을 배운다.

지금까지 우리는 과학에서 증명은 존재하고 바람직하며 모든 과학 연구의 궁극적 목표가 되어야 한다는 전제를 두고 이야기를 전개했다. 독자여, 날 용서하길. 실상은 그보다 조금 더 복잡하니까. 애초에 과학에서 무언가가 증명 가능하다는 생각 자체가 도전이다. 그것이 보편적으로 증명되었는가? 합리적인 의심을 넘어서 증명되었는가? 현재의 시공간은 물론이고 아직 발견하지 못한 또는 구상하지도 못한 모든 시공간의 차원을 가로질러 증명된 것인가?

증명이라는 개념의 한 가지 큰 문제는 그 속성상, 끝이 없는 과정에서 최종을 암시한다는 데 있다. 과학에서는 연구자가 관찰하고 관찰이 가설에 정보를 주며 가설은 이론을 개발하게 해 마침내 원리나 법칙으로 굳어진다. 그러나 이 중에서 영원토록 확실한 바는 하나도 없다. 모든 것은 언젠가 반증되거나 대체된다. 혹은 적어도 불완전하다고 밝혀진다. 모두에게 익숙한 문제를 다른 렌즈로 들여다보면서 그동안 아무도 눈치채지 못한 모순을 지적하거나 적절한 문제를 새로 제기하는 사람은 늘 있기 마련이다. 증명은 언제 완성될까? 우리는 언제 실험이라는 무대에서 커튼을 내리며 종료를 선언할 수 있을까? 어떤 실험이 무엇을 입증하고 결국 누구를 만족시켰는지의 문제는 아직 완전히 해결된 적이 없다. 뒤에서 보겠지만 '보편' 그리고 '법칙'이라는 단어가 붙은 개념조차 적절한 때가 오면 그 어느 것도 아니었음이 밝혀진다.

과학이 실천되는 바탕, 즉 많은 이가 아이디어를 이리저리 시험하고 찔러 보고 비판적, 회의적으로 생각하게 하는 과학의 기본 속성이 바로 과학의 토대를 불안정하게 하며 증명이라는 이름이 붙은 모든 것을 취약하게 만든다. 일반적으로 과학자들은 대부분의 이론과 법칙을 어느 정도 유죄라고 본다. 즉 불완전하거나 다른 과학 원리와 양립하지 않거나 그들이 다루려는 문제의 규모에 미치지 못한다고 생각한다는 말이다. 한 이론이 특정한 측면이나 맥락에서 미흡하다는 사실을 폭로해 그 이론을 반증하는 일은 해당 법칙이 모든 실제적 또는 이론적 상황에서 진실임을 증명하는 것보다 쉽다. 따라서 과학자들이 일구어내는 진보는 많은 경우 무언가를 창조하면서가 아니라 파괴하면서 시작한다. 기존 이론을 완전히 난도질하지는 않더라도 최소한 그 안의 허술한 틈을 지적한다. 그리고 그것이 대답하지 못한 질문을 붙들고 있는다. 우리는 구멍을 내면서 시작하는 게 더 쉽다고 생각한다. 그러나 그것이 꼭 반달리즘은 아니다. 이 행위가 새로운 시선을 열어 줄 수 있기 때문이다.

과학은 창조적이어야 하는가 아니면 파괴적이어야 하는가? 결국 기본적으로 젠가로 탑을 쌓는 것과 다 쌓은 탑에서 블록을 제거하는 것 중 어디에 초점을 둘지의 문제다. 이는 20세기 중반에 주요한 논쟁거리였다. 한쪽에는 철학자 칼 포퍼^{Karl Popper}가 제시한 반증의 교리^{doctrine of falsification}가 있다. 그는 과학 이론은 반박될 수 있을 때만 타당하다고 주장한다. 그의 주장에 따르면 과학자는 자신의 아이디어를 증명하기 위해서가 아니라 반증하기 위해서 연구해야 한다. "모든 이론에 대한 진정한 **검증**은 오류를 찾거나 반박하는 것이다. …… 그것을 확증하는 증거는 **그것이 이론의 진정한 검증 결과일 때를 제외하면** 인정되어서는 안된다. 이 말은 곧 증거란 이론의 오류를 찾아내려는, 진지하지만 실패한 시도가 될 수 있어야 한다는 뜻이다." 반면에 그는, "거의 모든 이론이 확증^{confirmation} 또는 검증^{verification} 받기는 쉽다. 찾는 것이 확증이라면 말이다"라고 믿는다. 다시 말해 무엇인가가 옳다는 증명을 절실히 원한다면 대개 그것이 옳다고 말하는 모종의 증거를 찾을 수 있다. 그러나 포퍼에 따르면, 진정한 과학자는 모래성 주위에 더 깊은 해자를 파는 대신 모래성을 발로 차 버린다.

사실 그들은 자신이 틀렸다고 증명하기를 **원했다**.

반대쪽 진영에는 포퍼와 동시대 사람인 토머스 쿤[Thomas Kuhn]이 있었다. 그는 대부분의 과학자가 쿤 자신이 '정상 과학'이라고 부른 것을 실행하며 대개 기존에 확립된 도구와 이론을 사용한다고 주장했다. 이것들이 스스로 적합하지 않다는 사실을 반복해서 보일 때만 규칙을 다시 쓰려는 시도가 일어난다. 그렇게 마침내 하나의 '패러다임'을 깨부수고 다른 것을 만들게 된다. "기존의 전통을 뒤엎는 이상체를 더는 피할 수 없을 때 비로소 새로운 약속, 과학적 관행의 새로운 기반이 탄생하는 특별한 조사가 시작된다." 이러한 기반에서 과학은 틀림을 증명하기 위해 매달릴 때보다 오래된 기술과 아이디어가 불필요하다는 깨달음을 처리해 가는 과정에서 비약적으로 발전한다.

두 관점 중 무엇을 선호하든지, 결국에는 다른 경로로 같은 목표를 향해 가는 셈이다. 다시 말해 연구자가 그들의 연구를 발전시켜 궁극적으로 신기원을 열게 되는 계기는 기존 합의에 대한 불만이다. 이는 모든 것이 완벽하게 정렬될 때까지, 또는 옳다는 기분이 들 때까지 멈추지 못하는 지극히 인간적인 속성이다. 포퍼 쪽이든(기본적으로 불만족에 대한 것), 쿤 쪽이든(레시피를 실망할 때까지 따르다가 결국 새로운 방법을 찾는 것) 우리 모두가 어느 정도는 이러한 기분을 느낀다. 나 역시 여기서 약간 죄책감을 가진다. 커다란 데이터 집합을 다루면서 나는 그 안에서 중요해 보이지는 않아도 무언가 중요한 것을 숨긴, 아직 뒤집지 않은 조약돌을 찾아낸다. 그리고 그것이 보이는 미세한 차이에 집중하기 위해 어쩔 수 없이 더 자명하게 드러나는 유사성을 종종 무시한다. 이러한 데이터로는 크고 중요한 결론을 쉽게 내릴 수 있다. 그러나 나는 만일을 대비해 사소한 부분에 트집을 잡는다. 심지어 비일관성을 찾아 샅샅이 훑기 전까지는 만족하지 못한다.

어느 쪽이든 과학자는 발견이 주는 약속으로 흥미를 느끼는 것만큼 의심에 의해서도 동기부여가 된다. 앞뒤가 맞지 **않는** 이상한 관찰과 실험 결과는 기대보다 훨씬 흥미로운 경우가 많다. 바로 그러한 이상체가 기존 이론이 가진 결함에 빛을 비추기 시작한다. 연구자들은 이를 계기로 가설에 빠르게 살을 붙이거나 새로운 조사 방향을 발견하게 된다.

어떤 이상체는 크기가 아주 작다. 그래서 데이터 집합 내에서 쉽게 알아채기 어려운 미묘한 차이를 일으키거나 그저 표면상의 오류로 그칠 때도 있다. 반면에 이상체가 말 그대로 행성의 수준으로 거대한 경우도 있다. 자, 다시 상대성 이론으로 돌아가 보자. 1915년에 아인슈타인은 자신의 걸작을 마무리하면서 세 가지 테스트로 이 이론의 진실성을 확립했다. 그중 마지막 테스트가 수성의 궤도 예측이었다. 수성의 궤도는 아인슈타인이 연구했던 분야를 오래 지배한 이론, 즉 '만유인력의 법칙'의 잘 알려진 아픈 손가락이었다. 뉴턴의 이 단순하고 대단히 성공적인 공식에 따르면, 모든 물체는 서로에게 중력을 발휘한다. 두 물체 사이의 끌어당기는 힘은 물체의 질량과 둘 사이의 거리를 알면 계산 가능하다. 이 법칙은 새로운 발견이 나타날 때마다 그 것을 검증해 확실히 못 박는 망치로 쓰여 왔다. 만유인력의 법칙 은 모든 존재가 상대적인 질량과 위치에 의해 설명되는 고정된 세계를 그려낸다. 반면에 아인슈타인의 역동적이고 미묘한 일 반 상대성 이론에서는 물체가 시공간을 통과하면서 문자 그대로 그것을 휘게 한다.

뉴턴의 이론은 두 세기 이상 확고한 지위를 차지하며 행 성에서부터 그 아래의 모든 것을 설명하고 연구하게 했다(그리고 불완전할지언정, 오늘날까지도 중력을 이해하는 데 근사치로 아주 훌륭하게 남아 있다). 그러나 수성의 궤도 만큼은 이 이론으로 설명할 수 없었다. 태양 에서 가장 가까운 이 행성은 다른 행성과 달리 근일점(궤도 주기 중 에서 태양에 가장 가까이 지나는 지점)의 측정치가 일관되지 못했다. 수성 의 근일점에는 미세하지만 모호한 불일치가 있었다. 만유인력 의 법칙에 따르면 존재해서는 안 되는 차이였다. 태양에 가장 가 깝게 지날 때 수성은 뉴턴의 중력이 내린 지시보다 아주 조금 빠 르게 움직였다. 아인슈타인은 이 이상체를 발견한 사람은 아니 었지만 결국 이 문제를 해결해 냈다. 일반 상대성 이론은 과거 이론이 설명하지 못한 이 행성의 움직임을 정확히 설명해 냈다.

1915년에 출간된 아인슈타인의 중력 이론이 1687년에 출 간된 뉴턴의 중력 이론을 대체함으로써 기나긴 이야기에 마침표 를 찍었다. 이는 과학자들이 어떻게 이론을 증명해 나가고 또 때로는 그 과정에서 방황하는지에 관해 많은 이야기를 한다. 19세기 후반부에 과학자들은 뉴턴의 법칙이라는 '패러다임' 안에서 수성의 특이한 움직임을 이해하려고 오랫동안 흥미로운 시도를 이어 왔다. 쿤이 주장했듯이, 과학자들은 아무리 덩치가 큰 이상 체라도 예외 몇 개로 이론을 폐기하지는 않는다. 과학자의 본능은 처음부터 모든 것을 팽개쳐 버리지 않는다. 대개는 그 이례적인 발견을 정당화하고 특정 이론이나 법칙의 경계 안에서 이해되게끔 설명하려고 한다. 그러기 위해 연구자들은 먼저 그들이 놓치고 있을 무언가를 가정한다. 존재가 밝혀지면 그 이상 현상을 설명해 줄 새로운 힘이나 변수 같은 요소 말이다.

수성의 이 불안정한 근일점을 어떻게 해서든 뉴턴의 맥락에서 이해해 보려는 과정이 그러했다. 천문학자와 물리학자가 보기에 태양계에 어떤 감추어진 존재가 있는 게 분명했다. 왜 수성과 태양이 만유인력의 법칙에 따라 상호 작용하지 않는지 설명할 중력을 발휘하는 물체 말이다. 그래서 그들은 그것을 찾아나섰다. 이는 해왕성을 찾아냈던 역사로 인해 더 고무되었다. 과거 1849년에 천문학자들은 천왕성 궤도의 불일치를 탐색하는 과정에서 비슷한 논리로 접근해 마침내 해왕성을 찾아냈었다.

당시 해왕성의 발견을 예측했던 프랑스 천문학자 위르뱅 르베리에Urbain Le Verrier는 같은 논리를 수성의 이상 궤도에도 적용했다. 그는 수성과 태양 사이에서 공전하는 아홉 번째 행성이 저 성가신 궤도를 설명해 내리라 믿었다. 그가 이 이론을 출판한 후, 천문학자들은 그 존재를 처음으로 밝혀내기 위해 부지런히 망원경을 들여다보았다. 이 미지의 행성은 궤도가 태양과 너무 가까워서 관찰하기가 극도로 어려웠다. 그러나 오래지 않아 1859년 3월 26일, 프랑스 의사이자 아마추어 천문학자인 에드몽 레스카르보Edmond Lescarbault가 관측에 성공했다. 그는 망원경을 통해 작고 검은 물체가 태양 표면을 지나가는 모습을 보았다. 그 물체는 궤도상에서 1시간 17분 동안 관찰되었다. 몇 달 뒤, 르베리에의 논문을 읽은 레스카르보는 자기가 본 것이 그 새로운 행성일지도 모른다고 생각했다. 같은 해 12월, 그는 이 유명한 천문학자에게 서신을 보냈고 그로부터 답장 이상을 받았다.

레스카르보의 관측에 흥분한 르베리에는, 새해 전날임에도 불구하고 바로 기차를 타고 레스카르보가 사는 브리타니로 찾아갔다. 참석하기로 했던 파티는 취소했고 기차역에서 무려 19킬로미터를 걸어야 한다는 사실에도 아랑곳하지 않았다. 세계적인 전문가가 예고 없이 문 앞에 나타났을 때 이 아마추어 천문학자의 기분을 상상하기란 어렵지 않다. 장시간 걸은 탓에 처참한 몰골로 도착한 르베리에는 레스카르보의 장비를 꼼꼼히 살피고 세세한 질문을 던졌다. 알고 보니 레스카르보는 집에서 만든 조잡한 장비로 천체를 관측했고 종이가 없어서 발견한 내용을 나무 조각에 기록했다. 게다가 이 의문의 검은 점을 관찰하는 동안 환자가 찾아오는 바람에 관측이 중단되기도 했다. 그럼에도 르베리에는 충분히 만족했다. 그리고 이듬해 1월에 그는 새로운 행성의 발견을 발표하며 그 궤도와 위치에 대한 자신의 계산을 함께 보여 주었다. 2월에 이 행성은 로마 신화 속 불과 화산 그리고 대장간의 신, '벌컨Vulcan'이라는 이름을 얻으며 세상에 알려졌다. 태양 가장 가까이에서 날고 있다고 여겨진 행성에게 더없이 어울리는 이름이었다.

새로운 행성이 이론으로만 존재하지 않고 실제 관측되었다는 발표로 세상은 한층 더 들썩거렸다. 벌컨의 위치는 태양에서 매우 가까웠다. 그 말은 개기일식이 일어날 때 이 행성을 관찰하고 탐구하기가 가장 유리하다는 뜻이었다. 일식이 일어날 때마다 천문학자들은 자신이 새로운 행성을 입증할 사람이 되길 바라며 관측에 나섰다. 1878년에는 에디슨도 천문학자 모임에 합류해 북아메리카를 뒤덮은 일식을 연구했다. 마침 그중 한 사람이 벌컨을 관측했다고 발표하는 바람에 언론이 또 한 번 발칵 뒤집어졌다. 그러나 20년 전 레스카르보 때처럼 이번 관측도 반복되지 않았다. 목격담의 주인공인 천문학자 제임스 크레이그 왓슨James Craig Watson은 2년 뒤, 일식이 아닌 때에도 벌컨을 관찰할 수 있게 설계된 대형 망원경의 건설을 감독하던 중 42세의 나이로 사망했다. 르베리에도 이미 3년 전에 세상을 떠났지만 벌컨에 대한 세상의 믿음은 계속되었다. 1915년에 아인슈타인이 일반 상대성 이론을 발표한 뒤에야 벌컨 추적은 시들해졌다. 쿤의 언어에 따르면 아인슈타인이 중력에 대한 새로운 패러다임을 창조한 것이다. 수성의 행동을 뉴턴의 법칙으로 설명하기 위한 창의적인 가정과 해석이 더는 필요하지 않았다. 과도하게 알려진 것에 비해 발견에는 진척이 없던 벌컨은 사실 애초에 존재하지도 않았다. 벌컨 사냥은 관찰한 내용을 새로운 증명의 기회로 삼는 대신 기존 이론에 억지로 끼워 맞추는 것이 얼마나 위험한지 잘 보여 주었다.

존재하지 않는 행성을 추적했던 이 사건은 과학의 내재적 요소인 이론, 증거, 증명이 함께 이루는 궤적에 대한 통찰을 주었다. 벌컨은 한 이론에 어긋나는 가장 자명한 이상체를 제거함으로써 그 이론을 만족시키기 위해 설정된 가상의 물체였다. 처음 그 존재를 가정하게 한 가시적인 증거는 수성의 불안정한 궤도가 전부였고, 다른 것들은 모두 순전히 이론상 또는 정황상 증거였다. 뉴턴의 중력에 대한 견고한 신념, 몇 번의 어설픈 목격담, 그리고 궤도 이상으로 새로운 행성을 발견한 전적이 있었기에 이번에도 사실일 거라는 생각 같은 것들 말이다.

르베리에가 실력 없는 과학자는 결코 아니었고 어떤 면에서 그의 연구는 대단히 뛰어났다. 수성의 근일점 측정값은 현대 기술로 기록된 수치에 대단히 근접했다. 이는 당시의 미흡한 장비로 이루어낸 놀라운 업적이었다. 그러나 르베리에 역시 그가 살았던 시대와 그 시대의 과학적 통념 그리고 자기 연구의 산물이었다. 뉴턴의 중력을 제단 삼아 기도하고 태양계라는 활에 현을 추가했던 사람에게 새로운 행성이라는 이론은 충분히 그럴듯한, 사실 가장 그럴듯한 설명이었다. 이제 와서 말이지만 그는 취미로 천문학을 한다는 촌구석 의사를 만나기 위해 시골길을 19킬로미터나 걸어간 순간부터 이미 일을 그르쳤다. 그러나 그를 비롯한 많은 동시대인에게 벌컨은 수성의 행동을 설명할 가장 합리적인 이유였다. 과학자들이 큰 발견 앞에서 대단히 흥분한다는 사실까지 추가하면, 시공간을 가로지르는 부질없는 시도를 하게 될 조건은 충분히 갖춰진 셈이다. 이 사례가 보여 주듯이 증명을 추구하는 일은 그 자체로 목적이 되기도 한다. 새로운 발견이라는 유혹은 훌륭한 과학자들도 길을 헤매게 한다. 발견의 열망이 너무 커지면 실재하지 않는 존재까지 보게 된다. 신기루를 좇는 것이다.

이로써 우리는 과학에서 증명이란 얼마나 변덕스러운 개념인지 알 수 있다. 반세기가 넘게 태양계 연구자들은 존재하지 않기에 증명할 수 없는 이론적 물체 때문에 기존의 중대한 이론이 반증되는 일이 없게 하려고 무던 애써 왔다. 그러나 그 노력에 종지부를 찍은 것은 바로 뉴턴의 중력 이론을 대체하고 벌컨을 불필요하게 만든 새로운 이론의 등장이었다. 이것이 바로 과학이 북소리에 발맞추어 행진하는 방식이다. 과학은 천천히, 의심하면서. 그리고 때로는 통념에 굴복하기를 꺼리면서 나아간다. 그러나 언제나 새롭고 흥미로운 사실을 처음으로 밝히기 위해 열정을 다해 탐구한다. 동시에 과학은 항상 유동하는 상태로 존재한다. 이 상태에서 기존 개념은 탄탄한 비계를 제공하지만 수천 년 동안 우뚝 설 만한 대성당이 되기는 어렵다. 1964년에 위대한 물리학자 리처드 파인만은 어느 강연에서 "그 어떤 확실한 이론이라도 틀렸다고 증명할 수 있다. 그러나 결코 그 이론이 옳다고 증명할 수는 없다"라고 말했다. 또한 그는 뉴턴의 중력 개념이 아무 도전도 받지 않던 그 시간 동안, "누구도 그 이론이 틀렸다고 증명하지 못했고 그래서 당분간은 옳은 이론으로 여겨졌다. 그러나 옳다고 증명될 수는 없었다. 왜냐하면 당신이 옳다고 생각하는 그것을 내일의 실험이 틀렸다고 증명할 수도 있기 때문이다"라고 주장했다. 과학에서 통념이 원리, 이론, 법칙이라는 말로는 불려도 결코 '증명'이라고 불리지 않는 데는 이유가 있다. 원리는 바뀔 수 있다. 이론은 오류로 증명될 수 있다. 법칙은 수정되거나 갱신될 수 있다. 그러나 증명은 절대적이고 최종적이다. 그리고 이제는 다들 알겠지만, 과학이란 절대적일 수도 최종적일 수도 없다.

그래서 그 어떤 것도 확실하지 않고 영원히 전복되지 않을 수 없으며 증명될 수조차 없다는 사실을 인정하고 나면 무엇이 남는가? (아이러니하게도 아주 확신할 수 있는 바) 우리에게는 아주 많은 것이 남는다. 과학 지식의 오류 가능성은 치명적 결점이 아니라 궁극의 비밀 병기이기 때문이다. 그 어떤 것도 의심의 여지 없이 완벽히 해결될 수는 없다는 사실은 모든 존재가 탐구 대상이라는 뜻이다. 그것들은 새로이 시험되고 다른 관점에서 관찰된다. 또한 우리는 그것들을 색다른 조명에 비추어 볼 수 있다. 이렇게 단순한 현실이 모든 과학 연구를 추동한다. 아직 흥미로운 일이 많이 있다는 것. 진짜 걱정은 일이 완전히 해결된 듯이 보일 때 비로소 시작된다.

결정적 증거가 부족하다고 해서 과학자들이 개발한 이론이나 법칙이 유용하게 쓰이지 말라는 법은 없다. 이 점은 인정해야 한다. 결국 현대 사회 전체가 과학 원리에 기반해 개발된 기술을 통해 발전했다. 이론, 그리고 그 이론이 의존하는 필연적으로 불완전한 증거는 증명 불가하더라도 문제 없다. 그 증명을 찾으려는 수색이 되레 많은 완벽주의자들을 나락으로 떨어뜨렸다. 완벽하게 준비될 필요는 없다. 끝없는 준비로 행동을 정당화할 필요도 없다. 그렇게 하다가는 평생 시작조차 하지 못한다. 일을 미루는 성향이 다분하고 새로운 프로젝트를 시작하지 않을 핑계로 '탐색'을 내세우는 이들에게 유용한 조언이다. 일단 시도해 보기 전에는 그 어떤 것도 확신할 수 없다. 그러니 일단 시작하고 나서 그때그때 배우는 편이 더 낫지 않을까? 이러한 태도는 특히 소외되는 상황에서 중요하다. 자신이 속한 업계나 커뮤니티의 틀에 자신이 잘 '맞지' 않는다는 느낌이 들 때, 자신의 존재를 정당화하고 어떻게 행동해야 할지 생각만 하면서 세월을 흘려보낼 수도 있다. 당신 같은 사람도 그런 환경에서 성공할 수 있다고 보여 주는 '증거'는 존재하지 않는다. 스스로 의심받는다는 기분이 들기도 한다. 그러나 성공하고 싶다면 언제까지고 초대만을 기다려서는 안 된다. 닥치고 뛰어드는 것만큼 최선의 준비는 없다.

　　과학 이론은 그 시작에도 즉흥적인 측면이 있다. 시작부터 노벨상을 염두에 두는 게 아니라 일단 되는 대로 해 보자는 식이다. 일반 상대성 이론이 처음 소개되자마자 그 자리에서 뉴턴의 중력 이론을 모조리 치워 버리고 이단으로 선언한 다음 다시는 입에 올리지 못하게 한 것은 아니었다. 일반 상대성 이론은 단지 현상에 대한 좀 더 완전하고 보편적인 설명을 제공했다. 그리고 17세기에 뉴턴의 이론이 그러했듯이 여기에 고무되어 수없이 많은 연구가 이어졌다. 만유인력의 법칙은 완벽하지는 않지만 여전히 좋은 법칙이다. 지금까지 현대의 첨단 장비가 놀라울 정도로 세밀한 수준에서 그 정확도를 증명해 왔다. 결과적으로 아인슈타인이 발견한 가장 유명한 이 이론 자체도 발표된 지 한 세기 이상 지난 지금까지 계속 조사되고 있으며, 그가 차원을 추가한 4차원 시공간을 물리학자들이 샅샅이 파헤치다 보면 언젠가 다른 이론과 같은 운명을 겪게 될 것이다.

　　오래된 이론이 대체되면서 새로운 이론을 찾는 수색은 계속된다. 이는 종종 모든 이론을 지배하는 단일 이론이라는, '흰 고래'의 추구로 이어진다. 모든 것을 초월하는 궁극의 이론을 말한다. 이론 물리학자 마르셀로 글레이서Marcelo Gleiser가 주장한 것처럼, 과학에는 이론과 증거를 합치려는 (최대한 많은 자연 현상을 몇 개의 원리로 연결하는 것) 기본적인 원칙 그 이상을 추구하려는 폭넓은 경향이 있다. "자연의 모든 힘은 단일 힘의 여러 형태일 뿐이라는 대통합, 모든 것의 이론(만물이론), 극단적 환원주의"가 그것이다. 글레이서가 묘사했듯 플라톤에서 아인슈타인(죽기 전 그는 칠판에 '모든 것의 이론'에 대해 풀지 못한 방정식을 남겼다), 그리고 스티븐 호킹^{Stephen Hawking}까지 역사상 가장 유명한 사상가들이 이런 통합을 추구해 왔다. 반면에 괴델의 제1 불완전성 정리 같은 아이디어는 여기에 의문을 제기해 왔다. 이 정리에 따르면, 보편적으로 적용되는 수학 시스템(심지어 덧셈과 뺄셈까지)은 그 값이 참이라고 해도 해당 시스템으로 증명할 수 없는 결과를 생성한다고 주장한다. 다시 말하면 모든 시스템에는 설계상 증명 불가능한 진실이 존재한다.

　　　나는 이것을 철없는 아이에게 어른의 지혜를 설명하는 부모의 모습으로 비유한다. 시간이 지나고 또 시스템이 변하고 나서야 그들은 부모가 옳았음을 깨닫는다. 계속되는 노력에도 불구하고 이 점에 대해서는 회의론자들이 우위를 점해 왔고 통합은 아직 요원하다. 물리학자들은 여전히 그들의 분야를 가장 잘 설명하는 이론에서 나타난 모순과 양립하기 위해 분투한다. 예를 들면 일반 상대성 이론과 양자 이론의 충돌 같은 것들 말이다. 아직 우리가 탐험하지 못했고, 발견하지 못했고, 구상조차 하지 않은 세계는 건들지도 않았다. 인간이 미처 제대로 이해하지도 못한 우주를 완전히 포착할 통일장 이론이 과연 있을까? 글레이서는 그것이 헛된 수색이라고 주장한다. "우리가 가장 잘하는 일은 자연이 작동하는 방식에 대한 대략의 모형을 세우는 일이다. 우리가 발견하는 대칭성은 오직 실제로 일어나는 일의 묘사에 불과하다. …… 그러나 서술과 모형을 현실과 혼동하면 안 된다."

증명이란 과학자들에게 참 묘한 존재다. 과학자들이 (그것이 존재하는 제한되고 절대적이지 않은 수준 안에서) 수색하는 대상이면서 또 그릇된 길로 이끌 위험이 있는 약속이기 때문이다. 과학자들은 그들의 끌과 망치로 기존 개념에 작은 구멍을 내고 그것이 어떤 길을 제시하는지 보아야만 한다. 그리고 새로운 아이디어의 일별을 추구할 수밖에 없다. 비록 실현 가능성이 없는 무모한 일일지라도. 이러한 본능은 꼭 필요하나 함정이 있다. (여러 비밀 결사의 멤버십이 취소될 위험을 감내하고 말하자면) 어떠한 과학 이론도 본질적으로는 판타지에 불과하며 우리는 그 사실을 인정해야 한다. 과학 이론이란 특정 시스템이 어떻게 작동하는지를 설명한 이상화된 판타지다. 과학자는 그 안에서 소설가가 등장인물과 줄거리로 그러하듯 요소들을 배열한다. 이러한 그림 대부분에는 설득력을 가진 증거가 있고, 판타지는 명료함을 달성하는 유용한 방법임을 증명할 수도 있다. 그렇다고 해도 결국에는 그럴듯한 환상 그 이상도 이하도 아니다. 벌컨의 예에서 보았듯이 환상은 과학자로 하여금 존재한다고 믿지만 절대 발견하지 못할 유령 같은 무언가를 뒤쫓게 한다.

증명을 향한 충동은 과학이라는 작업을 계속 유지시킨다. 그러나 그로 인해 연구자들은 막다른 골목으로 가게 된다. 혹은 증명을 과도하게 추구하면서 균형감을 잃는다. 이는 우리 모두가 귀 기울여야 하는 경고다. 우리는 문제에 대한 해답을 쥔 듯 반짝이는 물체 앞에서 주의가 흐트러진다. 그러나 차를 빠르게 몰고 다닌다고 해서 남성성이 증명되지는 않고 인스타그램 팔로워 수가 진짜 인기를 증명하지 못한다. 우리가 추구하는 일이 우리를 의미 있는 목표로 이끌기보다 길을 잃게 할 때가 더 많다. 증명되지 않은 이론이라도 멋지고 유용할 수 있다. 인생도 우리가 성공과 연결 짓는 사회적 지위라는 상징 없이도 얼마든지 행복하고 충만할 수 있다. 과학은 너무 근시안적으로 집중하느라 진정으로 중요한 일을 잊으면 안 된다고 경고한다.

기술의 발달로 데이터를 처리하거나 모델을 세우고 복잡한 시뮬레이션을 구축하는 능력이 달라지면서 증거를 찾는 방식 역시 변화하고 있다. 현대의 소프트웨어는 전통적인 방법으로는 수개월, 또는 수년이 걸렸던 일을 순식간에 달성한다. 대표적 예가 알파폴드AlphaFold다. 이 프로그램은 인공 지능을 사용해 단일 아미노산 서열에서 단백질의 전체 3D 구조를 예측하고 모델을 세운다. 2022년, 이 소프트웨어를 제작한 딥마인드가 총 2억 개의 단백질(알려진 거의 모든 단백질을 아우른다) 코드를 해독했다고 선언했다. 학계에는 엄청난 파장이 일어났다. 이는 경악할 수준의 성과로, 한 번의 클릭으로 눈앞에서 몇 초 만에 집 한 채가 통째로 지어지는 장면을 방불케 한다. 이 프로그램의 영향력은 상상을 초월한다. 특히 신약 개발 분야에서 치명적인 질병에 대한 백신이나 치료법의 수색 속도를 비약적으로 높일 수 있다. 단백질은 자연계 거의 모든 곳에 관여하는 촉진제다. 따라서 이 물질에 대해 잘 알수록 인체를 방어하는 것부터 플라스틱 분해 같은 환경 문제까지 해결책을 더 유용하게 설계할 수 있다. 알파폴드는 많은 분야에서 과학자들이 일하는 방식을 바꿀 것이다. 이는 인공 지능을 통해 이루어질 발전의 한 예에 불과하다. 그러나 여기에는 한계도 있다. 알파폴드는 컴퓨터 프로그램으로 데이터를 분석하고 확률을 계산해 전적으로 정확하다고는 볼 수 없는 지표 모델을 생산한다(0에서 100까지의 신뢰도로 모델의 구역에 점수를 매긴다. 예를 들어 50~70 사이는 "신뢰도가 낮아 주의를 요구하는" 구간이고, 50 이하는 "해석되면 안 된다"). 유럽 생물 정보학 연구소 명예 소장인 재닛 손튼Janet Thornton 교수는 이 프로그램을 두고 "영리한 무한 오려 붙이기 알고리즘"이라고 묘사했다.

그렇다고 과학 전반에서 알파폴드나 인공 지능의 중요성을 경시하려는 의도는 아니다. 다만 그것이 무엇이고 무엇을 하는지는 제대로 알고 있어야 한다. 알파폴드는 모델링이고 예측이지, (일부 미디어에서 암시하듯) 공식적인 검증이나 증명이 아니다. 이것은 우리가 먼 길을 아주 빨리 가도록 하지만 어디까지나 좀 더 완전에 가까운 그림의 근사치에 불과하다. 상세한 실험에 필요한 시간과 돈이 주어졌을 때 생화학자가 창조해 낼 수 있는 그림 말이다. 작업하기에는 충분히 좋은 모델이나 법정까지 가져갈 증거는 아닌 셈이다. 친구가 소셜미디어에 남긴 장밋빛 게시물이 그 친구와 같이 식사하며 얼굴을 보고 나누는 대화나 힘든 시기에 옆에 있어 주는 일을 대체하지는 못하는 것처럼.

　　그런 게 그렇게 중요한가? 글쎄, 그렇기도 하고 아니기도 하다. 우리는 컴퓨터 모델을 마치 증거가 뒷받침하는 증명인 것처럼 오해하지 말아야한다. 그러나 어쩌면 이 모든 컴퓨터 기술이 나중에 가서 증명에 대한 우리의 생각을 바꿀지도 모른다. 기계에게 계속해서 결과물을 내뱉게 해 마침내 진전을 이루게 하는 단서를 발견할 수 있다면 뭐하러 애써 문제를 완전히 해결하려고 하겠는가?

　　이것은 과학에서 증명의 개념과 관련된 여러 문제점들을 선명히 드러낸다. 증명이란 결정적이고 보편적이며 이견의 여지가 없는 진실을 암시한다. 이는 그 어떠한 과학의 원리도 감당할 수 없는 무거운 짐이다. 증명은 과학적 발견의 여정이 시작부터 끝까지 군더더기 없이 수월하게 진행된다는 뉘앙스를 풍긴다. 하지만 헛발질, 우회로, 막다른 길만 정신없이 이어지고, 결국 새로운 세대에게 바통을 전해 주는 일만이 유일한 결론일 뿐이다. 하룻밤 사이에 일어난 것 같은 성공에도 언제나 필수적인 고통의 서막이 있다. 우리는 과학 연구에 한계가 있다는 점을 인정해야 한다. 어떤 이론이 특정한 맥락에서 진실임은 증명할 수 있지만, 그 이론이 교차하는 모든 맥락에서 사실임을 증명할 수는 없다. 증명은 단일체가 아니다. 오히려 어떤 부분에서는 강하고 어떤 부분에서는 약한 거미집에 더 가깝다.

　　이것이 과학의 고통스러운 현실이다. 어떤 문제나 원리

를 열심히 들여다볼수록 그것이 전체적으로 얼마나 복잡한지를 깨닫게 되고, 또 무엇인가를 과학으로 증명하는 일이 가능하다는 생각이 얼마나 비현실적인지도 깨닫게 된다. 이것은 중력의 작동 원리에 대해 이론 물리학자(여전히 중력의 양자적 속성과 아원자 구조에 대해 의문이 있고, 심지어 무엇이 중력을 시작하게 하는지까지도 궁금해하는 사람)의 세미나보다 초등학교 수업(중력이 물체를 땅에 떨어지게 하는 힘이라는 것을 안다)에서 더 확신에 찬 대답을 듣게 되는 이유다. 그러나 증명이 가진 찾기 어렵고 환상에 가까운 속성이 과학자로 하여금 모든 도구를 내려놓고 자포자기하게 만들지는 않는다. 사실 증명은 과학에 존재하는 가장 크고 훌륭한 동기 부여 중 하나다. 발견할 것, 해야 할 일이 항상 더 있다는 것, 그리고 (모든 사람이 성인군자는 아니므로) 자신의 이름을 알릴 기회가 남았다는 사실 때문에 말이다. 발견은 언제나 열린 결말이다. 과학 연구는 우리가 증명할 수 없는 것들, 어쩌면 영영 증명할 수 없는 것들 덕분에 계속해서 번성한다. 모든 답을 이미 다 알고 있다면 인생, 그리고 과학이 얼마나 지루하겠는가?

"편향은 맥락을 제공하고
우리가 세계를 이해하는 방식을 형성한다."

삶의 많은 영역에서 편향은 필연적이다. 자기가 응원하는 스포츠팀에 대해, 자기가 투표한 정당에 대해, 자기가 나고 자란 지역에 대해, 친구와 자식에 대해 우리는 편향된 태도를 보인다. 우리가 자라 온 방식, 우리에게 영향을 준 것들, 우리가 보고 싶어 하는 결과물의 조합으로 편향을 갖게 된다(당신이 자폐 스펙트럼을 가지고 자랐다면 잘 알겠지만, 사람들은 그들이 '정상'보다 못 하게 여기는 행동을 하는 아이들에 대한 편향을 숨기지 않는다). 우리는 매우 자주 어느 한쪽을 편들고 그것을 고수한다. 마음 한구석에서는 모든 증거가 그쪽에 유리하지는 않음을 알면서도 말이다. 개인의 충성심이 다른 것을 모두 이기기에 우리는 어떤 것, 또는 어떤 사람을 지지한다. 그건 전혀 나쁘지 않았어. 그는 그런 사람이 아니야. 우리 아이가 절대 그런 일을 할 리가 없어요.

과학은 이러한 편향의 완벽한 해독제여야 한다. 과학은 유니폼을 입지 않고, 심판에게 소리치지도 않고, 다른 이들이 이해하지 못한다고 불평하지도 않는다. 또한 감정보다 이성을, 감성보다 증거를 중시하고, 듣고 싶지 않더라도 귀를 기울여야 하는 답이 있는 곳이어야 한다. 그리고 냉정하게 객관을 실행해야 한다. 그게 내가 항상 과학을 사랑했던 이유 중 하나였다. 내가 도무지 이해할 수 없던 세계에 질서를 부여하는 방법이었으니까. 과학의 차가운 확실성은 인생을 살아가면서 수시로 느꼈던 가열된 혼돈에 대한 해독제였다.

하지만 잠깐. 과학자들이 증거를 모으고 그 과정을 공개

B
S
A
B
A
opinion
Audience
situation
Community
Mark.
Behaviour
In
Alternative
Scenarios
NORMS
A
A*
D
F
Noise
FUEL
Ideas
Diary
2021

한다고 해서 그들이 편향의 죄로부터 결백하다는 뜻은 아니다. 자신의 이론과 사랑에 빠져 증거를 억지로 끼워 맞추거나, 자신이 중요시하는 것과 다르다고 해서 좋은 아이디어를 무시하거나, 자기보다 선배라서 그의 주장을 지지하거나 단순히 권위에 순종해 사실을 규명하는 일 따위는 과학 연구에서도 얼마든지 벌어진다. 이 모든 편향은 연구자들이 (나와 달리 손재주가 없거나 실험이 서툰 사람이 아닌 데도) 미처 깨닫지 못한 채 자기 손가락을 저울 위에 올리는 순간까지 무의식적으로 행해질 수 있다.

여느 분야와 마찬가지로 과학 역시 편향 없는 청정 구역이 아니다. 파격적인 차트, 상세한 공식, 추상적인 언어에도 불구하고 과학은 축구 경기 관람만큼 속세와 가까운 활동이다. 과학자란 세상이 어떻게 돌아가는지 알아내고 싶어 세상에 질문을 던지는 사람을 부르는 호칭에 불과하다. 그들은 어떤 커다란 깨우침을 찾아내 중요한 발견을 하고, 논문을 쓰고, 승진하고, 상을 타고, 어쩌면 세상을 조금 나은 곳으로 바꿀 수 있을 때까지 여기저기 쑤시고 다니는 사람이다. 또한 과학자는 연구비를 주는 개인이나 기관, 다음 논문을 투고할 학술지, 그 분야 내 다른 이들의 연구 등에 영향받기 쉽다. 결국 말하자면 인간으로서 우리는 모두 편향을 키우는 배양 접시와 다를 바 없다(과학자들에게는 심지어 심판에게 욕설을 퍼붓는 나름의 방식이 있다. 거기에는 신원을 숨기고 진행되는 동료 심사와 아주 사적인 공간이 포함된다).

연구자가 아무리 엄격하고 철저하게 연구에 임한다고 해

도 과학은 주관적인 견해에서 벗어날 수 없다. 또 아무리 노력해도 인간의 편향으로부터 완전히 자유로울 수도 없다. 그러나 적어도 과학은 편향을 조사할 훌륭한 렌즈를 제공하기는 한다. 편향이 의식 또는 무의식적으로 운영되는 방식, 그로 인한 어려움과 그것이 줄 수 있는 이점까지도 말이다. 우리가 생각하고 일하고 결정하는 방식에 어느 정도 기본으로 편향이 내재함을 인정하면, 다음으로 "그걸로 무엇을 해야 하는가?"라는 질문으로 넘어가게 된다. 편향을 최대한 줄이기 위해 노력하고 도전해서 상쇄해야 할까? 아니면 단순히 인정하고 허용해야 할까? 편향은 끝까지 추적한 뒤 붙잡아 최소화해야 하는 적일까? 아니면 기꺼이 받아들이고 심지어 이용할 방법을 모색해야 하는 아군일까? 아이러니하게도, 우리가 하는 모든 일에 편향이 관여한다는 이 모호하고 불편한 현실을 이해할 가장 좋은 방법을 바로 객관성의 모범인 과학이 제시한다.

지금까지 수행된 과학 실험은 모두 어느 정도 편향되었다. 그 이유는 단순하다. 과학자라는 인간이 개입되어 있기 때문이다. 실험이 구상되고 설계되며 측정되고 수행되는 방식, 그 결과가 해석되고 발표되는 방식은 모두 개인과 기술적 편향에 좌우된다. 맨 처음 실험을 설계하는 단계에서부터 연구자는 기본적으로 그들이 바라고 또 기대하는 것이 무엇인지 진술한다. 연구자는 분명 무언가를 염두에 두고 보거나 찾고 있다. 따라서 그

　궤도 너머

들이 고려하지 않은 입력과 그들이 기대하지 않은 결과는 거부하는 성향을 보이게 된다. 이러한 이유로 인해 나는 많은 고민 끝에 생물 정보학으로 박사 학위를 받기로 했다. 이 분야는 내가 할 수 있는 연구와 내가 사용할 수 있는 기법에 대한 제한이 비교적 적다고 느꼈기 때문이다. 이 분야에서는 내가 무엇으로, 무엇을 하고 있는지를 다 볼 수 있었다.

간단히 말해 인간인 우리는 자기가 보고 싶은 것을 찾는 경향이 있다. 과학 특유의 엄격함이 이를 막아 줘야 하지 않을까? 그러나 숙련된 전문가들조차 그 함정에 빠진다. 과학자들은 관찰의 오류와 의심스러운 해석, 의도적으로 편향된 설계로 왜곡된 실험까지 다양한 결과를 낳는다. 이런 문제와 관련된 세 가지 유명한 사건이 있다. 실은 존재하지 않았던 닭, 보이는 것과 달랐던 말, 다르게 취급되었지만 사실은 다르지 않았던 쥐다. 이 예들을 과학자의 희망 사항부터 의도적 합리화까지 과학 연구 과정을 엉망으로 만드는 편향의 스펙트럼을 보여 준다.

그럼 닭(또는 알)에서부터 시작하자. 1999년 중국 동북부에서 고생물학자들이 오랫동안 숙고해 오던 질문에 답을 내려 줄 화석 한 점이 발굴되었다. 새는 어떻게 우리가 오늘날 아는 모습으로 진화했을까? 어디에서 유래했고, 어떻게 비행 능력을 발달시켰으며, 공룡과는 어떤 관계일까? 생물학자들은 오랫동안 공룡과 새 사이에 진화상 연결고리가 있을 거라고 믿어 왔지만 그때까지 이를 뒷받침할 증거가 부족했다. 그때 마침 기적처럼 이 증거가 나타났다. 그해 10월, 내셔널 지오그래픽 협회는 날 수 있는 새의 형태적 특징을 보여 주는 동시에 공룡의 꼬리를 확실하게 지닌 화석을 발견했다고 선언했다. 이어진 기자 회견과 〈내셔널 지오그래픽〉에 실린 논문에서, 이 발견은 "육상의 공룡과 실제로 날 수 있는 새 사이의 잃어버린 고리"이자 "과학자들이 공룡의 비행을 탐색하는 과정에서 발견되리라 기대했던 바로 그 특징"을 보여 준다고 발표되었다.

여기에서 "발견되리라 기대했던"이라는 구절에 주목하자. 그들은 기대했고, 그런 다음 발견했으며, 그 둘을 빠르게 하나로 합쳤다. 〈내셔널 지오그래픽〉은 서둘러 이 발견을 출판했지만 고작 몇 개월 만에 철회해야 했다. 알고 보니 그 화석은 진짜 새의 몸통과 공룡의 꼬리였다. 그들이 연구했던 물체는 두 동물의 화석이 하나로 붙은 것이었다. 심지어 중국 고생물학자 쉬싱徐星은 꼬리를 제공한 공룡 화석의 나머지 반을 찾는 데 성공했다.

대대적으로 홍보되었던 조류 진화의 발견은 무참히 땅에 곤두박질쳤다. 하지만 아이러니하게도 저 연구자들은 올바른 방향으로 나아가던 중이었다. 공룡과 조류 사이의 연결고리는 얼마 지나지 않아 프랑켄슈타인 박사의 실험실에서 억지로 이어 붙이지 않은 진짜 증거로 나타났다. 그러나 결과적으로는 옳았던 이 이론을 입증하는 과정에서 그들은 과학의 가장 큰 함정에 빠졌더랬다. 기대를 증거에 앞세운 것이다. 이러한 성향은 논문에 자기 이름이 제일 먼저 인쇄되어야 한다는 욕망으로 악화된다.

그리고 결국 절차를 생략하고 자명한 모순조차 확인하지 않게 만든다. 언니의 결혼식에 데려가기 위해 이제 막 한두 번 데이트한 사람과 사랑에 빠졌다고 믿어 버리는 일과 비슷하다.

찾고자 하는 것을 찾으려는 욕망은 과학자가 증거를 해석하는 방식까지 왜곡한다. 이를 관찰자 기대 편향observer-expectation bias이라고 한다. 또한 실험을 수행하는 사람이 자기도 모르게 실험 요소에 영향을 주는 실험자 편향experimenter bias을 통해서 연구 자체에 오류를 일으킬 수도 있다. 1976년에 항공우주국이 화성에서 수행한 '바이킹' 임무에서의 수상한 행동을 살펴보자. 이 임무는 화성에 두 대의 탐색선을 착륙시키고 이 붉은 행성의 토양과 대기가 생명을 뒷받침할 수 있는지, 또는 실제로 그랬는지를 확인하려는 목적에서 시도되었다. 그리고 그 결과 이런 혹독한 환경에서는 생존이 불가하다는 애초의 관점을 확인했다는 것이 당시, 그리고 그 이후까지 합의된 통념이었다. 조사 과정에서 약간의 이상 현상이 발견되기는 했지만 검사 결과는 명백했다. 이 프로젝트에 참여한 과학자가 다음과 같은 결론을 내릴 만큼 말이다. '발견된 사체 없음, 생명체 없음.' 하지만 최근 천체 생물학자 더크 슐츠 마쿠치Dirk SchulzeMakuch가 이 결과에 의문을 제기하고 나섰다. 그는 당시 연구자들이 실험 과정에서 토양에 물을 첨가함으로써 결과를 왜곡했다고 주장했다. 이는 일반적으로 지구에서 실험할 때와 동일한 방식이다. 마쿠치에 따르면 그 과정에서 화성의 극도로 건조한 환경에 적응한 미생물이 파괴되었을지도 모른다는 것이다. 이는 '모든 생명이 물에 의존한다'는 가정의 형태로 작용한 시스템 편향이다.

그것이 가설에 불과하고 실험으로 뒷받침되지 않았어도 실험자 편향은 충분히 확인된다. 실험자 편향이란 연구자들이 실험에 매진하는 방식과 그 방식이 실험체에 무심코 미친 영향으로 말미암아 스스로 연구를 훼손하는 것을 말한다. 널리 알려진 예 중 하나가 '영리한 한스'다. 한스는 1900년대에 베를린에서 아주 유명했던 말인데, 수를 세고 시계를 읽고 단어의 철자를 말할 수 있었다(숫자나 알파벳 글자를 나타내기 위해 발로 바닥을 두드린다). 그러나 한스는 천재 말이 아니었다. 그저 조련사가 몸으로 보내는 신호에 반응해 발굽을 두드리고 멈추는 법을 잘 훈련한 동물이었다.

영리한 한스의 사례는 실험자 편향이 인간 못지않게 동물을 대상으로 하는 실험에서도 만연함을 보여 준다. 심리학자 로버트 로젠탈^{Robert Rosenthal}은 1960년대에 자신의 학생들과 알비노 실험 쥐를 통해 이 사실을 보여 주었다. 실험에 투입된 알비노 쥐는 완벽하게 정상인 평범한 쥐였다. 그러나 실험에 참여한 학생들은 다르게 알고 있었다. 참여자의 절반은 미로를 통과하는 기술을 익힌 '똑똑한' 알비노 쥐와, 나머지 절반은 '미로에 젬병'인 알비노 쥐와 작업한다는 지시를 들었다. 이런 식으로 쥐들을 실험할 학생들에게 의도적으로 잘못된 정보를 알려 준 후 로젠탈은 이 사실이 어떤 차이를 만들어내는지를 지켜보았다. 실험 결과는 명백했다. 자신이 똑똑한 쥐로 실험한다고 생각했던 학생들이 맡은 쥐는 '젬병' 딱지가 붙었던 쥐에 비해 미로 실험에서 두 배에 가깝게 좋은 성적을 거두었다.

로젠탈은 실험자에게 영향을 미치는 요소는 결국 실험 결과에도 큰 영향을 미칠 수 있으며, 동물 실험체의 행동 변화 또한 '체계적으로 유도되고 입증될 수 있음'을 보였다. 실험자에게 그들이 더 똑똑한 쥐를 다루고 있다고 알려 주면 그들은 쥐에게 더 긍정적인 태도를 보였다. 그리고 쥐들을 좀 더 섬세하게 다루어 더 나은 결과를 얻었다. 이 과정은 자기 충족적으로 진행되었다. '똑똑한' 쥐들은 미로 찾기에 성공하도록 유도하는 긍정적 강화에 계속해서 잘 반응했다. 어쩌면 실험자는 더 따뜻하거나 더 건조한 손으로 쥐를 다루며 무의식적인 메시지를 보내어 동물과 소통했을지도 모른다. 이 심리학자는 초등학교 교사를 대상으로 한 실험에서도 비슷한 결과를 얻었다. 그는 실험에 참여한 선생님들에게 학급의 몇몇 아이들은 하버드 대학교에서 실시한 테스트에서 특별한 적성과 잠재력을 보인 '기대주'로 선별되었다고 말했다(실제로는 무작위로 선택한 아이들이었다). 예상대로 이 학생들은 이듬해까지 아이큐 점수가 월등히 향상했고, 특히 6세에서 8세 아이들에서 그 차이가 더 두드러졌다. 로젠탈은 이 결과를 두고 "타인의 행동에 대한 기대가 자기실현 예언으로 기능할 수 있다는 추가 증거"라고 썼다(학교에서 '말썽쟁이' 또는 '문제아'로 분류된 아이들에 대한 결과는 과학 연구를 통해 검증받을 필요가 없을 것이다).

다시 말해 편향은 단순히 주변부에 존재하며 아무 결과도 일으키지 않는 편견의 형태가 아니다. 또한 편향은 행동과 관계, 그 밖에 편향에 따라오는 모든 것에 상당한 차이를 일으킨다. 과학계에 종사하는 모든 여성이 이 분야에 그러한 선입견이 만연하다고 말할 것이다. 사람들이 과학에서 여성에게 가지는 기대는 실제 증거와 상관없이 그 사람을 평가하는 데 영향을 준다. 2010년대에 수행된 한 연구에서는, 수학과 관련된 구인 광고 실험에서 후보자에 대해 유일하게 공개된 조건이 성별과 외모였을 때 남성이 여성보다 두 배 더 많이 채용되었다. 동일한 과학 논문도 저자의 이름이 남성이었을 때 더 높은 평가를 받았다.

　　편향은 미묘하고 많은 경우 무의식의 층위에서 작용하지만, 그 영향력은 아주 지대하다. 인간의 정신에는 암시 감응성이라는 특성이 있다. 이는 우리가 자기도 모르게 어떤 영향을 받아 그로 인해 행동과 사고 과정 역시 자신도 모르게 변할 수 있다는 뜻이다. 이러한 영향력은 과학 실험 안에도 존재할 뿐 아니라 연구비 신청서를 쓴 적 있는 모든 과학자 주변에 늘 존재한다. 물론 그들은 어떤 연구 주제가 과학적으로 얼마나 흥미롭고 중요한가에 대해서도 생각한다. 그러나 연구비 지원 기관이나 학술지가 기대할 만한 주제, 같은 분야에서 다른 연구실이 하는 일, 경력에 얼마나 유리한지 등에 의해서도 조종되기가 쉽다. 이는 어떤 대단한 음모가 아니다. 연구비를 지원하는 기관은 악마도 아니고 훌륭한 연구를 억누르려 하지도 않는다. 하지만 현실에서는 시스템 안에서 일하는 과학자 누구나 어떤 것이 가치 있는 연구 프로젝트인지를 판단할 때 편향과 싸워야 한다.

편향은 늘 우리 주위에 있으므로 삶의 다른 영역과 비교해서 과학이라고 특별히 더하거나 덜하지 않다. 개인으로서 우리는 각자 편향을 품고 있다. 그 점은 우리가 일하는 시스템도 마찬가지다. 모든 조직은 궁극적으로 그 구성원들의 축적된 인지 편향cognitive bias에 따라 기능한다. 그들은 대체로 자기와 닮거나 비슷한 생각을 하는 사람에게 끌리며 과거의 성과에 따라 행동한다. 사업에 성공한 적이 있는 사업가는 그때처럼 하면 또다시 성공할 거라고 믿고 실제로 거기에 투자할 가능성이 크다. 예전과는 상황이 많이 달라져서 당시 조건이 거의 충족되지 못할 때도 말이다. 반면에 급진적인 조직 개편이나 제품 출시를 시도했다가 실패한 회사는, 적어도 과거의 실패를 기억하는 사람들이 남아 있는 한 그러한 시도를 대담하게 재감행할 가능성이 적다.

과학에서도 마찬가지다. 한번 호되게 당한 연구자들은 다음번에 조심하게 된다. 그리고 특정 분야의 실험이나 특정 기술이 잘못 사용되었을 때, 단지 운이 나빴던 것임에도 자기 잘못으로 착각해 낮은 수준에서 만족해 버린다. 박사 과정은 매일 자기 분야에 관해, 또 자기 자신의 존재에 관해 묻는 것이 임무인 시간이다. 나는 박사 학위 연구를 수행하면서 난관에 부딪힐 때마다 이를 감정적으로 받아들이는 유혹적인 함정에 빠지곤 했다. 그만큼 신경이 쓰이는 일이었기 때문이다. 나는 내가 먹는 음식에서부터 아침에 일어나 침대의 어느 쪽으로 나왔느냐에 이르기까지 모든 일에서 편향되고 싶지 않았다. 그러다 급기야 아무것도 하고 싶지 않은 순간까지 맛보았다. 실패로 타격받는 것은 이 직업에서 일상이지만, 그 타격에 무너지지 않기 또한 중요하다. 나는 이 사실을 아주 빨리 깨우쳐야 했다.

이와 같이 연구자들은 한 번 성공한 것은 계속 성공할 것이라고 가정하기 쉽다. 그리고 그 생각은 개인적인 삶과 취미, 그리고 위험을 감수하고 새로운 것을 시도하려는 의지에까지 이어진다. 인간이란 존재의 상당 부분이 이러한 가용성 편향availability bias에서 비롯한다. 왜냐하면 우리는 어떤 삶이 정상이고 바람직한지 믿게 가르친 규범을 기본값으로 설정하기 때문이다. 누군가가 "이게 제 생각입니다" "경험으로 믿게 되었어" 또는 "다들 그렇게 알고 있어요"라고 말할 때 그들은 사실 "이게 내 편향이야"라고 말하는 것일 수도 있다. 우리는 개인의 경험이나 제도 내에서 겪은 경험에 대해 제한되고 결함이 있는 데이터 집합이 아닌 보편적인 진실과 지식으로 생각하는 경우가 빈번하다. 직장 생활을 하다 보면 정상에 오른 사람들이 아직 한창 경력을 쌓아 가는 사람들에게 쏟아 내는 각종 조언을 듣게 된다. 그중에는 물론 유용한 것도 있다. 그러나 대개는 시대에 뒤떨어졌거나 그 사람의 개인적 상황에서 가능했던 일이라 다른 상황에는 적용할 수 없는 온갖 생각들이 뒤섞여 있을 것이다. 다음번에 누군가가 커리어를 계획하는 법이나 행복한 인간관계의 비결을 불쑥 꺼낼 때는 생존 편향survivor bias을 떠올려라.

 궤도 너머

우리는 삶에서 이처럼 만연한 편향에 관해 무엇을 할 수 있고 또 무엇을 해야 하는가? 편향은 우리가 중립성에 더 가까이 다가가려는 희망을 품고 균형을 맞추어야 하는 대상일까? 어떤 면에서는 반드시 그래야 한다. '이중 맹검double blind'이라는 실험 관행이 있다. 이는 특히 임상 시험을 위해 개발된 방식으로, 영리한 말 한스의 이야기로 밝혀진 일종의 무의식적 신호를 상쇄하기 위해 고안되었다. 이중 맹검 실험에서는 어떤 피험자가 신약을 투여받는지 아니면 위약을 받는지 피험자 자신은 물론이고 연구자도 알 수 없다. 법의학 실험실에서도 비슷한 절차가 적용된다. 범죄 현장에서 나온 지문 등을 검사하는 실험실 테크니션은 요청받은 샘플에 대한 기본 정보를 조금씩 나눠서 전달받는다. 연구에 따르면 모든 정보와 배경을 한꺼번에 듣는 경우 편향을 도입할 수 있기 때문이다. 예를 들어 유죄로 의심되는 용의자의 혐의를 입증하는 데 지문 검사가 도움이 된다는 사실을 아는 상황이라면 지문이 일치한다는 결과를 얻을 확률은 더 커진다. 연구자가 자신이 발견한 것과 분석 결과를 매 단계 기록하는 것은 좋은 습관이다. 증거가 보여 주는 바를 책임 있게 기록하고, 새로 추가된 정보가 처음에 발견된 사실을 직접 바꾸지 않았는데도 무의식적으로 판단을 바꾸는 위험을 피하기 위해서다(단, 새로운 정보가 새로운 관점에서 보게 할 수는 있다). 모두를 위한 좋은 조언은 다음과 같다. 일단 경기가 끝나고 결과가 정해진 다음, 뒤늦게 얻은 깨달음을 바탕으로 우리가 생각한 기록을 수정하는 행위는 대단히 인간적이다. 따라서 그해의 목표든, 직업의 변화든, 새로운 관계에 관한 것이든, 생각을 실시간으로 적어 내려가는 일에는 엄청난 힘이 있다. 이는 자기가 6개월 전에 또는 2년 전에 얼마나 다르게 생각했었는지를 깨닫고 놀라는 경험 그 이상이다. 이러한 책임감 있는 기록은 우리의 무의식이 '처음부터 그렇게 생각했었다'라고 믿도록 자신을 속이고 있다는 사실을 알게 되고 피할 수 있는 방법이다.

대부분의 과학자가 편향을 줄이기를 바라고 또 신경 쓴다. 실험 참가자의 대표 집단을 선택할 때 사용하는 표본 추출 기법을 통해서든, 대조군 실험을 사용해서든, 이중 맹검 같은 방법을 사용하든, 훈련 데이터에 과도하게 최적화된 알고리즘을 피하기 위한 측정 방식을 통해서든 말이다(그렇다, 신뢰할 만한 알고리즘조차 편향되어 이미 수집된 데이터에 존재하는 편향을 영속시킨다. 알고리즘으로 예측된 통계와 그 사용에 주의를 기울여야 하는 이유가 여기에 있다). 과학의 바깥에서도, 특히 채용처럼 인간의 판단 오류가 크게 부각되는 영역에서는 편향 문제가 더 크게 인식된다. 심리학자 대니얼 카너먼Daniel Kahneman, 올리비에 시보니Olivier Sibony, 캐스 선스타인Cass Sunstein은 편향과 편향이 있는 개인의 결정에 영향을 주는 요소를 '잡음(또는 노이즈)'이라고 부른다. 그리고 이를 피하는 과정을 묘사하기 위해 '결정 위생decision hygiene'이라는 용어를 만들었다. 잡음은 의사 결정에서 나타나는 일반적인 변이와 불일치의 존재를 말한다. 반면에 편향은 특정 방향으로 사람들을 왜곡한다. 이러한 사례로는

　　　　　　　　　　　　　　　　　궤도 너머

법의학 실험실에서 정보를 정해진 순서로 제공하는 것, 또는 직장에서 면접관이 좀 더 체계적이고 포용적인 과정을 따르도록 요구하는 방식이 있다(이는 합의된 필요조건 목록에 따라 후보자의 점수를 매기거나 정해진 순서대로 질문하는 방식이다. 자연스럽게 대화를 주고받으며 전반적인 인상을 바탕으로 평가하는 방식보다 편향에 영향을 덜 받는다).

그들은 이것을 손 씻기에 비유한다. 잡음은 너무 많고 다양한 요인(이들은 법정의 결정이 주말에 있었던 지역 스포츠팀의 경기 결과부터 그날의 바깥 기온까지 얼마나 많은 것에 의해 영향받는지를 보여 준다)에 의해 야기되기 때문에 단순히 한두 개의 요인을 수정해서는 소용이 없다. 반드시 그것들 전부를 씻어내야 한다. 즉, 자기가 "어떤 실수를 피하고자 하는지 모르는 채 잡음 제거 방법을 채택하는 것이다(반면 편향에 대해서는, 무엇을 찾고 있는지 알고 있기에 더 구체적으로 개입할 수 있다)".

우리가 의사 결정에서 많은 변이를 창출하는 저런 요인들과 편향을 완전히 무시할 수 있을까? 어느 정도까지는, '그렇다'라고 답할 수 있다. 이 영역의 메타 분석(연구에 대한 연구)에 따르면, 정해진 포맷이나 필요조건 없이 이루어진 취업 면접은 "체계적인 면접보다 편향의 영향을 받기가 훨씬 더 쉽다". 그러나 대체로 면접관들은 대화의 조건을 설정하고 거기에서 무엇을 끌어내고 싶은지 (이를테면 그들의 편향에 따라) 직접 결정하고 싶어 한다. 사실 면접관들은 자신의 능력을 실제보다 훨씬 과대평가하는 경향이 있다(이게 놀랄 일인가?). 카너먼은 오직 '예' 또는 '아니요'라는 대답으로만 진행된 한 면접 실험을 인용했다. 이 실험에서 피면접자는 무작위로 대답하라는 지시를 받았다. 그 결과 면접관들은 "주어진 시간 동안 이 사람에 대해 많은 것을 추론할" 수 있었다고 대답했다. 그는 이 실험으로 자신감이 얼마나 쉽게 인간의 판단을 틀어지게 하는지를 보여 준다고 주장한다. "인간은 완벽하게 의미 없는 답변에서도 논리를 찾을 수 있다. 무작위적인 데이터에서 가상의 패턴을 찾아내고 구름의 윤곽을 보고 모양을 상상하는 것처럼 말이다." 짝사랑 상대가 자기에게 무의식적으로 신호를 보낸다고 생각하는 친구에게 전할 만한 결론이다.

그래서 우리는 스스로 의사 결정을 내리는 것을 신뢰하고 싶어 하지만(카너먼은 미국 판사들이 판결에서 편향을 줄이기 위한 상부 지침을 싫어한다는 것을 예로 들었다), 실제로는 체크리스트 방식을 따를 때 더 잘하는 것 같다. 그러한 방식이 지루할지 모른다. 그러나 적어도 일관되고 기록할 수 있다는 이점이 있다. 커리어, 건강, 심지어 자유에 영향을 미치는, 대단히 가변적인 인간의 판단에 영향받기 쉬운 상황에는 결정 위생이 꼭 필요하다.

그러나 그 원리에도 한계가 있다. 획일성은 결정이 일관적이어야 하고 사람들의 선입견에 좌우되지 않아야 하는 상황에서 변이를 없애는 유용한 방법이지만, 다른 시나리오에서는 피해야 한다. 편향은 한 사람에게서 너무 많은 부분을 차지하기에 무작정 지워 버릴 수는 없다. 취업 면접관이나 연구자가 편향을 제한하기 위한 방책을 도입하는 것과는 별개로 삶의 너무나 많은 부분에서는 이 내장된 기호가 필요하다. 편향은 큰 문제를 맞닥뜨렸을 때 해결하기 위한 감정의 내비게이션이다. 나는 내 편향을 연마할 때마다 내 기본적인 가정과 반응, 그리고 그것들이 새로운 상황에서는 잘 전달되지 않을지도 모른다는 사실을 스스로 상기하려 한다. 그러기 위해 내가 만든 BIAS^{Behaviour In Alternative Scenarios}(대체 시나리오에서의 행동)을 따른다. 편향을 없애는 것이 중요한 게 아니다. 다양한 시나리오(견해를 형성할 때의 다양한 청중, 상황, 또는 커뮤니티)를 시뮬레이션해 자신의 출발점을 아는 것이 중요하다. 그래야 다른 사람들에게 지적이고 인간적으로 반응할 수 있다.

편향은 맥락을 제공하고 우리가 세계를 이해하는 방식을 형성한다. 그것은 곧 창의성과 독창성을 풍부하게 불러일으키는 힘이다. 아주 많은 위대한 과학자, 사업가, 발명가가 삶의 경험과 정신의 기질이 이끄는 방향을 따라가 성공했다. 그들은 다른 사람들이 잘 보지 못하는 것을 본다. 그게 바로 편향 때문이며, 그 편향이 다른 사람과 공유할 수 없는 독특한 관점을 준다. 등대의 회전하는 불빛이 자신을 제외한 모두에게 숨겨져 있다고나 할까. 중립성이라는 이름으로 이러한 충동을 없애려는 행위는 실행하기도 어려울뿐더러 자신의 인격을 잘라낸다. 한마디로 존재하지 않는 것을 만들려는 행위다. 안타깝게도 자신이 가진 편향이 사회적 정상성의 궤도를 벗어나는 사람들은 정확히 이러한 결론에 도달하게 된다. 그들은 다른 사람들의 비판을 무효로 하기 위해 자기의 진짜 자아를 최소화하고 '가린다'. 다른 자폐인처럼 나 역시 그렇게 해 왔고 지금도 그렇게 한다. 심지어 한번은 내가 느끼고 원하는 모든 것을 중립성과 사회적 용인이라는 이름으로 억누르며 차라리 감정이 없이 사는 편이 낫겠다고 자포자기한 적도 있다. 당연히 내 삶에서 가장 비참한 경험 중 하나였다.

그래서 우리는 편향에 주의해야 한다. 살다보면 직업에 따라 가능한 중립을 지키고 일관성을 유지해야 할 의무가 있을 때가 당연히 있다. 이때는 카너먼의 손 씻기가 확실하고 좋은 방법이다. 그러나 우리를 인간으로 만들며 창조적 잠재력을 발휘하게 하는 편향을 무작정 파괴하려고 해서는 안 된다. 자신의 개성을 부인하려 해서도 안 된다. 전문적으로 보이려고 자신만의 독특한 관점을 희생할 필요도 없다. 포용이란 어떤 사람들이 정상성에 스스로를 맞추어야 하는 것이 아니다. 그들을 위해 정상의 범위를 확장하는 것이다. 그래서 어떠한 측면에서 고용자는 모든 사람을 똑같이 대할 의무가 있지만 모든 사람이 똑같이 행동하거나 생각할 거라고 기대하면 안 된다. 편향을 몰아내고 판단을 둘러싼 잡음을 잠재워야 할 때가 있다. 그러나 느슨하게 풀어 두고 편향이 이끄는 대로 따라가야 할 때도 있다.

편향으로 무엇을 할지의 문제는 그것을 파리채로 내리칠지, 창조적 탐구의 연료로 사용할지 결정하는 수준 이상으로 복잡하다. 인간의 심리에는 편향이 아주 깊이 뿌리 박혀 있다. 그것은 우리가 개인이자 팀, 조직으로서 생각하고 행동하는 바에 대해 가치 있는 통찰을 제공하기도 한다. 아무리 바라도 편향이

  궤도 너머

제거된 채로는 살 수 없다. 또한 편향은 우리가 자기 자신만이 아니라 주변 사람들, 같은 팀 또는 비슷한 분야에서 일하는 사람들을 이해할 수 있는 렌즈다. 그러므로 편향을 단순히 배척해야 할 적이나 내재된 것으로 취급하는 대신, 어떻게 잘 이용할 수 있을지를 고민하면 어떨까?

과학자들에게도 집단 편향이 있다. 바로 그들이 사물의 작동 원리를 이해하고 싶어 한다는 점이다. 우리는 너무 많이 질문하는 아이였다. 또 무언가를 만들고 파괴하기를 좋아했던 아이였다. 그냥 내버려두기에 세상은 너무 흥미롭다. 과학자란 직업은 이러한 성향을 잘 활용해 세상의 멋진 것들을 파헤치고 탐색하면서 계속해서 그 일을 하도록 허락한다(물론 여기에 연구비 신청서 쓰기, 학과 회의, 면접 등 부가적인 일들이 추가되지만). 그러나 가장 과학적인 이 본능이 보이는 것만큼 유용하지 않을 수도 있다. 탐색하고 발견하고 설명하려는 충동이 실제로는 진리를 알아내는 데 방해가 된다면? 반대로 자기가 정말로 무엇을 알고 또 이해하는지에 대해 덜 걱정하는 것이 과학에서 열반에 이르는 지름길이라면?

이것이 (부분적으로) 하버드 대학교 특별 연구원 알렉산더 와이스너 – 그로스Alexander Wissner-Gross 박사의 주장이다. 그는 인간과 인공 지능 사이의 교차점에서 일하는 많은 물리학자 중 한 사람이자, 남다른 접근법을 취해 온 연구자다. 그는 지능을 이해하기 위해 인간의 뇌에서 시작해 그 미스터리를 해독하고 그 결과를 인공 지능 모델에 전달하는 대신, 처음부터 기계에서 시작했다. 그의 논리는 단순하다. 근본 원리를 탐구하기 위해 작동 모델부터 세우고 그것을 활용한다. 원리를 먼저 규명하고 그 원리를 사용해 작동 모델을 짓는 방식이 아니다. 그는 이러한 접근을 "기계적 관점에 대항하는 현상학적 관점에서의 사고"라고 주장한다. "현상학적 관점이란 '세상에 미치는 영향이란 무엇인가?'라고 묻는 것이다. 그리고 기계적 효과란 '시스템 안의 저 작은 조각들이 모두 어떻게 작동하는가?'라고 묻는 것이다."

와이스너-그로스에 따르면 과학에는 이러한 접근에 관한 풍부한 역사가 있다. "일례로 열역학의 역사를 돌아보자. 우리는 열역학을 과학 이론으로 완전히 이해하기 전에 증기 기관의 형태로 구현한 인위적인 열역학 사이클이 필요했었다. 신경 생물학적 이해가 결국에는 인공 일반 지능을 먼저 달성해 밝혀질 정보를 통해 무르익게 된다고 해도 나는 놀라지 않을 것이다." 다시 말해 기계 설계의 바탕이 되는 과학 원리를 찾으려고 하지 말고 일단 기계부터 짓고 나서 과학의 문제가 저절로 해결되는 것을 지켜보라는 말이다. 그의 말처럼 "대체로 나는 내가 무엇을 지으려는지를 알고 있다. 그러면 과학은 내가 원하는 결과물을 조작하는 과정에서 거의 저절로 따라온다". 인공 일반 지능의 경우 "'지능이 무엇이냐?'가 아니라 '지능이 무엇을 하는가?'가 올바른 질문이다"라는 뜻이다.

현상학적 접근을 취함으로써 그는 해답에 도달했다. "지능은 갇히려 하지 않는다. 지능은 미래에 행동의 자유를 최대화하고 선택지를 열어 두려고 한다." 이것은 '인과적 엔트로피 힘causal entropic force'을 받기 쉬운 과제에 적용된 소프트웨어 프로그램으로 예시되었다. 이 프로그램은 무질서가 최대화되는 환경이며 선택지들은 최대한 개방된 상태로 유지된다(아이러니하게 암에서 유전적 잡음을 생산해 적응과 생장에 사용하는 방식과 비슷하다). 그 결과는 아주 인상적이었다. 바퀴 두 개와 금속 기둥이 달린 카트의 시나리오(휴머노이드 로봇이 걷게 훈련할 때 쓰는 표준 테스트)를 제시했을 때 알고리즘은 성공적으로 그 기둥을 세워서 균형을 맞추었다. 그렇게 하라는 지시도 내리지 않았고, 달성할 목표도 주지 않았는데 말이다. 이와 비슷하게 개방된 다른 상황에서는 파마나 운하(그것이 존재하는지 모르고)를 통해 가상의 컨테이너선을 움직여 금융 거래로 돈을 벌 수 있었다.

확실히 매혹적인 결론이다. 무질서와 혼돈에 노출시켰을 때 시스템이 그 환경에 적응하면서 가능한 모든 옵션을 고려하는 능력과 우리가 전형적으로 지능과 연관 짓는 행동 사이에는 분명한 상관관계가 있다. 더 개방적으로 '생각할수록' 더 지적으로 행동했다. 이 결론은 통상 과학 연구가 사용하는 상향식 접근 방식(매개 변수를 규명하고 그로부터 짓는 것)으로 도출되지 않았다. 그보다는 먼저 모델을 세우고 그것과 노는 일에 가까웠다. 와이스너-그로스는 바로 이러한 현상학적 접근이 인간처럼 생각하는 알고리즘인 인공 일반 지능의 도래를 불러오리라 예측한다. "만약 초지능을 가속화하는 것이 목표라면 역학 이론이나 지능이 작동하는 방식에 대한 기존의 미시적 생물학 이론에 너무 신경 쓰지 않아야 한다. 오히려 지능과 초지능이 환경에 미치는 것과 동일한 영향력을 가지는 시스템을 창조하는 데 초점을 맞추는 쪽이 훨씬 효율적이다." 인생에서도 때로는 스스로 아직 준비되지 않았다고 생각해도 일단 일을 시작해야 할 때가 찾아온다. 당신은 평생 장단점만 따지거나 삶에서 완벽한 행복의 공식을 찾아 영원히 헤맬 수도 있다. 아니면 그저 살다 보면 좋은 날도 나쁜 날도 있다고 받아들인 다음 본능이 이끄는 대로 시작하고 공식은 알아서 나타나게 둘 수도 있다.

내가 인과적 엔트로피 힘이라는 개념을 좋아하는 이유는 내가 관심 있는 과학의 영역을 조명하기 때문만은 아니다. 이것은 타고난 기질을 거슬러 나아간다. 또 편향의 작동을 이해하고(이 경우 모든 연구 분야를 아우르는 편향), 이를 거의 이정표처럼 활용해 새로운 접근법을 탐구하거나 아주 오랫동안 도전받지 않은 통념을 재검토할 수 있는 사례이기도 하다. 와이스너-그로스가 정의한 것처럼, 물리학 안에서 기계론적 접근은 아주 만연한 편향이다. 물리학자 그리고 특히 엔지니어들은 물건을 해체하고 그 톱니바퀴가 어떻게 맞물려 있는지 보기를 좋아한다. 그들은 타고난 해체자이자 땜장이로서 시스템이 어떻게 작동하는지 알아내라는 요청을 받을 때만큼 행복한 때가 없다. 그러므로 정의상 현상학적 접근은 연구자들을 덜 보편적이고 더 소수의 사람들이 연구

   궤도 너머

하는 장소로 이끌 가능성이 크다. 시스템 해킹과 제도적 편향을 네거티브 이미지로 사용해 주류가 추구하지 않는 아이디어와 접근법을 드러내기 위해 말이다. 어떤 기업가는 남들이 가는 길의 반대로 간다고 말하곤 한다. 이미 존재하는 것을 따라 하지 않고 사람들이 흥미를 느낄 만한 남다르고 기대하지 못한 일을 하는 힙스터에 가깝다. 이 조언은 과학에도 잘 적용되지만 그러려면 남들과 반대로 간다는 것이 무엇인지를 알아야 한다. 그러기 위해서는 사람들이 무엇을, 왜 하는지, 어떤 가정과 사고 과정을 거쳤는지를 파악해야 한다. 무리에서 거리를 두려면 먼저 무리를 연구해야 한다. 다른 말로 하면 무리의 편향을 이해해야 한다. 그것이 남들과 반대로 갈 때 유리해질 수 있는 조건이다. 주류에서 멀찍이 떨어져서 그것을 연구하면 그 강점과 약점을 익숙하게 파악할 수 있기 때문이다.

편향의 함정을 피하고 그 힘을 활용하게 하는 열쇠는 결국 편향을 이해하는 데 있다. 어차피 개개인은 모두 셀 수도 없이 많은 인지 편향을 지니며, 전혀 편향되지 않는 방식으로 행동하거나 중립에 가까운 세상에서 살 가능성은 없다. 우리가 던질 수 있는 유일한 질문은 이 모든 충동, 전제 조건, 가정을 어떻게 잘 이용하는 동시에 그것들이 가하는 최악을 피하는가이다. 과학은 우리가 편향을 구체적으로 식별하고 분리해낸다면 역탐을 통해 편향을 통제할 수 있다고 보여 준다. 반면에 잡음에 의해 왜곡되기 쉽다고 판단되는 상황에서는 처리와 표준화의 도구가 균형을 맞추는 데 도움이 된다.

편향을 제대로 이해하는 일이야 말로 그것을 최대한 잘 활용하는 길이다. 자신과 다른 사람들, 그리고 자신이 몸담은 시스템의 편향을 이해함으로써 우리는 아이러니하게도 '편파적이지 않은' 행동에 더 가까워진다. 즉, 진정한 포용은 모든 사람이 똑같이 취급되어야 한다고 가정하는 개괄적 측면에서의 공정성이 아니다. 오히려 특정한 필요와 상황에 따라서 형평성에 맞게 사람들을 지원함으로써 달성 가능하다. 표준화는 카너먼의 잡음 위생에서 주요한 역할을 한다. 그러나 균등을 추구하는 신조에는 한계가 있다. 개인과 시스템이 편향되었음을 인식하는 것은 그 한계를 극복할 방법이 될 수 있다.

또한 편향을 배우고 탐구하는 것에는 개인적인 이점도 있다. 자기 자신에 대해 배울 수 있기 때문이다. 우리의 생각이 어디서 영향을 받아 형성되었고 그것이 우리에게 어떠한 이점을 주며, 또 어떠한 한계를 설정하는지 이해하게 된다. "이것이 내 생각이다"를 "이것이 내 편향이다"로 재구성하면 고정된 신념이 유동 가능한 기준으로 바뀐다. 그렇게 자신의 성향을 인정하면서도 대안에 좀 더 열린 태도를 가지게 된다. 그것은 다시 유연한 사고를 촉진하고 다른 관점에 공감하도록 격려한다. 편향은 우리가 인간으로서 누구인지, 우리를 형성하는 힘은 무엇인지, 또 우리가 왜 지금처럼 생각하고 행동하고 반응하는지를 설명하는 요인이다. 편향을 살펴보는 일은 평생 동안 나 자신을 좀 더 이해해 나가는 과정이다.

편향되어 있다는 말은 부끄러운 고백이 아니라 인간으로 살아간다는 단순한 사실의 진술일 뿐이다. 어떤 과학자든 자신의 편향, 연구 분야의 편향, 일하는 기관의 편향을 이해하는 것이 연구에 대단히 중요하다는 점을 안다. 인생의 다른 모든 영역에서도 마찬가지다. 편향을 객관성의 적으로 돌리지 말고 사람들이 어떻게, 왜 생각하고 행동하는지를 이해할 열쇠로 사용하라. 자기 자신, 친구, 사랑하는 사람들, 매일 함께 일하는 사람들을 이해하고 싶다면 편향과 잘 맞추어 나가야 한다. 이로써 자신을 더 잘 인지하고 공감 능력을 키우며 자신에게서 좀 더 해방될 수 있다. 인간이 지닌 편향이라는 풍부한 태피스트리는 삶 그 자체의 직물이다. 그러니 겁내지 말고 바늘을 집어 들어 저 태피스트리에 나만의 실타래를 추가하길.

9장 상상　　한계를 넘어　새로운 현실을 설계하기

"우리는 선택을 할 때마다 열리고 닫히는
무한한 가능성의 세계에 살고 있다."

인공 지능이 우리의 삶 전반에 만연해졌다. 여기에는 다음과 같은 질문이 따라온다. 이 기술의 종착지는 어디일까? 인공 지능으로 탄생한 '지적인' 기계가 인간 프로그래머보다 강력해질까? 그래서 우리를 기술의 시종으로 전락시키고 말 전환점이 초래될 것인가? 우리는 인간을 대체하는 알고리즘과 우리를 제거할 수 있는 로봇의 희생자가 될까? 터미네이터처럼?

이것은 결코 새로운 두려움이 아니다. 배우 아널드 슈워제네거가 모두에게 사랑받는 근육질의 사이보그로 영화에 등장한 지도 이 글을 쓰는 시점에 거의 40년이 되었다. 러다이트들이 그들의 직장을 앗아가는 기술에 반대하며 방직기를 파괴한 지도 두 세기가 지났다. 인류가 스스로 제작한 기계를 통해 자기 파멸의 씨앗을 뿌리고 있다는 의혹은 아주 오래된 문헌으로 거슬러 간다. 그리스 신화에서 다이달로스와 이카로스는 인공 날개를 달고 태양 가까이 다가갔다가 추락했다. 구약 성경의 바벨탑 우화 역시 인간의 과도한 야심을 그린다. 인류는 자신의 상상력을 따라잡으려는 끊임없는 노력으로 존재해 왔다. 그러나 그 과정을 거치며 우리는 우리 종을 파괴하고도 남을 만큼 강력한 것들을 만들었으며, 앞으로 그 목록에 고도로 발전된 인공 지능이 추가될 것이다.

하지만 이러한 오랜 논쟁이 사실은 고려할 가치도 없다면? 인간과 기계의 전투는 이미 오래전에 벌어졌고 승패까지 결정된 끝난 이야기라면? 인류가 점점 더 강력해지는 컴퓨터 시스

1&0
print('Hello World')
N W E S
COMICS
comic or LASANGE?
BATH? LASANGE?
HABiTS
world 1
world 7
world 4
Z Z Z

템을 이용해 더 잘 살아갈 방법을 시험하는 기니피그가 되는 대신, 사실 이미 오래전에 그 문제가 해결된 시대의 산물이라면?

이는 스웨덴 철학자 닉 보스트롬^{Nick Bostrom}이 2003년에 시뮬레이션 이론^{simulation theory}이라는 이름으로 제안한 내용이다. 우리는 모두 우리의 후손이 창조한 버전의 현실을 살고 있는지도 모른다. 그들은 상상도 할 수 없이 강력한 컴퓨팅 능력을 사용해 사람들이 의식적 사고로 행동하는 시뮬레이션을 창조한다. 이는 우리를 생물학적 세포의 발현이 아니라 원자와 단백질의 자리에 0과 1이 채워지는 코드로 만든다. 그렇다면 우리는 상상할 수 있는 것보다 훨씬 더 복잡하고 난해한 컴퓨터 게임 속 등장인물에 불과한 존재다(동시에, "그런 건 지어낼 수 없어!"라고 말하는 사람들에 대한 훌륭한 반박이 되기도 한다). 이러한 가상의 미래인들에게 우리는 시뮬레이션 게임 〈팜빌〉 속 아바타 정도의 의미밖에 없을 것이다.

과학 기술 공포증처럼 시뮬레이션 이론 뒤의 발상 역시 인류 역사(혹은 우리가 참여하고 있는 이 특정한 게임)에서 완전히 새로운 전제는 아니다. 철학자들은 자신의 생각을 기록으로 남기기 시작한 이후로 현실과 환상의 속성을 깊이 숙고해 왔다. 고대 그리스 철학자 플라톤은 동물의 우화에서 평생 벽을 마주하고 살면서 그 벽을 지나치는 물체의 그림자밖에 보지 못하는 죄수에 대해 이야기했다. 17세기에 데카르트는 "최상의 능력을 지닌 교활한 악령이 온 힘을 다해 나를 속이려" 든다고 상상했다. "하늘, 공기, 땅, 색깔, 모양, 소리를 비롯한 모든 외부적인 것들은 내 판단을 옭아매기 위해 이 악령이 고안한 망상에 불과하다." 플라톤과 비슷한 시기인 기원전 300년경에 활동한 중국 철학자 장자는 잠에 들었다가 꿈속에서 나비가 되었던 경험을 이야기했다. "갑자기 잠에서 깨고 보니 그건 장자였다. 그러나 그는 그가 나비가 되는 꿈을 꾼 장자인지, 장자가 되는 꿈을 꾼 나비인지 알지 못하였다." 이는 마치 스트레스 때문에 잠을 설치는지 잠을 설쳐서 스트레스를 받는지 헷갈리는 것과 비슷하다.

이러한 생각들이 시사하듯이 우리의 존재와 의식의 기초는 조금만 건드려도 쉽게 흔들릴 수 있다. 어느 날 갑자기 주변 세상이 더 이상 발밑의 땅처럼 단단하게 느껴지지 않는 때가 온다. 환시, 자연의 모순, 지식의 간극은 확실성의 감각을 약화한다. 세상을 마치 스펀지케이크 레시피처럼 정확하게 알고 이해할 수 있다는 믿음이 흔들린다.

과학자들에게 그러한 레시피는 모든 것의 기초다. 맞다. 우리가 작업하고 있는 이론은 불완전하고 증명되지 않았다. 미래에 언제든지 개선되거나 전복될 수 있다. 그러나 적어도 이론은 징검다리의 디딤돌이다. 우리가 새로운 아이디어와 발명을 향해 나아갈 수 있게 돕는 일련의 과정 중 하나라는 말이다. 과학자들은 대체로 불확실한 것들을 편안하게 생각하지만, 동시에 실체적인 것들에도 의지한다. 관찰되고, 구성 요소로 해체 가능하고, 연구되고, 모형이 만들어지고, 라자냐의 층처럼 제시될 수 있는 세계와 그 안의 독립체들 말이다. 이 책이 논의해 온 과학은 대부분 궁극적으로 그러한 사고의 틀에서 시작한다. 미지의 세계는 관찰, 실험, 측정을 통해 최소한 조금은 이해할 만한 대상이 될 수 있다. 더 간단히 말하면 우리는 우리가 입증하거나 반증할 수 있는 요소를 좋아한다.

그러나 불충분하고 또 실행 불가능한 것을 위한 과학의 영역이 있다. 물리학과 철학 사이의 변경에서 사람들은 정신을 뒤흔들고 이해하기 어려운 개념들과 싸운다. 보스트롬의 시뮬레이션 이론에서부터 이 세상은 단일체가 아니라 무한한 평행 현실 중 하나라는 발상, 그리고 시간이 흐른다는 개념은 어디까지나 환상이며 현재를 과거나 미래와 직접 연결하는 것은 없다는 생각까지 말이다. 이때 당신은 눈앞의 테이블을 두드리며 여기 이렇게 확실히 존재하는데 왜 다른 것을 고민하느냐고 물을지도 모른다. 그러나 과학 소설처럼 들리는 이 모험들이야말로 지식의 발전에 이바지한다. 이것들은 우주를 바라보는 판타지 같은 관점과 극단으로 치닫는 개념을 생산한다. 그러나 우리가 상상할 수 있는 것과 실제로 지각하는 것 사이의 간극을 좁히는 연구를 장려하기도 한다. 이것은 양자택일의 문제가 아니다. 한 관점이 계속해서 다른 관점을 따라잡다가 결국 만나게 되는 상황이다. 이러한 이상하고 불안정한 공간에 들어가려면 먼저 우리가 만질 수 있는 편안한 담요를 걷어내야 한다. 우리는 과학이 우리에게 필수라고 가르친 도구들을 포기해야 한다.

여기에서부터 이론이 뒤틀린다. 발견은 추측의 영역으로

들어간다. 징검다리의 돌들은 미끄러워지고 서로 멀리 떨어진 채 놓인다. 이제 우리는 현실의 속성과 인간 의식의 토대, 그리고 우리가 본질적으로 관찰 가능한 세계에 살고 있다는 가정에 문제를 제기하게 된다. 과학의 상당 부분이 실험과 증거를 통해 그림을 완성하는 반면, 이론 물리학의 이 분야는 현실을 갈가리 찢는다. 그런 뒤 우리가 쌓아올린 우주를 설명하는 이론에서 느슨한 실타래를 잡아당긴다. 그리고 그림 전체가 흐트러지는 모습을 관찰한다. 여기에서 과학자들은 저 바깥에 있는 것을 설명하는 현재의 개념이 현실의 진정한 본질을 비슷하게라도 반영하는지 의문을 가지기 시작한다. 이는 과학이 다음과 같이 대담한 질문을 던지는 지점이기도 하다. 당신이 이 세상에 대해서 이미 안다고 믿는 모든 것이 사실은 틀렸다면?

멋진 신세계에 첫발을 내디디기 전에 먼저 잠깐 한 세기 전(시간이라는 게 존재한다면), 양자 역학이 태동하던 시기로 돌아가 보자. 양자와 역학이라는 두 단어만으로도 이 개념에 익숙하지 않은 사람은 물론이고 이 일을 생업으로 삼는 사람들조차 등골이 서늘해진다. 4장에서 소개한 물리학자 숀 캐럴은 이렇게 쓴 바 있다. "양자 역학은 어렵고 신비하며 마법에 가깝다고들 한다." 그러나 그는 또한 양자 역학이 "현실에 대한 가장 깊고 가장 포괄적인 관점"이라고 말한다.

양자 역학의 신비로운 명성은 그 자체로 역설이다. 이 개넘은 바위처럼 견고하며 현대 생활 방식의 거의 모든 부분에서 기초를 이루기 때문이다. 입자의 행동을 아원자 수준에서 설명하는 이 이론의 능력이 없었다면 전자의 움직임을 모델링하지 못했을 것이다. 결과적으로 내가 지금 이 글을 쓰고 있는 컴퓨터, 주머니 속의 휴대폰, 그 밖에 우리가 의존하는 거의 모든 전자기기에 동력을 제공하는 반도체를 만들지 못했을 것이다. 우리가 알고 있는 삶이 전적으로 양자 역학에 의존한다고 해도 과언이 아니다. 그러나 이 과학 분야가 종사자와 관찰자 모두에게 그 어떤 존재보다도 두려움을 준다는 주장 역시 전혀 과장이 아니다.

그럼 숨을 크게 들이마시고 한번 파헤쳐 보자. 본질적으로 양자 역학은, 모든 입자는 관찰 가능한 단일체이며 뉴턴의 운동의 법칙에 따라 이 입자의 위치와 움직임을 결정할 수 있다는 전통 물리학의 믿음을 뒤집어엎는다. 양자 역학은 한층 더 깊이 들어가 원자 내부의 행동을 파헤친다. 우리가 관찰 가능한 현실을 넘어서는 영역이다. 양자 역학은 아원자 차원에서(전자나 광자 같은) 입자는 하나의 위치에 제한되지 않는다고 말한다. 입자는 지도 위의 한 점으로 표시되는 대신 파동 함수를 통해 표현된다. 파동 함수는 입자가 존재할 수 있는 위치와 에너지 상태가 확산된 상태로, 절대적인 확실성 대신 확률로 나타난다.

누군가에게는 과학이 괜한 트집을 잡는 것처럼 보일지도 모른다. 방정식을 아주 좋아하는 사람들을 위한 '공 찾기 게임 Spot the Ball' 같다는 말이다. 그러나 그 함의는 훨씬 더 심오하다. 양자 역학의 문턱을 넘으며 물리학자들은 세계를 바라보는 기존의 이해를 완전히 바꿔 놓을 급진적인 결론에 도달했다. 그중 하나는 입자란 특정한 순간에 고정된 양이 아니며 특정한 위치에 묶여 있지도 않다고 말한다. 또한 입자는 '중첩 상태'로 존재할 수 있는데 이는 동시에 하나 이상의 장소에 존재하는 능력을 말한다(중첩은 슈뢰딩거의 고양이라는 사고 실험의 기초가 되는 원리다. 즉 이 고양이는 살아 있을 수도, 죽었을 수도 있다). 다음으로 양자 '터널 효과'라는 것이 있다. 여기에서 입자는 파동 같이 움직이는 행동 덕분에 넘을 수 없는 장벽을 통과해서 지나간다(반도체에서 전류의 흐름을 제어하는 스위치인 다이오드를 개발하기 위한 근본이 되는 개념이다). 벽돌로 지은 담을 통과하는 것 같은 터널 효과와 동시에, 양자 이론 아래에서 입자는 서로 얽힘 상태로 존재할 수 있다. 그러니까 몇 광년씩 떨어져 있어도 서로 연결되어 특성을 공유한다는 뜻이다.

양자 이론은 외부 관찰자, 즉 우리 인간이 아원자 입자 사이의 이 모든 행복한 혼란을 방해하기 시작하면 더욱 복잡해진다. 입자들은 자신을 드러내고 장벽을 통과하며 서로 얽히느라 분주하다. 그러던 중 한 과학자가 와서는 현미경을 들이댄다. 그는 빛을 비추어 이곳에서 어떤 일이 일어나는지를 알아내려고 한다. 이러한 측정의 행위가 (진짜든 은유든) 현미경 아래의 입자들에 놀라운 효과를 일으킨다. 바로 파동 함수라고 알려진 것을 무너뜨리는 결과를 불러오는 것이다. 입자가 있을 확률적 범위를 포착하던 중첩 상태는 입자의 위치가 측정되는 순간 확정 상태로 응축된다. 이는 마치 '무궁화꽃이 피었습니다'와 비슷하다. 관찰자가 몸을 돌려 입자를 관찰하려는 순간 입자는 얼어붙는다(또는 적어도 그렇게 보인다).

파동 함수는 확률의 표현이라는 점을 기억하라. 즉 입자가 존재할 수 있는 모든 위치를 말한다. 그것을 측정하면 그 확률은 확실성이 된다. 이는 양자 입자의 난해한 속성을 표현한다. 파동의 목적 전체를 무효로 하는 것처럼 들릴 수도 있지만 너무 성급하게 덤비지를 말자. 측정값, 즉 우리가 지도에서 지정한 지점은 현실이라기보다는 우리가 그것을 지각할 유일한 방법이기 때문이다. 우리는 중첩이라는 다수의 현실을 한꺼번에 볼 수 없다. 슈뢰딩거의 고양이는 살아 있기도 하고 죽어 있기도 하다. 그러나 그렇다고 해서 존재하지 않는 것은 아니다. 이처럼 입자가 존재하는 확률적 상태, 그리고 인간으로서 우리가 관찰하는 결정론적 상태 사이의 충돌은 양자 이론에서 측정의 문제로 알려져 있다. 아원자 입자의 연구는 인간의 관점이 지닌 한계 안에서만 가능하다.

이 지점에서 양자 이론은 개념적으로 이해하기 어려우면서 그토록 중요해진다. 양자 이론은 세계에 존재하는 모든 것을 운영하는 시스템으로는 이론상 완벽하다. 그러나 우리가 직관적으로 생각하고 실제로 관찰, 측정하는 방식과는 완전히 어긋난다. 캐럴이 쓴 것처럼, "양자 현실의 핵심적인 수수께끼는 다음과 같은 단순한 모토로 요약된다. 우리가 세상을 볼 때 **보이는**

것은 실제로 **존재하는** 것과는 근본적으로 다른 것 같다".

　　　이것이 양자 역학의 개념이 어려운 이유다. 과학자(그리고 솔직히 대부분의 사람들)는 스스로 관찰할 수 있고, 측정할 수 있고, 양을 알 수 있는 것들이 주는 확실성을 즐긴다. 하지만 양자의 세계는 그 구성 요소가 절망스러울 정도로 유동적이다. 양자 입자는 여러 장소에 동시에 나타나며 명백한 장애물을 무시하고 신비로운 방식으로 결합한다. 게다가 우리가 거기에 선형적인 질서의 감각을 부여하려고 분투할수록 양자는 더욱 저항한다. 이것이 불확정성의 원리다. 이 원리에 따르면 한 입자의 위치와 속도는 동시에 측정할 수 없다. 입자의 위치를 측정하면 속도는 알 수 없어지고, 속도를 측정하면 위치를 알 수 없게 된다. 젤리 한 개를 벽에 고정하면 다른 것은 손에 닿을 수 없이 멀리 미끄러진다. 마치 우주가 그 신비를 해독하려는 자들을 조롱하고 그들이 들고 있는 과학적 방법과 도구를 부정하는 것 같다.

　　　바라건대 지금쯤 여러분이 왜 양자 역학이 과학계에서 그토록 어려운 주제인지, 왜 경외에 가까운 수준으로 대우받고 언제나 설명하기 어렵다고 묘사되는지 그 이유를 조금은 짐작하게 되었기를 바란다. 양자 이론은 또한 역사상 가장 뛰어난 과학자들 사이에서 격렬하게 논의된 주제였다. 특히 1920년대와 1930년대에 이 이론의 발전에 일조한 핵물리학계의 주요 인물들이 그 중심에 있었다. 보어, 아인슈타인과 하이젠베르크까지 포함해 우리가 앞에서 핵분열 이야기를 하며 만난 사람들이다. 보어, 그리고 불확정성의 원리를 주창한 하이젠베르크에게는 양자 이론의 확률적이고 비가시적인 속성이 가장 중요한 핵심이었다. 그들은 입자는 고전 물리학의 영역 바깥에서 신비한 방식으로 행동한다고 주장했다. 아인슈타인은 반대되는 관점을 택했다. 그는 이 모든 혼란스러움은 양자 이론이 입자 행동에 대한 (완전히 틀린 것은 아니더라도) 불완전하고 불만족스러운 설명임을 말해 준다고 했다. 아인슈타인은 확률에 의지한다는 것이 영 마음에 들지 않았다. 그는 다른 과학자에게 보낸 편지에서 "신은 주사위 놀이를 하지 않는다"라고 썼다. 1927년의 역사에 남을 회동에서 보어와 이 문제를 논쟁한 후, 아인슈타인은 "우리가 보는 것이 곧 우리가 얻는 것이다"라는 전통적인 개념을 선택했다. 그는 양자 역학을 좀 더 정확하게 뒷받침할 '숨은 변수'를 찾으려는 길고 헛된 탐색을 시작했다.

아인슈타인조차 양자 이론으로 어느 정도 애를 먹었다면 우리가 이 이론의 개념에 압도되는 것은 당연하다. 그러나 양자 역학은 이 정도의 두통을 감내하며 노력할 가치가 있는 멋진 이론이다. 아주 멋진 휴가지에 가기 위한 장거리 비행의 고통 정도로 생각하면 좋겠다. 가능성의 새로운 개척지에 머물며 우리가 관찰할 수 있는 존재 바깥에서 존재하는 것들을 상상하고 급진적인 가능성을 탐색하는 많은 과학이 양자 이론이 제공하는, 현실을 바꿀 수 있는 가능성에서 시작한다. 양자 버전 거울의 방에 들어갔다 나오면 아마 세상이 이전과 결코 똑같아 보이지 않을 것이다. 이는 그 무엇보다도 과학의 상상력을 부채질한다. 우리가 세상을 관찰하고 생각하는 방식의 가장 근본적인 교리에 도전하도록 하기 때문이다. 물리학자 카를로 로벨리^{Carlo Rovelli}의 '관계적 양자 역학^{relational quantum mechanics}'의 개념을 예로 들어 보자. 이 개념은 물체가 아니라 물체 간 관계의 측면에서 생각해야 한다고 주장한다. 로벨리는 "물리학적 현실의 핵심은 입자가 아니라 관계적 연결성이다"라고 말한다. "각각은 다른 것과 상호작용하는 방식으로 정의된다. 그래서 다른 것과 작용하지 않을 때 그것은 존재하지 않는다." 로벨리에 따르면, 의자가 의자인 이유는 누군가가 그 위에 앉아서 상호 작용을 하기 때문이다.

관계적 양자 역학은 그저 맛보기일 뿐이다. 양자 역학의 영향력은 물론 미시적 수준에서도 극적으로 발휘된다. 그러나 전자, 파동 함수, 중첩에 대한 지식을 우주 전체에 확대해 적용하면 더욱 이상하고 흥미로워진다. 이는 1950년대 수학자 휴 에버렛^{Hugh Everett}의 주장이었다. 그는 양자 역학을 우리가 볼 수 없는 입자의 행동을 설명하는 이론으로만 사용하지 말고 우리를 둘러싼 볼 수 있고 또 만질 수 있는 모든 것, 즉 우주 전체의 의미로서 고려해야 한다고 말했다.

여기에서 시작해 그는 다세계 해석^{manyworlds interpretation}으로 알려진 이론을 제안했다. 보어와 아인슈타인이 양자 이론의 측정 문제를 처음 따지고 든 지 30년 만에 에버렛이 이 문제에 대한 새로운 사고방식을 제시한 것이다. 그는 파동 함수가 붕괴한다는 개념을 버린다면, 또 양자 입자의 중첩 상태를 고전 물리학의 렌즈를 사용해 인식할 수 있는 대상으로 응축하려는 시도(양자 역학의 코펜하겐 학파로 알려진 접근법이다)를 그만둔다면 어떤 일이 벌어질 지를 물었다. 파동 함수의 붕괴를 통해 대체 현실을 '사라지게' 하는 대신 그것들이 평행 상태로 계속된다고 가정한다면 어떻게 될까? 우리와 같은 관찰자가 중첩의 다른 버전, 즉 우리가 볼 수 없는 버전을 지켜보고 있는 대체 세계와 현실 말이다.

모든 사건은 하나의 버전으로만 존재하지 않는다. 무한히 가지를 친 버전으로 존재하며 모두 동시에 일어난다. 이 개념에서 우리와 세계, 그리고 그 안에 있는 모든 것은 에버렛이 '보편 파동 함수^{universal wave function}'라고 부르는 존재의 일부다. 이는 우리 자신을 포함해 우주의 모든 입자를 아우르는 가능성의 스펙트럼이다(지루한 회의에 앉아 있을 당신을 위한 좋은 소식. 다른 우주에서라면 지금 당신의 정신과 몸은 다른 곳에 있을 것이다). 우리는 자신의 중첩 상태에서 관찰하지만 그렇다고 모든 다른 가능성이 무효가 되지는 않는다. 파동 함수는 붕괴하지 않고 저 모든 다른 세계의 가장자리에서 찰랑거린다. 우리가 보는 현실은 단 하나가 아니다. 우리의 눈과 마음이 있지 않은 곳에서 일어나는 수없이 많은 현실 중 하나일 뿐이다.

에버렛의 주장은 대단히 급진적인 해석이었다. 우리가 세계를 이해하는 방식에 막대한 영향을 미쳤으며 물론 지금도 그렇다. 다세계 해석을 처음 생각해 냈을 때 에버렛은 박사 과정

학생이었기에 그가 이 분야의 거물들에게 도전한 것은 대단한 일이었다(게임을 시작하자마자 1단계에서 최종 보스와 대결하는 것과 맞먹는 사건). 그가 제시한 개념은 훨씬 더 대담했다. 과학자들이 수천 년 동안 이해하고 설명하려고 애써 온 이 세계는 우주라는 대차대조표에서 반올림 오차만큼도 되지 못한다는 것이다. 우리가 이해하는 인류 자신은 광활한 우주 속에서 아주 작은 바위 하나를 겨우 차지하고 있을 뿐 아니라, 무한개의 대체 우주에서 반복되는 것들 중 하나다. 우리는 생각보다 훨씬 덜 대단하다.

그러나 에버렛에게 자신의 이론은 그렇게 급진적이지 않았다. 그는 그저 양자 역학의 주장을 그대로 받아들였을 뿐이었다. 즉, 아원자 입자들은 실제로 서로 다른 중첩 상태에 존재한다. 이 사실이 전통적인 관찰 및 측정 방법과 조화를 이루게끔 시도하는 대신, 그의 해석은 모호함을 있는 그대로 받아들이라고 격려한다. 그의 주장에 따르면 우리는 양자 이론에 내재된 여러 가능성을 상자에 깔끔하게 담아내려하지 말고 그 자체로 인정해야 한다. 저 가능성들은 모두 우리가 경험하거나 상호 작용할 수 없는 다른 세계에서 실제로 일어나고 있다. 양자 입자가 충돌할 때마다 무한히 연속되는 이 평행 현실 속에서 또 하나의 가지가 생성된다.

에버렛의 이론이 함축하는 바는 복잡할지 모르지만, 개념 자체는 아주 단순했다. 그는 달리 무언가를 창조하거나 바꾸려고 하지 않았다. 그저 양자 역학이 우리가 볼 수 있고 실제로

  궤도 너머

측정할 수 있는 세계 너머에 존재한다고 말한 것을 인정했을 뿐이다. 그와 달리, 세상에 직접 손을 대며 그들을 불편하게 하는 모든 대안적 가능성을 제거하려 한 쪽은 양자 파동 붕괴를 주장한 사람들이었다. 그들은 본질적으로 고전 물리학의 세계관을 복잡한 양자 체계에 억지로 강요하고 있었다. 그들의 합리화는 사실상 단순화였다.

에버렛의 이론은 야심 찼고, 그는 그것을 집요하게 옹호했다. 다른 과학자가 "제 자신은 다른 세계로 갈라지지 **않았습니다**"라고 다중 세계 개념에 문제를 제기하자 그는 코페르니쿠스도 맨 처음 지구가 태양 주위를 돈다고 제안했을 때 똑같은 비판을 받았다고 대꾸했다. "이렇게 묻지 않을 수 없군요. 그래서 당신은 지구의 움직임을 느낍니까?" 아이러니하게도 에버렛의 서신 상대는 이론 물리학자 브라이스 디윗$^{Bryce\ DeWitt}$이었다. 그는 1970년대에 전향해 에버렛의 사고방식을 받아들였다. 그리고 '다세계^{manyworlds}'라는 이름을 만들어 에버렛의 연구를 대중화하는 데 일조했다. 다세계는 보편적 파동 함수라는 개념을 알기 쉽게 줄인 말이다.

그러나 사실은 디윗이 초기에 보인 회의적인 태도가 좀 더 전형적인 반응이었다. 초기에 이 이론의 옹호자는 얼마 되지 않았다. 지도 교수의 압력을 받은 에버렛은 1957년에 박사 학위를 받고 자신이 이 이론에서 '세계의 분기'라고 묘사한 개념에 대한 대부분의 설명을 생략한 논문을 출판하고 학계를 떠났다.

1959년에 그는 코펜하겐 학파의 대부인 보어를 만났지만, 그 만남을 '처음부터 파국'이었다고 묘사했다. 두 사람은 자기가 옹호하는 접근법의 가치를 상대에게 확신시킬 수 없었다.

코펜하겐 학파에서 훈련받은 많은 사람에게 에버렛의 다중 현실의 개념은 직관과 너무 동떨어져 있어서 진지하게 받아들여지지 않았다. 리처드 파인만은 이론 물리학자조차 편안하게 받아들일 수 없는 지나친 도약이라고 했다. "'보편 파동 함수'의 개념에는 심각한 문제가 있다." 그는 에버렛이 아직 박사 논문을 정리하고 있던 1957년에 한 학회에서 이렇게 말했다. "보편 파동 함수는 과거의 모든 양자 역학적 가능성에 의거해 가능한 세상 전체를 아우르는 진폭을 포함하고 있어야 한다. 그렇다면 가능한 세계가 무한하다는 동일한 현실을 믿을 수밖에 없다." 다시 말해, "당신은 정녕 우리가 **그걸** 믿기를 기대합니까?" 다른 과학자들은 평행 현실은 결코 관찰될 수 없으므로 에버렛은 반증할 수 없고, 따라서 비과학적인 가설을 제시한 셈이라고 보았다. 또는 수학적 장치로 만들어진 파동 함수에 현실성을 부과하려는 잘못을 저질렀다며 좀 더 구체적으로 비판했다.

다세계는 오늘날에도 여전히 논쟁의 대상이다. 지지자와 반대자 모두 입장을 굽히지 않는다. 어떤 이들에게 다세계는 일상처럼 느껴진다. 당신이 자폐인이라면 또는 그저 생각이 조금 많은 사람이라고만 해도 아마 집을 나서기 전에 출근길이나 마트까지 가는 길을 두고 수많은 시나리오를 떠올리는 데 익숙할

 궤도 너머

것이다. 적당한 수준이라면 이는 가치 있는 일이다. 최소한 우리 삶에 대해 생각하는 유용한 렌즈로 기능한다. 우리는 어떤 결정을 내리든 다른 가능성들을 희생하고 하나의 길을 선택해야 한다. 그리고 그때 그 일을 맡지 않았거나 지금의 배우자를 만나지 않았더라도 인생은 멈추지 않고 흘러갔을 것이다. 다만 우리가 쉽게 상상할 수도 또는 전혀 상상하지도 못할 다른 길을 걸었을 뿐이리라. 우리는 중대한 결정을 내리기 전에도 이와 비슷한 정신 운동을 한다. "예" 또는 "아니요"라고 대답했을 때 펼쳐질 모든 다른 세계들을 상상하는 것이다. 우리는 옳고 그름이라는 이진법적 현실을 살지 않는다. 우리는 선택을 할 때마다 열리고 닫히는 무한한 가능성의 세계에 살고 있다. 다세계는 이를 상기시켜 주는 멋진 깨달음이다.

그리고 다세계 해석을 좋아하든 좋아하지 않든, 이 이론의 영향력을 부인하기는 어렵다. 다세계 해석은 양자 우주론(우주가 운용되는 방식을 양자 역학적으로 그려 내려는 시도)의 진화와 '다중 우주론'(자체적인 시공간의 '공기 방울' 안에서 발달하며 빅뱅의 공통된 경로와 다른 속도로 움직이는 여러 우주)과 같은 개념에 영감을 주었다. 또한 양자 컴퓨팅의 이론적 기초에도 이바지했다. 이는 잠재적으로 대단한 처리 능력과 속도를 가진 시스템이며 '큐비트^{qubit}'를 기반으로 작동한다. 큐비트는 전통적인 컴퓨팅의 '비트'가 0과 1 사이에서 전환하는 것과 달리 중첩 상태에서 존재 가능한 데이터 단위다. 따라서 전통적인 컴퓨터가 순차적으로밖에 처리할 수 없는 과제를 동시에 아주 큰 규모로 다룬다. 이 분야는 에버렛의 신봉자인 물리학자 데이비드 도이치의 연구에 일부 영감을 받았다. 그는 1980년대에 평행 현실의 존재를 시험하고 증명할 컴퓨터를 제안했다. 이어서 양자 컴퓨팅은 '평행 우주 사이의 협업이라는 유용한 과제를 허락하는 최초의 기술'이 될 것이라고 주장했다.

　　　　많은 반대가 있었지만, 다세계 해석은 많은 논쟁과 매력적인 연구의 시발점이 되었다. 그것만은 부인할 수 없다. 어떤 이들은 다세계 해석의 기이한 개념을 줄곧 무시했다. 그러나 옹호자들 사이에서는 의식의 확장을 통해 다른 가능성을 타진하게 하는 자극이 되었다. 이 가능성들도 새롭고 어렵기는 마찬가지지만. 어쩌면 여기에서 중요한 교훈을 얻을 수 있을 듯하다. 많은 이에게 우리가 무한한 현실을 가로지르며 살고 있을지도 모른다는 생각은 공상 과학에 불과하다. 그러나 다세계 해석을 뒷받침하는 사고 과정은 여전히 유용하다. 누군가는 다세계 해석의 영향을 받아 이렇게 말하게 될지도 모른다. "과거의 통념은 작용하지 않아. 완전히 다른 방식으로 생각해 보면 어떨까?" 이 이론은 우리가 발전하기 위해서 때로는 자신의 습관, 가정, 신념이라는 상자 밖으로 나와야 한다고 상기시킨다. 직장에서, 특정 프로젝트에서, 또는 어떤 인간관계에서 타성에 젖은 기분이 들 때가 있다. 그 상태에 머문다면 이런 기분이 영원히 계속되거나 상황이 악화될 뿐이다. 그러나 이런 때 완전히 다른 방향을 시도하는 일은(상황을 뒤집어 보거나 평소라면 절대 하지 않을 일을 하는 것) 배터리가

　　　　　　　　　　　　　　　　　　　　　　　궤도 너머

방전된 자동차에 점프 스타트를 시도하는 것과 같은 결과를 불러올지도 모른다. 도자기 수업을 또 들으러 가거나 프리스비 게임을 한 번 더 하지 않아도 몸과 마음을 새롭게 자극해 전과 다른 기분을 느끼게 될 것이다. 이것은 단순한 느낌이나 플라세보 효과가 아니다. 뇌는 실제로 익숙하지 않은 상황에 반응하기 위해 새로운 경로를 열고 신선한 자극을 처리할 새로운 코드를 쓴다. 그것이 자신을 새롭고 낯선 곳에 밀어 넣는 일의 힘이다. 그리고 이론 물리학이 기본으로 발급하는 자격증이자 때로는 우리가 스스로에게 주어야 하는 것이다. 세계를 바꿀 대단한 아이디어나 경험이 아니어도 된다. 단지 자신의 정신을 시험해 현실을 조금만 더 확대하는 것으로 충분하다.

크고 두렵고 어쩌면 정신 나간 아이디어를 탐구하려는 의지는 우리 우주의 가장 신비롭고 시야에서 가장 멀리 떨어진 변경을 탐색하는 과학자들에게 필요한 미덕이다. 관습을 벗어 버리는 능력은 비과학처럼 보인다. 그러나 전통적인 사고가 허락하지 않는 크고 예상치 못한 발걸음을 내딛는 데 필요하다. 가장 창의적인 순간의 과학은 커다란 질문을 던져야 한다. 그리고 기존의 합의 앞에서 이단으로 취급될 가능성이나 깊이 생각하기에 두려운 가능성까지 고려한다. 현실을 탐색하는 과학자에게 상상력이 중요하면서도 과소평가되는 이유가 여기에 있다. 상상력은 우리로 하여금 존재하지 않는 것을 보게 한다. 있을 수 있는 것을 그리게 한다. 그리고 결코 고려되지 않았을, 완전히 새로운 세계를 구축하고 열게 하는 용기를 제공한다.

양자 역학이 지닌 상상력이 과학자들에게 바깥을 향해 우주의 가장 먼 곳까지 내다볼 능력만 준 것은 아니다. 이것은 또한 내면 탐색에도 영감을 준다. 비록 미시적 세계에 초점을 두고 있으나 그 의미는 방대한 곳까지 이른다. 이는 곧 의식의 원천인 인간의 정신과 영혼이라 부르는 것의 구성 요소를 이해하려는 탐구를 의미한다.

물론 새로운 문제는 아니다. 무엇이 우리를 인간으로 만드는지 알아내려는 열망은 과학 그 자체만큼이나 오래되었다. 그러나 생물학에 대한 이해가 점차 정교해지면서 그 욕망은 근육, 신경, 시냅스, 신경 전달 물질의 역학 전체가 어떻게 육체와 기본적인 인지 기능 이상을 이루는지를 이해하려는 수준에 이르렀다. 우리가 의식이라고 부르는 사고, 감정, 개성, 그리고 성격의 경험까지 말이다. 오스트레일리아 철학자 데이비드 차머스David Chalmers가 1995년 작, 《의식적인 마음The Conscious Mind》에서 쓴 것처럼, "의식이란 뇌와 같은 신체 시스템에서 비롯했다고 믿을 만한 충분한 근거가 있다. 다만 그것이 어떻게 탄생했고 애초에 왜 존재하는지에 대해서는 아는 바가 없다. 뇌와 같은 신체 시스템이 어떻게 **경험자**가 될 수 있었을까?" 차머스는 신경 과학이 뇌가 자극에 반응하고 정보를 처리하는 방식과 같은 '쉬운' 문제만 오랫동안 해결해 왔고 정작 '어려운' 문제는 회피했다고 주장한다. "왜 이 모든 과정에 내적 경험이 동반되는 것일까?" 다시 말해 우리는 어떻게 움직이는 생물학 기계 덩어리 그 이상이 되었을까? 무엇이 우리를 인간으로 만드는 것일까?

이 질문은 너무나 까다로워서 신경 과학자, 심리학자, 물리학자, 철학자 들은 의식의 정의, 그리고 의식의 경험이 지닌 가치에 대해서 합의를 이루지 못하고 있다. 1989년에 한 심리학자는 "의식이란 매혹적이지만 파악하기 어려운 현상이다. 그것이 무엇이고, 무엇을 하며, 왜 진화했는지 명시하기는 불가능하다. 이 주제로 읽을 만한 글은 아직 쓰여진 바 없다"라고 말했다. 다행히 우리 머릿속에서 일어나는 일들에 대해 개방적인 태도를 보이는 사람들이 있다. 차머스가 '어려운 문제'를 정의한 이후로 많은 생각들이 쏟아져 나왔다. 그중 다수는 뇌의 각 부분들이 서로 정보를 공유하고 통합하는 과정에 초점을 맞추며, 이것이 단순한 부분의 합을 넘어서는 복잡하고 통합된 경험으로 이어진다고 주장한다(한 학파에서는 의식이 시스템 내에서 정보가 통합되는 정도에 비례한다고 주장한다).

"예측적 처리 과정predictive processing"이라는 또 다른 이론에서는 의식의 경험이란, 뇌에서 받아들이는 입력을 어떤 것에 관한 예측과 조화시키는 과정에서 시작했다고 주장한다. 뇌는 먼저 어떤 사물의 형태와 맛과 소리를 짐작한다. 그 다음 다양한 입력 메커니즘을 통해 감각 데이터를 받아들인다. 그리고 궁극적으로 그 둘 사이의 간격을 좁힌다. 신경 과학자 아닐 세스Anil Seth

는 "이러한 관점에서 지각이란 외부 현실을 수동적 기록하는 활동이 아니라 일종의 '통제된 환각controlled hallucination'을 능동적으로 구축하는 과정이다. 거기에서 뇌가 내리는 최선의 짐작이 연속적인 예측 오류 최소화 과정을 통해 세상, 그리고 신체와 결부된다"라고 주장했다(어떤 레시피를 따라해도 내가 만든 셀러리 수프는 항상 오래된 양말 냄새가 나는 이유를 이 통제된 환각으로 설명할 수 있을지도 모르겠다).

어떤 사람들은 이 문제에 양자 이론을 적용하려고 애써왔다. 양자 이론이 우주를 보는 좀 더 근본적인 방식이라면 바깥 우주만이 아니라 우리 머릿속에서 일어나는 신비로운 작용을 밝히는 데도 도움이 될 수 있을 것이다. 이러한 발상의 주요 옹호자는 수리 물리학자 로저 펜로즈Roger Penrose다. 그는 블랙홀의 중력 '특이점singularity'에 관한 연구로 노벨상을 받았다. 특이점이란 밀도가 무한대가 되어 일반 상대성 이론을 적용할 수 없는 지점이다. 그러한 기준으로 보더라도, 그가 의식 연구의 분야로 발을 들인 것은 대단히 파격적이다. 그는 우리가 이해하는 것과 이해할 수 있는 것의 한계를 밀어붙였다. 펜로즈에 따르면, 뉴런 안에 있는 단백질인 미세소관은 양자 역학의 방식으로 정보를 운영하고 저장하고 처리할 수 있다. 조화 객관 환원 이론Orchestrated objective reduction이라는 귀에 쏙 들어오는 이 이론 아래에서 정보 처리는 미세소관 내에서 '의식을 경험하는 순간'을 창조하는 파동 함수와 비슷한 과정이다. 양자 입자를 측정하려고 할 때 입자의 중첩 상태는 하나의 구체적인 상태로 축소된다. 이 이론은 양자 역학처럼 의식적 경험이란 뇌의 깊은 하부 구조에서 상상할 수 없을 만큼 빠른 속도로 처리되고 있는 정보를 순간적으로 정제하고 단순화한 결과라고 주장한다. 우리 머릿속에 진정한 양자 컴퓨터가 있는 셈이다.

조화 객관 환원 이론은 지지자보다는 비판자가 더 많다. 가장 큰 문제는 과연 이 효과를 체온의 수준에서도 경험할 수 있는가이다.양자 효과가 대체로 극한의 저온 환경과 연관되기 때문이다. 그러나 펜로즈 자신은 이 이론의 가치가 목적지가 아니라 이정표에 더 가깝다고 본다. 의식에 대한 완전한 설명이라기보다는 우리의 지식을 개선하려면 어디로 가야 할지 방향을 알려 주는 지표라는 말이다. 그는 "의식이 무엇이든 그것은 계산할 수 있는 물리학을 넘어선다. 내 주장은 '뇌 속의 양자 역학'이라는 주장보다 훨씬 터무니없고, 더 심각하며, 더 충격적이다. 의식이 양자 역학에 의존한다는 말이 아니다. 현재의 양자 역학 이론이 어디에서 잘못되었는지에 달렸다는 뜻이다. 그것은 아직 우리가 알지 못하는 이론과 관련 있다." 다시 말해 현재 우리는 뇌와 인간 기능의 신비를 해독할 만큼 똑똑하지 않다. 뇌 안에서 기능하는 모든 부분의 지도를 그리고 모델을 세우며 측정하는 능력은 우리를 인간 정신에 대한 완벽한 해답으로 이끌지 못한다. 대신 탐구는 현재의 과학적 합의와 전통 물리학을 훨씬 넘어서는 지식을 개발하고 가능성을 구상하는 것과 관련된다. 우리는 현재 할 수 있는 것보다 더 크고 넓게 생각해야 한다. 또한 우리가 아직 합리화할 수 없는 지점을 포착하기 위해 과학 이론 자체의 본질을 재구성해야 한다.

조화 객관 환원 이론은 그 궁극적 가치가 무엇이든지간에 놀라운 과학적 상상력의 위업이다. 이 이론은 과학자가 붙잡기가 아주 힘들고 난해해서 정의하기 어려운 개념을 탐구할 때 가야 하는 길을 예시한다. 과학은 사물이 작동하는 (또는 작동하게 할 수도 있는) 방법을 설명하기 위해 이론을 세운다. 그러나 시뮬레이션 이론과 다세계 해석, 의식의 양자 이론처럼 먼저 가능성의 세계 전체를 구축해야 탐색을 시작할 수 있을 때도 있다. 이 장에서 나오는 개념들이 보여 주었듯이 말이다. 이 세계들은 막다른 길 혹은 단지 더 나은 어딘가로 가는 통로라고 판명날 수도 있다. 그렇다고 해서 쓸모가 없는 것은 아니다. 오히려 과학의 가장 중요한 기술의 하나다. 사용 가능한 퍼즐 조각들을 배열해 우리가 잃어버린 것의 형태로 나타내는 능력, 그리고 실제로 존재하는 것을 볼 뿐 아니라 그것이 무엇인지 **짐작해** 지각하는 능력, 그리고 해결책처럼 보이는 것이 실제로는 단순화를 통해 어떤 작동 원리의 진정한 아름다움이 사라진 상태임을 이해하는 능력이 그 것이다.

창의성이나 상상력 같은 아이디어는 대개 과학 연구와 연관되지 않는다. 심지어 어떤 과학자들은 저 능력들을 포용하고 싶어 하지도 않는다. 우리는 과학이 관찰하고 측정하고 양을 재고 설명 가능한, 만질 수 있고 견고한 토대 위에 세워진 세계에 관한 개념이라고 여긴다. 반면 과학은 세계를 짓는 극장이고 과학 소설의 스토리텔링에서 딱 한 발짝 떨어져 있다는 생각은 현실 세계에서 출구를 찾는 이들에게는 설레는 전망이다. 이 지구에서 자신의 자연스러운 자리를 찾지 못하고 대신 과학 소설이나 만화를 창작해 현실이 얼마나 다르게 보이는지를 표현하는 이들 말이다. 이 창작물에서는 그들 자신과 똑같은 등장인물이 중요한 역할을 맡는다. 그리고 그들의 목소리 또한 여과 없이 들린다.

그러나 상상력은 다른, 아마도 더 나은 세상의 모습을 윤색하는 데 그치지 않는다. 그것은 또한 미지를 개척하는 연구의 기본 신조이기도 하다. 양자 역학의 원리가 보여 주었듯이 때로 과학의 기본 기술은 이해에 방해가 된다. 합리적인 질서와 정제된 이론을 향한 갈망은 우리 우주에서 일어나는 규모의 일을 이해하기에 부족하다. 그것은 아름다움과 복잡성을 온전히 담아낼 수 없는 제한된 구조를 강요한다. 이 때문에 복잡한 현실을 이해하기가 어려워진다. 이 지점에서 과학자를 비롯해 우리 모두 구속복을 벗는 일에 익숙해져야 한다. 문제를 틀에 맞추려 하기보다 그 문제가 문제되지 않는 더 큰 세상을 만들어야 한다. 그리고 그 안에서 우리가 지금까지 상상한 모든 영광스러운 불확실성과 가능성을 편안하게 탐구해야 하지 않을까.

앞에서 이론 물리학의 가장 먼 변방까지 가 보았다. 그러니 이제 다시 지구(적어도 이 버전의 지구)로 돌아와 지금까지 배운 것들을 되돌아보고 평가할 때다. 이 책에서 우리는 최초의 관찰로 시작해 과학 연구에서의 집중과 협업, 편향과의 싸움, 증명을 추구하는 과학의 다양한 단계를 살펴보았다. 그 과정이 버겁게 느껴졌다면 잘 따라오고 있다는 뜻이다. 과학이란 원래 그렇다. 과학자는 끝없이 읽어야 하는 방대한 논문, 파헤쳐야 할 무한한 자료, 조율해야 할 수많은 인간관계에 둘러싸여 살아간다. 그런데 그게 다가 아니다. 모든 분야는 끊임없이 변화하므로 여기에 새로운 질문, 데이터 집합, 기술과 이론이 계속해서 추가된다. 이러한 형편이니 남들의 연구를 따라잡기는커녕 자기 일을 제때 해내기도 벅차다.

앞에서 보았듯이, 과학의 중요성 그리고 과학과 사랑에 빠진 이들을 끌어당기는 자석 같은 위력은 축복이자 저주다. 과학은 세상을 더 나은 곳으로 탈바꿈하게 만든 많은 발견에 영감을 주었다. 그러나 뛰어난 연구자들을 끝없는 미궁으로 유인해 결코 찾지 못할 증거를 추구하게 압박하거나 증명할 수 없는 이론에 집착하게도 했다. 천재적인 아이디어와 터무니없는 믿음은 동전의 양면과도 같다.

하지만 생계를 위해 그 동전을 뒤집는 사람들에게 배울 점이 많다는 것이 내 신념이다. 손바닥 위로 동전의 어느 면이 떨어지든지 상관없다. 훌륭한 연구를 발표한 이들뿐 아니라 실패를 거듭했던 사람들까지 모두가 좋은 스승이다. 이렇듯 과학은 인생과 일면 비슷하다(결국 과학도 인간이 하는 일이니까). 다만 과학은 고객 센터에서 '품질 향상과 훈련 목적'이라고 부르는 항목에 최적화되어 있을 뿐이다. 과학을 하는 사람들이 실험만 하지는 않는다. 그들은 실험 결과를 출판하고 잘못한 부분을 파헤치며 실험을 통해 알게 된 결과 중 가장 중요한 사실들을 식별한다(상대의 연애사나 "한 잔 더!"를 너무 많이 외치는 경향에 대해서도 그렇게 분석해 보라). 자신과 자신의 연구에 대해 깊이 파헤칠 때는 종종 불안한 마음이 들고 또 겸손과 용기도 필요하다. 그러나 세상을 더 나은 곳으로 만들려면 이 과정은 모두 필요하다.

과학을 통해 우리는 흥미로운 이야기와 위대한 인생의 교훈은 물론이고 그곳에 이르기까지의 모든 단계를 함께 배운다. 과학의 과정은 높은 수준의 정직함과 투명성을 요구한다. 그것도 결정하고 실수하며 최종 목적지에 이르기까지 밟아야 하는 모든 단계에서 말이다. 과학에서 무엇이 흥미로운 문제고 어려운 질문에 대답하며 변화를 창조하는지 알고 싶다면 여기가 좋은 시작점이다. 이렇게 우리는 확실한 장소에 도착했다. 품이 많이 드는 과정을 거쳤고 서랍장에서 가장 예리한 도구를 발견했으며 시스템을 갖추었다. 하지만 그래서 무엇이 남는가? 다양한 분야를 연구하는 과학자들이 맨 처음 아이디어를 떠올린 순간부터 노벨상을 받는 순간까지 연구 과정의 모든 단계에 어떻게 임하는지를 보면서 무엇을 배웠는가?

우리는 커털린 커리코가 mRNA을 연구하며 그랬듯이, 다른 이들이 포기하라고 말할 때에도 자신의 아이디어에 열정을 가져야 한다. 진심으로 확신한다면 대부분의 사람이 믿지 않는다고 해서 그게 포기할 이유는 되지 않는다. 그러나 반대로 세상에서 가장 큰 선의와 강력한 가설, 이를 뒷받침할 좋은 증거가 있더라도 자신의 엄청난 아이디어가 쓸모없어질 수도 있다는 사실 역시 받아들여야 한다. 벌컨을 수색했던 천문학자들처럼 애초에 존재하지 않는 증거를 손에 넣을 수는 없다. 처음에 남들이 "안 될 거야"라며 말리던 일에 도전하는 것만큼이나 그만두어야 할 때를 아는 것도 중요하다.

추구하던 일에서 성공하든 못하든 관계없이 과학은 혼자서는 그 어디에도 쉽게 도달할 수 없다고 가르친다. 커리코가 연구 파트너 드루 와이스먼의 힘을 빌려 mRNA를 현실로 데려왔던 것을 기억하라. 저 두 사람은 서로를 보완할 기술을 가지고 만났다(한 사람은 생화학자이고 다른 한 사람은 면역학자이다). 이와 비슷하게 위대한 물리학자 리제 마이트너는 실험 화학자 오토 한의 전문 지식 없이는 원자 구조에 관한 편견을 제거할 수 없을 거라는 사실을 알고 있었다. 과학 바깥에서도 마찬가지다. 작가는 편집 자가 필요하다. 음악가는 프로듀서가, 건축가는 시공자가 필요하다. 우리가 인생에서 하는 일 중에서 완벽하게 홀로 하는 일은 많지 않다. 또한 과학은 폐쇄적이고 은둔적인 활동이라는 고정관념에도 불구하고 아이디어와 관점, 전문 지식을 모으며 함께 일하는 협업의 중요성을 예시한다. 도움을 청하기를 두려워하지 말아라. 아인슈타인도 그러길 바랐을 것이다.

과학은 행동의 경로를 결정할 때 확실성과 융통성 사이에서 균형을 맞추어야 한다고 지적한다. 연구를 하려면 해당 주제나 방법에 대해 어느 정도 헌신해야 하지만 애써 계획한 것들을 과감하게 버려야 할 때도 있다. 찰스 스완튼 박사가 어떻게 약물 치료에 대한 종양의 저항을 관찰해 연구를 시작했고, 실험 결과에 따라 연구 방향을 수정한 끝에 종양의 진화적 패턴을 보게 되었는지를 기억하자. 그 가능성은 연구팀이 직접 실험에 나서면서 명확해졌다. 직업, 인간관계, 취미, 그 밖에 떠올릴 수 있는 거의 모든 일에 이 교훈을 적용할 수 있다. 당신은 경로를 정할 수 있다. 그러나 그 경로에서 무엇을 만났는지에 따라 언제든 기꺼이 경로를 수정할 의지가 있어야 한다.

인생의 여정도 과학에서처럼 의미를 지니기까지 오랜 시간이 걸린다. 이 책에서 살펴본 많은 예시가 과학의 중요한 개념이 수개월, 수년이 아니라 수십 년의 긴 연구를 통해 발전하는 과정을 보여 주었다. 새로운 단계는 보통 개선된 기술과 정책, 다른 분야에서 빌려 온 아이디어로 촉진되는 경우가 많았다. 중요한 연구들이 하나로 통합되고, 그 중요성이 관심을 얻어 마침내 학계에서 인정받기까지는 아주 오랜 시간이 걸리기도 한다. 빠르게 성공을 거두고자 하는 조급한 사람들은 노벨상이 대개 수상자가 학계에서 은퇴하고서도 한참 후에 수여된다는 사실을 고려해 보길 바란다. 2007년 이후로 90대 수상자가 네 명이었는데, 그중 가장 나이가 많은 이는 리튬 이온 배터리를 개발한 공로로 선정된 97세의 존 굿이너프John Goodenough였다.

과학의 장기적인 속성은 연구가 미완으로 남을 가능성도 시사한다. 리처드 파인만은 자신의 칠판에 끝마치지 못한 연구를 남긴 채 세상을 떠났다. 아인슈타인과 스티븐 호킹 역시 76세에 세상을 떠나기 직전까지도 해답을 찾는 일에 매진했다. 아인슈타인은 우주의 모든 입자와 힘에 대한 지식을 연결할 통일장 이론에 대한 수색을 완수하지 못했다. 호킹은 여전히 블랙홀의 신비를 캐고 있었다. 우리는 모두 자기가 가장 소중히 여기는 바를 평생 추구하고자 하는 의지를 가져야 한다.

과학이 독려하는 한 가지 긴요한 과제가 경로를 바꾸거나 고수하기라면, 다른 한 가지는 시야를 넓히기다. 단지 한 상자에서 나와 생각하는 것으로는 충분하지 않다. 과거에 시도되었던 그 무엇과도 완전히 다른 새로운 것을 지어야 할 때가 있다. 의식에 대한 양자 이론은 확고한 가설이 아니다. 그보다는 우리가 아직 이해의 가장자리에 머물러 있는 주제에 새로운 가능성을 고려하도록 부추기는 사고방식의 한 사례다. 기존 통념과 방법으로 눈앞의 과제를 해결하기란 때로 역부족이다. 이때 과학은 그 경계 너머에서 방황하는 일을 두려워하지 말라고 가르친다. 심지어 그로 인해 초반에는 해답보다 의문이 더 많이 생기더라도 말이다.

과학 연구에서 더 폭넓게 교훈을 찾아내려고 노력하다 보면 여러 역설 같은 진리를 발견하게 된다. 발전을 위해서는 더 크고 대담하게 생각해야 한다. 반대로 세부적인 영역을 강조하고 가설에서 잘못될 수 있는 부분이나 잠재적 결점에 대해서도 고려해야 한다. 주어진 선택지들 가운데 하나의 길을 선택해야 하지만, 도중에 발견된 증거가 다른 길로 이끈다면 기꺼이 방향을 돌려야 한다. 새 분야를 개척해 신기원을 이루려는 포부를 지닌 사람도 기존의 합의를 먼저 존중하고 그 안에서 일하는 법을 배워야 한다(현재 상태를 해체하려고 했던 포퍼처럼, 또는 이상 현상이 품기 어려워질 때만 폐기하라는 쿤처럼). 또한 다른 사람들과 함께 일하거나 기관의 지원을 확보할 수 없는 개인주의자는 되지 않으면서도 자신만이 가진 생각과 접근법을 고취할 만큼의 개인주의자는 되어야 한다.

지금까지 예시한 난해한 모순들을 보면 과학 연구는 악몽 같은 난이도의 균형 잡기처럼 보인다(실제로 그럴 수 있고). 그게 과학의 매력이기도 하다. 대부분의 과학자는 세상이 어떻게 작동하는지에 집착하던 아이였다. 그러다 관찰에서 실험, 실험에서 발견, 그리고 그 너머로 이어지는 흔들다리 위를 걷는 일에 중독된다. 머릿속에서 퍼즐 조각들이 하나로 맞추어졌을 때 쏟아지는 아드레날린은 축구 경기에서 득점했을 때만큼 통쾌하다(한번은 경기 관람 중에 유레카의 순간이 찾아와 모두가 조용한 순간에 혼자 자리에서 벌떡 일어나 공중으로 주먹을 날렸고 다들 나를 이상하게 쳐다보았다). 내가 이 책을 집필하며 만났던 거의 모든 과학자가, 지금까지 어떠한 발전과 성공을 이루었는지에 상관없이 이 점을 강조했다. 그들이 연구에 매진한 이유는 그들이 이미 아는 것이라서가 아니었다. 그게 바로 그들이 사랑하는 것이기 때문이었다. 갑자기 묘안이 떠오르거나 작지만 결정적인 실마리를 발견하거나 실험 결과가 완벽하게 들어맞았을 때의 짜릿함은 그게 몇 번째든 쉽게 사라지지 않는다. 또한 연구의 목적(이를테면 치명적인 질병의 새로운 치료법을 찾거나, 우주와 삼라만상에 대한 이해에 변혁을 일으키는 것) 자체가 스스로 목소리를 높인다. 과학 연구는 편안함을 준다. 바로 데이터 집합을 분석하거나 미로로 실험 쥐를 들여보내는 것처럼 세속적으로 보이는 일을 하고 있더라도 자신의 연구가 세상에 변혁을 일으키거나 누군가의 목숨을 구하는 일에 기여할 수도 있다는 사실이다.

과학은 달과 우주를 향해 우주선을 어떻게 쏘아 올리는지 보여 준다. 그 누구도 당신이 진정한 신념을 추구하지 못하게 막을 수 없다. 또한 과학은 정복하지 못할 듯 보이는 산을 (은유적으로든 실제로든) 오르는 아주 편리한 안내서를 제공한다. 이 안내서에는 경로를 고르고, 목적에 집중하고, 그 길을 따라가면서 경로를 조정하라고 적혀 있다. 또 성공에 필요한 동료 여행자를 찾고 증거를 무시하는 편향이나 믿음의 함정을 피하는 방법 등도 포함되어 있다. 나는 과학을 성공에 필요한 위로와 비판이 함께 들어있는 세트라고 생각한다. 그것은 야망을 주술적 사고의 땅으로 날려 보내지 않고도 우리를 독려한다. 꿈을 추구하되 쉽게 이루어지리라 기대하지 말아라. 통념에 도전하되 먼저 자기가 깨부수려는 규칙을 완벽하게 이해해라. 자신을 믿되 나 그리고 함께 일하는 사람들의 편견을 그냥 넘기지 말아라. 당신에게는 아이디어를 탐구하고 시도할 엄청난 자유가 있지만, 여기에는 기록의 의무가 함께 따라온다. 당신은 증거를 생산하고 자기가 한 연구를 다른 이들에게 보여 주어야 한다. 그리고 다른 이들이 당신의 데이터를 시험하게 해야, 아니 반드시 그렇게 해야 한다. 거창한 주장을 발표했다면 곧장 사람들이 거기에 구멍을 내려 달려들 거라고 예상해야 한다. 자유와 구속의 조합은 삶에서 마주하게 될 대부분의 어려움을 이해하는 데 꽤 좋은 방법이다. 누구도 당신이 진정으로 원하는 일을 추구하지 못하도록 말리지 않겠지만, 어떤 중요한 결과도 쉽게 찾아오지는 않는다. 자신과 다른 사람에게 좀 더 정직하고 책임감을 발휘할수록 그 결과는 더 좋을 것이다. 동료의 견해(이를테면 당신을 가장 오래 알아 온 친구들이 당신이 막 사랑에 빠졌다고 생각한 사람에 대해 들려준 솔직한 의견)를 진지하게 받아들이지 않았다면 나중에 상황이 나쁘게 흘러가도 남을 탓해서는 안 된다.

여기에 과학에 관해 그 자체로 중요한 교훈을 제공하는 마지막 역설이 있다. 이는 종종 복잡성과 연관되는 주제고 (전문적으로 교육받은 사람들을 포함해서) 많은 사람을 두렵게 한다. 지금까지 살펴본 많은 과학의 발견들은 개념이나 실행에서 모두 아주 영리하고 복잡한 작업의 결과물이었다. 그러나 과학에는 단순성이라는 측면도 있다. 세상의 내용물을 수식, 원리, 법칙으로 정제해 그 작동 방식을 일관되게 관찰하도록 허락한다. 과학은 세상을 복잡하게 만드는 존재가 아니다. 상상을 초월할 만큼 커다란 우주를 최대한 단순하게 바꾸어 그 안에서 실제로 무슨 일이 일어나고 있는지 이해할 수 있도록 하는 과정이다. 과학의 역사에서 가장 중요하고 오래 지속되는 원리 중 일부는 초등학교에서도 가르칠 수 있을 만큼 단순하다. 충돌하는 두 개의 물체는 서로에 대해 동일하고 방향이 반대인 힘을 가한다. 에너지는 생성되거나 파괴될 수 없다. 빛의 속도보다 빠르게 움직이는 것은 없다. 우리는 진화 과정을 거쳐 호모 사피엔스가 되었다 등등.

궁극적으로 대부분의 과학자들은 연구에서 단순화를 추구한다. 모든 정보와 잡음을 취해 근본적이면서도 널리 적용할 수 있는 단일 해결책, 이론, 생산물, 원리로 정제해 내는 일이다. 단순화는 과정의 시작이 아니라 끝이고 고된 작업에 대한 보상이다. 어느 시점에는 모두가 돌아서서 이렇게 말할 것이다. "왜 난 그걸 생각하지 못했지?" 보어가 핵분열의 원리를 처음 들었을 때 했던 말처럼 말이다. 단순화는 만족스러운 경력, 기쁨을 주는 인간관계, 정신을 풍부하게 하는 호기심, 서로를 돕는 능력, 두려움을 느끼지 않고 살 수 있는 물질적 수단까지 우리가 일반적으로 삶에서 지향하는 가치이기도 하다. 그러나 엄격하고 철저할수록 든든하다는 위안을 주기 때문에 사람들은 까다로운 해결책이나 의사 결정 과정을 선호하고 과도한 복잡성을 추구하는 성향이 있다(정답이 눈앞에서 우리를 쳐다보고 있을 때조차).

우리는 단순화를 두려워해서도 안 된다. 그리고 버지니아 대학교 공학 및 건축학 교수 레이디 클로츠^{Leidy Klotz}가 말하는 덜어내기^{subtraction}의 과학을 피해서도 안 된다. 매혹적일 만큼 단순한 이 발상에 따르면 인간의 정신은 "많을수록 좋다"의 원리로 돌아가게끔 설계되었다. 이는 생존을 위한 수단으로 식량을 잔뜩 쌓아 두려는 수렵 채집인의 본능에 그 뿌리가 있다. 모든 사람이 계속해서 더 많은 일을 하고 더 많은 물건을 소유하며 더 많은 장소를 방문해야 한다는 강박을 느낀다. 그뿐만 아니라 더 많은 지식을 획득하거나 더 많은 돈을 벌어야 할 필요를 느낀다. 더 큰 집, 더 나은 직장, 더 길고 화려한 휴가를 원한다. 우리의 삶 전체가 아이스크림을 한 숟갈 더 먹기 위한 노력이나 다름없다.

클로츠는 아들과 놀아 주던 중에 이 전복적인 발상을 떠올렸다. 두 사람은 함께 레고로 다리를 짓던 중이었다. 교탑의 높이를 맞추기 위해 한쪽의 층을 올릴 블록을 가지러 가던 중에 세 살짜리 아들이 문제를 아주 단순하게 문제를 해결하는 장면을 보았다. 그냥 다른 쪽 블록을 빼 버린 것이다! 아이의 행동에

 궤도 너머

놀란 클로츠는 이 문제를 더 깊이 파기 시작했고, 곧 인간은 덜어내기보다 더하려는 편향이 있다는 가정을 검증했다. 성인을 대상으로 레고 실험을 반복하면서 클로츠와 공동 연구자들은 피험자 중 불과 12퍼센트만이 구조물에서 벽돌을 제거하는 쪽을 선택한다는 사실을 발견했다. 악보를 고쳐야 하는 상황에서도 음표를 빼는 대신 추가하는 사람이 세 배 더 많았다. 같은 맥락에서 수프 레시피를 개선하라고 요청했을 때 아흔 명의 피험자 중 두 명만 원래의 레시피보다 재료의 가짓수를 줄였다.

이런 편향에도 불구하고 우리는 삶의 모든 영역에서 덜어내기의 이점을 볼 수 있다(버리기의 힘을 주장한 정리 수납 전문가 곤도 마리에 Marie Kondo의 사고방식이다). 클로츠의 주장처럼 말이다. 많을수록 좋다는 일반적인 믿음에도 불구하고 어느 조직은 구성원의 수가 적을수록 더 효율적이고 생산적으로 기능할 때가 있다. 같은 이유에서 점점 더 많은 회사가 주 5일 근무보다 4일 근무가 더 낫다는 생각에 동조한다. 영화는 어떠한가? 사람들은 세 시간짜리 장편 영화를 보면서 좀 더 짧게 만들 수는 없었는지 의문을 던지지 않던가? 감히 말하건대, 책도 그렇다. 모든 편집자가 작가에게 무조건 길게 썼다고 해서 꼭 더 잘 쓴 원고는 아니라고 말할 것이다.

덜어내기는 삶의 사소한 혜택에만 해당되지 않는다. 클로츠는 덜어내기의 원리가 사회의 더 큰 문제들, 특히 기후 위기에 대처하는 자세에 중대한 변화를 불러올 수 있다고 믿는다. 그의 제안처럼 인간의 타고난 본능은 '기후 공학적' 해결책으로 우리를 이끄는 경향이 있다. 기후 문제를 해결하겠다는 명목으로 또 무언가를 짓고 도입하며(탄소를 흡수하는 식물을 더 잘 자라게 한다는 명목으로 바다에 철을 쏟아붓는 것처럼) 덜어내기식 해결(경작지에서 특정 비료의 사용 줄이기, 목적을 수행하거나 지속 가능한 발전에 방해가 되는 건물이나 구조물 해체하기, 도시를 뒤덮는 대량의 콘크리트 걷어내기 등)은 최소화한다. 덜어내기의 훌륭한 점 하나는, 행위의 속성상 무언가를 치우기 전에 먼저 시스템에 대해 고민하게 한다는 점이다. 반대로, 추가할 때는 간접적인 결과나 2차 효과를 생각하지 않고 무심히 더하게 된다. 기후의 맥락에서도 덜어내기는 개개인이 자신의 탄소 발자국에서 무엇을 제거할 수 있고 시스템의 어떤 측면이 작동하지 않는지 자문하는 계기다. 이는 기업이 내린 결정을 속수무책으로 받아들이거나 인류의 유일한 희망은 기술적인 묘책뿐이라고 믿는 대신 자기 자신의 역할을 이해할 힘을 준다. 환경 운동가 폴 호킨[Paul Hawken]이 내게 말한 것처럼, "기후 변화는 어디까지나 과학이 아닌 인간의 문제"다.

물건 치우기는 어떤 방식과 형태로든 우리 삶에 적용할 수 있는 강력한 아이디어다. 또한 근본적으로 과학자의 연구 방식과도 결이 맞는다. 과학자는 지나치게 자란 데이터의 수풀을 베어 버린다. 또 이상체나 맥락 밖 결과는 처분하고 언젠가 큰 정답을 끌어낼 작은 단초가 될 관찰이나 실험 결과에 초점을 맞춘다. 그러나 그 과정조차 과거 덜어 내기의 산물이다. 클로츠는 다음과 같은 말로 이 점을 더 명료화한다. "저는 학생들에게 이

　　　　　　　　　　　　　　　　　　궤도 너머

렇게 말합니다. 세상에는 타당한 질문이 무한히 존재하고 우리가 모르는 것들도 무한정 있지만, 과학자와 연구자의 수는 무한하지 않다고 말입니다. 저는 '당신은 무엇이든 연구해 지식에 기여할 수 있다'라는 생각을 싫어합니다. 물론 그래도 되죠. 하지만 우리에게는 우리가 가진 노력과 기술로 지식에 가장 크게 기여할 수 있는 지점을 알아내야 할 의무가 있습니다."

우리는 인생에 대해, 사랑에 대해, 일과 여가에 대해 모두 같은 난제를 마주한다. 세상에서 우리가 존재하는 이 작은 공간조차 가능성의 측면에서 설명하자면 대단히 크다. 모두 다 가질 수는 없다. 연구 주제를 골라야 하는 박사 과정 학생처럼 결정해야 하고 적당한 범위 안에서 그 결정에 맞추어 살아야 한다. 자기에게 이상적인 인생이 어떤 모습인지 알아낸 다음에는 최선을 다해 그 삶을 살면서 그 과정에서 차 버렸던 다른 모든 경로는 잊어야 한다. 이 책의 예들이 보여 주었듯이, 아이디어를 찾고 경로를 선택하는 일은 전쟁의 절반에 불과하다. 과학은 이를 수행하기 위한 관점을 제시한다. 또 우리가 살면서 만나게 될 가장 똑똑한 사람들조차 발전하기 위해서는 인내, 친절, 겸손, 정직이 엄청나게 필요했다는 점을 상기시킨다. 마지막으로 과학은 노력의 결과가 당장 명확하지 않더라도 훌륭한 일에 이바지할 수 있다고 우리를 안심시킨다. 성실과 헌신에 대한 보상이 당장에는 눈에 보이지 않을지도 모른다. 그러나 어떤 과학자든 흥미로운 일을 한다는 것, 그리고 그것을 적절한 방식으로 최선을 다해서 한다는 것은 그 자체로 대단한 보상이자 언제나 가치 있는 일이다.

그래서 과학에 몰두하며 살아온 지 31년이 지난 지금, 이제 나는 다음 30년을 기대한다. 내 배낭은 내가 지금까지 배워 온 것으로 가득 차 있다. 내 공책은 비어 있으며 주머니에는 펜이 있다. 다음번에 어떤 일과 프로젝트를 하게 될지 확신할 수는 없다. 그러나 적어도 내가 무엇을 공부하고 어디에 살고 어떤 이가 내 일을 뒷받침하게 되더라도 내가 내 길을 찾는 데 필요한 모든 것을 가졌다는 사실만은 안다(어쩌면 그때쯤이면 연구비 신청에 대한 답변을 들었을지도 모르겠다).

과학과 책 더미를 편안한 담요인 양 두르고 있던 어린 나와 달리, 성인이 된 나는 내가 다른 방식으로 일할 필요가 있음을 깨달았다. 자신이 틀렸음을 스스로 증명하고 어른의 삶이라는 불확실성에 적응하는 것은 내 궁극적인 목표였고 실제로 내게는 돌파구나 다름없다. 나는 의심할 여지 없이 내 남은 삶 동안 계속해서 이를 이어 나갈 것이다. 이제 한 연구자로서 나의 의무는 기여다. 실험을 고안하고 이론을 테스트해 내 가설을 입증하는 것, 안정성의 일부가 되는 것, 그리고 과학이 내게 그것을 제공하리라 기대하지 않는 것이다. 아주 조금이나마 사회에 되돌려주는 것이 내가 정의하는 성공이고, 우리가 사는 이 어수선한 생태계에서 인간으로 살아가는 진정한 조건이다.

내 삶에서 과학의 역할은 지속해서 변해 왔지만, 그 중요성만큼은 바뀌지 않고 가장 크게 남아 있으리라. 나이가 들어 머리가 희끗해지고 입가에 주름이 생겨도 질문과 작은 집착거리는 늘 넘쳐날 것이다. 앞으로도 나는 흥미로운 주제를 읽을 때나 쉽게 답할 수 없는 문제를 만났을 때 신나게 비명을 지를 것이다. 문제를 해결할 수 없을 때는 그 불편함이 오히려 동기 부여가 될 것이다. 간단히 말해 그게 과학의 본질이다. 새로운 가능성으로 꾸준히 끌어당기는 자석 같은 존재. 이는 곧 캐묻고 탐구하고 설레게 하는 무언가가 늘 있다는 뜻이다. 언제나 한 발을 문밖에 내민 채로 다음에 무엇이 올지 생각하는 데는 이유가 있다. 하지만 그것이 쉽지 않을 것이라는 사실을 알아야 한다. 잘못된 길로 들어서고 자신의 발견에 좌절하고 끝없이 희망을 포기해야 하는 지점에 도달하게 될지도 모른다는 사실 역시도. 그 모두가 과정의 하나일 뿐이다. 희망과 절망, 기쁨과 좌절, 성공과 실패가 뒤섞인 과학의 칵테일이다. 그게 나한테는 썩 재미있게 들린다. 인생과도 얼핏 비슷하지 않은가?

감사의 말

이 책은 지난 10년 동안 내 삶의 여러 시기를 아우른다. 우선 유니버시티 칼리지 런던과 브리스톨 대학교에서 박사 과정을 밟는 동안 격려와 응원을 아끼지 않은 모든 대학 친구들과 교수님께 감사 인사를 드리고 싶다.

또한 지난 3년 동안 이 책을 집필하며 만났던 모든 훌륭한 연구자에게도 감사를 전한다. 아래에서 열거한 놀라운 사람들은 본문에 이름이 나오든 아니든, 논의를 시작하고 이 책의 핵심인 최신 연구를 소개하는 목소리가 되어 주었다. 라민 하사니, 프랜시스 보크월, 찰리 스완튼, 키아라 마를레토, 카타리나 슈마크, 렐랜드 맥이니스, 로히어르 키비트, 숀 캐럴, 마이클 셔머, 마시모 피글리우치, 제러미 바움버그, 제임스 히스, 제임스 맥케이브, 리즈완 비르크, 알렉산더 와이스너-그로스, 러셀 록니, 재닛 손튼, 레이디 클로츠, 폴 호킨에게 감사한다.

이 책이 단순한 발상에서 자랑스러운 작품이 되기까지 집필하고 편집하는 과정에 큰 도움을 주신 탁월한 편집자들과 출판팀에 감사한다. 조시 데이비스, 에밀리 로버트슨, 그리고 내 훌륭한 대리인 애덤 곤트렛에게 특별한 고마움을 전한다. 펭귄 팀의 모든 지원과 나탈리 윌, 메리 체임벌린, 올리비아 미드에게도 감사한다.

어른이 되는 어려운 수업을 배워 나가는 내 모습을 무한한 인내심으로 지켜봐 준 가족에게 깊은 감사를 전한다. 우리 아빠와 새엄마 네이는 팬데믹 봉쇄 기간에 내가 그들과 함께 살 수 있게 해 주었고 내가 사랑하는 일들을 계속해 나갈 수 있도록 격려해 주었다(덕분에 아빠와 내 뇌 구조가 똑같다는 사실도 깨달았다). 엄마는 늘 내게 다정했고, 내가 어떤 모습으로 자라든 항상 나를 믿어 주었다. 롭 역시 항상 나를 든든하게 지켜 주었다. 내 인생의 스승인 언니 리디아는 강한 인내심으로 변함없는 버팀목이 되어 주었다. 언니는 지혜와 이성으로 감정의 불을 끄는 법을 잘 알고 있고 내가 잘못된 길로 갈 때면 언제나 가르침을 주었다. 언니, 나는 언니 덕분에 더 나은 사람이 되고 있어. 늘 사려 깊고 기지가 넘치는 형부 루가 없었다면 우리 가족의 생태계는 완성되지 못했을 것이다. 또 내 동생들, 타이거, 릴리, 애기에게도 감사한다. 무엇이든 할 수 있으니 꿈을 크게 가지렴.

언제나 전폭적인 지원과 응원을 아끼지 않는 영광스럽고 특별한 내 친구들을 빼놓을 수 없다. 이 책을 집필하는 외로운 시간 동안 내 옆에 있어 주고 우리가 기쁨을 위해 살고 있다는 사실을 잊지 않게 해 준 내 햇살 같은 친구, 엘로디 가르소, 앨리스 스트라찬, 클레어 호슬리, 앨리슨 스필스버리, 클라라 엑스타인, 모두 고마워.

내 강아지 웬디에게도 고맙다고 말하고 싶다. 이 책을 쓰는 내내 항상 내 벗이 되어 주었다. 넌 기쁠 때나 슬플 때나 항상 나와 함께 해 주었지. 이제 **마침내** 공원에 나갈 수 있게 되었어.

마지막으로 조 심슨에게 진심 어린 고마움을 전한다. 그는 내게 그래픽노블과 코믹콘의 경이로움을 알려 주었다. 그뿐만 아니라 세상을 열어 내가 다시 글을 쓸 수 있게 해 주었다. 당신의 응원이 이 책을 마치는 데 정말 중요한 역할을 해 주었어요. 언제나 감사하고 있어요.

1장 관찰: 세상을 과학의 언어로 보는 법

Feynman Lectures on Computation: Anniversary Edition (T. Hey, ed.), CRC Press, Florida, 2023, p. 360

D. Ackerman, "Liquid" MachineLearning System Adapts to Changing Conditions', MIT News, 28 January 2021, via www.news.mit.edu

L. Daston, 'On Scientific Observation', Isis, Vol. 99 (1), The University of Chicago Press, 2008, p. 97, via www.jstor.org

K. McQuater, 'David Spiegelhater: "Data does not tell you what to do"', Research Live, 16 March 2021, via www.researchlive.com

K. Greff, S. van Steenkiste, J. Schmidhuber, 'On the Binding Problem in Artificial Neural Networks', ArXiv abs/2012.05208 (2020), p. 3

I. Goldstein, M. Goldstein, The Experience of Science: An Interdisciplinary Approach, Plenum Press, New York, 1984, p. 189

T. Greenhalgh, 'Miasmas, Mental Models and Preventative Public Health: Some Philosophical Reflections on Science in the COVID19 Pandemic', Interface Focus, 11, 2021, p. 2, via www.royalsocietypublishing.org

L. Grossman, 'DimensionHop May Allow Neutrinos to Cheat

Light Speed', New Scientist, 23 September 2011, via www.
newscientist.com

National Human Genome Research Institute, 'The Cost of Sequencing a
Human Genome', via www.genome.gov

MITCBMM, 'Liquid Neural Networks', via youtube.com: https://www.
youtube.com/watch?v=IlliqYiRhMU

F. Balkwill, 'Cancers and the Tumour Microenvironment', Cambridge
Society for the Application of Research lecture, 18 February
2019, via www.csar.org.uk

QMULOfficial, 'Building a 3D Model of Ovarian CancerProfessors Fran
Balkwill and Martin Knight', via youtube.com: https://www.
youtube.com/watch?v=V61eD9oJD48

J. Fricker, 'Tumour Microenvironment the New Battlespace in the War
Against Cancer', Cancerworld, 83, Autumn 2018, p. 5, via
www.archive.cancerworld.net

'Building a Human Tumour Microenvironment in the Lab', Cancer
Research UK Barts Centre, 15 June 2021, via www.bartscancer.
london

J. Willis and A. Todorov, 'First Impressions: Making Up Your Mind
after a 100Ms Exposure to a Face', Psychological Science, Vol.17
(7), July 2006, via www.jstor.org

2장 가설: 정해진 답이 없을 때 필요한 시각

Quanta Magazine, 'The Theory that Could Rewrite the Laws of
Physics', via youtube.com: https://www.youtube.com/watch?
v=yb0y6MRwmd4

C. Marletto, 'Life Without Design', Aeon, 16 July 2015, via www.aeon.

com

C. Marletto, The Science of Can and Can't: A Physicist's Journey
    Through the Land of Counterfactuals, Allen Lane, London,
    2021, p. xviii

K. Deisseroth, 'Optogenetics: Controlling the Brain with Light
    [Extended Version]', Scientific American, 20 October 2010, via
    www.scientificamerican.com

J. Colapinto, 'Lighting the Brain', New Yorker, 11 May 2015, via www.
    newyorker.com

Deisseroth, 'Optogenetics', op. cit.

3장 집중: 복잡한 인생을 단순하게 만드는 기술

C. McLarty, 'The Rising Sea: Grothendieck on Simplicity and Generality
    I', 24 May 2003

R. Galchen, 'The Mysterious Disappearance of a Revolutionary
    Mathematician', New Yorker, 9 May 2022, via www.newyorker.
    com

J. Cook, 'The Great Reformulation of Algebraic Geometry', John D.
    Cook Consulting, 25 September 2014, via www.johndcook.com

Enthought, 'UMAP: Uniform Manifold Approximation and Projection
    for Dimension Reduction | SciPy 2018', via youtube.com:
    https://www.youtube.com/watch?v=nq6iPZVUxZU

Y. Hozumi, R. Wang et al., 'UMAPassisted Kmeans clustering of large-
    scale SARSCov2 mutation datasets', Computers in Biology and
    Medicine, Vol. 131, April 2021, via www.ncbi.nlm.nih.gov

A. Coenen, A. Pearce, 'Understanding UMAP': https://paircode.
    github.io/understandingumap/

M. Schwartz, 'The Importance of Stupidity in Scientific Research',
    Journal of Cell Science, 121, 1771, April 2008, via www.web.
    stanford.edu

E. Hoel, 'The Overfitted Brain: Dreams Evolved to Assist
    Generalization', Patterns, Vol. 2, Issue 5, 100244 (2021), pp. 3−7,
    via www.sciencedirect.com

M. Skokic, J. Collins et al., 'I Tried a Bunch of Things: the Dangers
    of Unexpected Overfitting in Classification', Neuroscience and
    Biobehavioral Reviews, Vol. 119, December 2020, pp. 456−7,
    via www.biorxiv.org

R. Ratcliff and G. McKoon, 'The Diffusion Decision Model: Theory and
    Data for TwoChoice Decision Tasks', Neural Computation, Vol.
    20 (4), April 2008, pp. 873−922, via www.ncbi.nlm.nih.gov

4장 해석: 보이는 것 너머의 진실을 읽어내는 힘

S. Dresner, 'Polywater . . . the Water that Isn't', Popular Science,
    December 1969, p. 68

J. Stromberg, 'The Curious Case of Polywater', Slate, 7 November 2013,
    via www.slate.com

Stromberg, 'The Curious Case of Polywater', op. cit.

Denis L. Rousseau, 'Case Studies in Pathological Science', American
    Scientist, 80, no. 1, 1992, pp. 54−63, via www.jstor.org

Stromberg, 'The Curious Case of Polywater', op. cit.

Rousseau, 'Case Studies', op. cit., p. 57

I. Deary, 'An Intelligent Scotland: Professor Sir Godfrey Thomson and
    the Scottish Mental Surveys of 1932 and 1947', Joint British
    Academy / British Psychological Society Lecture, 17 October

2012, via www.thebritishacademy.ac.uk

I. Deary, M. Whiteman and J. Starr, 'The Impact of Childhood Intelligence on Later Life: Following Up the Scottish Mental Surveys of 1932 and 1947', Journal of Personality and Social Psychology, Vol. 86, No. 1, 2004, pp. 130－47

A. Chuderski, 'The Broad Factor of Working Memory is Virtually Isomorphic to Fluid Intelligence Tested Under Time Pressure', Personality and Individual Differences, 85 (2015), pp. 98－104

A. Luria, Cognitive Development: Its Cultural and Social Foundations, Harvard University Press, Cambridge, 1976, pp. 58－60

'Obituary: Vera Rubin Died on December 25th', The Economist, 7 January 2017, via www.economist.com

R. Panek, The 4% Universe: Dark Matter, Dark Energy, and the Race to Discover the Rest of Reality, Oneworld, London, 2012, pp. 36－39

S. Perlmutter, 'Supernovae, Dark Energy, and the Accelerating Universe', Physics Today, Vol. 56 (4), 1 April 2003, via. pubs.aip. org

A. Riess, 'My Path to the Accelerating Universe', Nobel Lecture, Johns Hopkins University, 8 December 2011, via www.nobelprize.org

SLAC National Accelerator Laboratroy, 'Construction Begins on One of the World's Most Sensitive Dark Matter Experiments', phys.org, 7 May 2018, via www.phys.org

R. Panek, 'Dark Energy: The Biggest Mystery in the Universe', Smithsonian Magazine, April 2010, via www.smithsonianmag. org

Riess, 'My Path to the Accelerating Universe', op. cit., pp. 13－15

'Vera Rubin', obituary in The Times, 31 December 2016, via www.

thetimes.co.uk

Riess, 'My Path to the Accelerating Universe', op. cit, p. 15

5장 수정: 조금씩 더 나은 길로 나아가기

M. Best, D. Neuhauser, 'Ignaz Semmelweis and the Birth of Infection Control', BMJ Quality & Safety, Vol. 13 (3), June 2004, pp. 233–4

T. Yu, 'How Scientists Drew Weissman and Katalin Karikó Developed the Revolutionary mRNA Technology Inside COVID Vaccines', Bostonia, 18 November 2021, via www.bu.edu

E. Dolgin, 'The Tangled History of mRNA Vaccines', Nature, 14 September 2021, via. www.nature.com

Dolgin, 'The tangled history', op. cit.

G. Kolata, 'Long Overlooked, Kati Karikó Helped Shield the World from the Coronavirus', New York Times, 8 April 2021, via www.nytimes.com

Yu, 'How Scientists Drew Weissman and Katalin Karikó', op. cit.

P. Olliaro, 'What Does 95% COVID19 Vaccine Efficacy Really Mean?', The Lancet, Vol. 21 (6), June 2021, p. 769, via www.thelancet.com

Kolata, 'Long Overlooked', op. cit.

The Nobel Assembly at Karolinska Institutet, 'The Nobel Assembly at the Karolinska Institutet has Today Decided to Award the 2023 Nobel Prize in Physiology or Medicine Jointly to Katalin Karikó and Drew Weissman', 2 October 2023, via www.nobelprize.org

C. Fishman, The Big Thirst: The Secret Life and Turbulent Future of Water, Free Press, New York, 2011, pp. 40, 325; L. Reynolds,

'The History of the Microwave Oven', Microwave World, vol. 10 (5), 1989, pp. 7 − 11

Y. Blanchard, G. Galati, P. van Genderen, 'The Cavity Magnetron: Not Just a British Invention', IEEE Antennas and Propagation Magazine, Vol. 55 (5), October 2013, p. 246, via www.ieeexplore.ieee.org

P. Allen, 'Scientists Paint Quantum Electronics with Beams of Light', Uchicago News, 9 October 2015, via news.uchicago.edu

6장 연결: 서로 다른 세계의 충돌로 열리는 새로운 세계

K. Bird, M. Sherwin, American Prometheus: The Triumph and Tragedy of J. Robert Oppenheimer, Atlantic Books, London, 2009, p. 166

M. Harris, 'Overlooked for the Nobel: Lise Meitner', Physics World, 5 October 2020, via www.physicsworld.com

L. Meitner, 'Looking Back', Bulletin of the Atomic Scientists, Vol. 20 (9), November 1964, pp. 2 − 7, via www.aip.org

R. L. Sime, Lise Meitner: A Life is Physics, University of California Press, Los Angeles, 1997, p. 165

R. L. Sime, 'Lise Meitner and the Discovery of Nuclear Fission', Scientific American, Vol. 278 (1), January 1988, p. 84, via www.aip.org

R. L. Sime, Lise Meitner: A Life in Physics op. cit, p. 233

Bird, Sherwin, American Prometheus, op. cit., p. 166

H. Anderson, 'The Legacy of Fermi and Szilard', The Bulletin of Atomic Scientists, Vol. XXX, No. 7, p. 61.

'The Genius Behind the Bomb (1992)', via youtube.com: https:// www.

youtube.com/watch?v=OgTGw6Pjz4

'The Legacy of Fermi and Szilard', op. cit., p. 62; W. Lanouette, 'Einstein and Szilard in Princeton', The Lewis B. Cuyler Lecture, Historical Society of Princeton, 9 February 2011

D. Lewis, 'The World's First Nuclear Reactor Was Built in a Squash Court', Smithsonian Magazine, 25 November 2015, via www.smithsonianmag.com

C. Nelson, The Age of Radiance: The Epic Rise and Dramatic Fall of the Atomic Era, Scribner, New York, 2014, p. 130

C. Hernandez, 'By Playing It Safe, I Became a Latino Scientist. But that Approach Held Me Back', Science, Vol. 374, Issue 6573, 10 December 2021, via. www.science.org

R. Prasad, 'Eight Ways the World Is Not Designed for Women', BBC News, 5 June 2019, via www.bbc.co.uk

M. Sjoding, T. Valley, T. Iwashyna, 'Racially Biased Oxygen Readings Could Be Putting Patients at Risk', Institute for Healthcare Policy & Innovation, University of Michigan, 16 December 2020, via www.ihpi.umich.edu

The Royal Institution, 'How Does Science Work and Why Does It Matter?with Jeremy Baumberg', via youtube.com: https://www.youtube.com/watch?v=f0I5PP5EZvw

J. Baumberg, The Secret Life of Science: How It Really Works and Why It Matters, Princeton University Press, New, Jersey, 2018, pp. 13-14

'How Does Scierce Work?', op. cit.

7장 증명: 완벽함을 위해 무한히 기다리지 말 것

J. C. Hafele, R. Keating, ʻAroundtheWorld Atomic Clocks : Predicted Relatavistic Time Gains', Science, Vol. 177 (4044), July 1972, pp. 166－8

D. Castelvecchi, ʻHow Gravitational Waves Could Solve Some of the Universe's Deepest Mysteries', Nature, 11 April 2018, via nature.com

D. Overbye, ʻGravitational Waves Detected, Confirming Einstein's Theory', New York Times, 11 February 2016

Ibid.; ʻRainer Weiss : 50 Years of LIGO and Gravitational Waves', Physics World, 6 October 2022 ; K. Thorne and R. Weiss, ʻA Brief History of LIGO', Caltech, 16 February 2016

K. Popper, ʻScience as Falsification', via www.staff.washington.edu excerpted form T. Schick (ed.), Readings in the Philosophy of Science, Mayfield Publishing Company, Mountain View, 2002, pp. 9－13

T. Kuhn, The Structure of Scientific Revolutions, University of Chicago, Chicago, 1970 (2nd ed.), pp. 5－6

T. Levenson, The Hunt for Vulcan : How Albert Einstein Destroyed a Planet, Discovered Relativity, and Deciphered the Universe, Head of Zeus, London, 2016, pp. 73－4

R. Harvey, ʻTotal Eclipse of the Sun', Bentley Historical Library, via https://bentley.umich.edu/

https://coursebuilding.s3uswest2.amazonaws.com/Chemistry/transcripts/RichardFeynmanOnScientificMethod1964_transcript. txt ; R. Feynman, ʻSeeking New Laws', Messerger Lectures, Cornell University, 9 November 1964, via www.

jamesclear.com

'Why Newtonian Gravity is Reliable in LargeScale Cosmological Simulations', Monthly Notices of the Royal Astronomical Society, Oxford Academic (oup.com)

M. Gleiser, 'Unification' in This Idea Must Die: Scientific Theories that are Blocking Progress (J. Brockman, ed.), Harper Perennial, New York, 2015, p. 5

J. Travis, 'New Era in Digital Biology: AI Reveals Structures of Nearly All Known Proteins', 29 July 2022, science.org

Podcast: Episode 1, 'Predicting Protein Structure', Springer Nature Protocols and Methods Community

8장 편향: 나의 편향을 무기로 삼는 법

C. Sloan, 'Feathers for T. Rex? New Birdlike fossils are Missing Links in Dinosaur Evolution', National Geographic, Vol. 196 (5), November 1999, pp. 99 – 107, via www.archive.org; S. Austin, 'Archaeoraptor: Feathered Dinosaur from National Geographic Doesn't Fly', ICR, 1 March 2000, via www.icr.org

J. Pickrell, 'How Fake Fossils Pervert Paleontology [Extract]', Scientific American, 15 November 2014, via www.scientificamerican.com

E. Singer, 'How Dinosaurs Shrank and Became Birds', 12 June 2015, via www.scientificamerican.com

D. SchulzeMakuch, 'We Might Have Accidentally Killed the Only Life We Ever Found on Mars Nearly 50 Years Ago', Big Think, 27 June 2023

L. Samhita and H. Gross, 'The "Clever Hans Phenomenon" Revisited', Communicative & Integrative Biology, Vol. 6 (6), November –

December 2013, via www.ncbi.nlm.nih.gov

R. Rosenthal and K. Fode, 'The Effect of Experimenter Bias on the Performance of the Albino Rat', Behavioral Science, Vol. 8 (3), 1963, pp. 183 – 9, via www.gwern.net

R. Rosenthal and L. Jacobson, 'Pygmalion in the Classroom', Urban Review, Vol. 3, September 1968, pp. 16 – 20, via www.sites.tufts.edu

R. Roper, 'Does Gender Bias Still Affect Women in Science?', Microbiology and Molecular Biology Reviews, Vol. 83 (3), 17 July 2019, via www.journals.asm.org

D. Kahneman, O. Sibony, C. Sunstein, Noise: A Flaw in Human Judgment, William Collins, London, 2021, pp. 249 – 50

Kahneman, Sibony, Sunstein, Noise, op. cit.

M. Aamodt, E. Kutcher et al., 'Do Structured Interviews Eliminate Bias? A Metaanalytic Comparison of Structured and Unstructured Interviews', presented at the annual meeting of the Society for IndustrialOrganizational Psychology, May 2006, Dallas Texas, via researchgate.net

Kahneman, Sibony, Sunstein, Noise, op. cit., p. 305

TED, 'Alex WissnerGross: A New Equation for Intelligence', via youtube.com: https://www.youtube.com/watch?v=ue2ZEm TJ_Xo&t=519s

9장 상상: 한계를 넘어 새로운 현실을 설계하기

N. Bostrom, 'Are You Living in a Computer Simulation?', Philosophical Quarterly, Vol. 53, No. 211, 2003, pp. 243 – 55, via www.ora.ox.ac.uk

D. Chalmers, Reality＋: Virtual Worlds and the Problems of Philosophy, Penguin, London, 2023, pp. xiv－xvii; Descartes, Meditations on First Philosophy with Selections from the Objections and Replies (J. Cottingham ed.), Cambridge University Press, Cambridge, 2017 (2nd editon), p. 19

Chalmers, Reality＋, op. cit., p. 4

S. Carroll, Something Deeply Hidden: Quantum Worlds and the Emergence of Spacetime, OneWorld Publications, New York, 2019, p. 1

F. Wilczek, 'Einstein's Parable of Quantum Insanity', Quanta Magazine, 23 September 2015, via www.scientificamerican.com

M. Brooks, 'Carlo Rovelli on the Bizarre World of Relational Quantum Mechanics', New Scientist, 10 October 2022, via www.newscientist.com

P. Byrne, 'The Many Worlds of Hugh Everett', Scientific American, 21 October 2008, via www.scientificamerican.com; S. Carroll, Something Deeply Hidden, op. cit.

'Everett's Letter to Bryce DeWitt of May 31, 1957', via www.pbs.org

Byrne, 'The Many Worlds', op. cit.

H. Everett (J. Barrett, P. Byrne eds), The Everett Interpretation of Quantum Mechanics: Collected Works 1955－1980 with Commentary, Princeton University Press, Princeton, 2012, p. 21

R. Galchen, 'Dream Machine: The MindExpanding World of Quantum Computing', New Yorker, 2 May 2011, via www.newyorker.com

D. Chalmers, The Conscious Mind: In Search of a Fundamental Theory, Oxford University Press, Oxford, 1996, pp. xi－xii

A. Seth, 'Consciousness: The Last 50 Years (and the Next)', Brain and Neuroscience Advances, Vol. 2, January－December 2018, via www.ncbi.nlm.nih.gov

A. Seth, 'The Hard Problem of Consciousness is Already Beginning to Dissolve', New Scientist, 1 September 2021, via www.newscientist.com

S. Hameroff, R. Penrose, 'Consciousness in the Universe: A review of the "OrchOR" theory', Physics of Life Reviews, Vol. 11 (1), March 2014, pp. 39-78

M. Brooks, 'Roger Penrose: "Consciousness Must Be Beyond Computable Physics"', New Scientist, 14 November 2022, via www.newscientist.com

결론: 덜어내기의 힘

L. Klotz, Subtract: The Untapped Science of Less, St Martin's Press, London, 2021

옮긴이 조은영

어려운 과학책은 쉽게, 쉬운 과학책은 재미있게 옮기려는 과학 도서 전문 번역가. 서울대학교 생물학과를 졸업하고 서울대학교 천연물과학대학원과 미국 조지아 대학교 식물학과에서 석사 학위를 받았다. 옮긴 책으로《돌파의 시간》,《새들의 방식》,《문명의 자연사》,《뒷마당 탐조 클럽》,《나무의 세계》,《오해의 동물원》,《언더랜드》,《거북의 시간》,《코드 브레이커》,《10퍼센트 인간》 등이 있다.

궤도 너머

불확실한 세계를 돌파하는 과학의 태도

첫판 1쇄 펴낸날   2026년 2월 27일
      2쇄 펴낸날   2026년 3월 20일

지은이 카밀라 팡
옮긴이 조은영
발행인 조한나
책임편집 박혜인
편집기획 김교석 김유진 문해림 김하영 함초원 황시연
디자인 한승연 성윤정 김혜은
마케팅 문창운 백윤진 김민영
회계 양여진 김주연

펴낸곳 (주)도서출판 푸른숲
출판등록 2003년 12월 17일 제2003-000032호
주소 서울특별시 마포구 토정로 35-1 2층, 우편번호 04083
전화 02)6392-7871, 2(마케팅부), 02)6392-7873(편집부)
팩스 02)6392-7875
홈페이지 www.prunsoop.co.kr
페이스북 www.facebook.com/prunsoop   인스타그램 @prunsoop

ⓒ푸른숲, 2026
ISBN 979-11-7254-106-4 (03400)